"十三五"普通高等院校规划教材

数控机床及编程

主　编　王金城　方　沂
副主编　周述齐　赵　巍
主　审　阎　兵

国防工业出版社
·北京·

内 容 简 介

本书全面地介绍了数控机床的工作原理及各类数控机床的编程方法。以掌握数控理论技术和实际数控编程能力为目的,为后期的数控技能实践打下坚实的基础,是培养数控领域理论、技能"一体化"人才的专业教材。本书从四个方面进行讲解:①数控机床结构及工作原理、数控加工工艺、数控切削加工技术;②数控机床编程原理和编程方法;③数控铣床、加工中心、数控车床及数控电加工机床的结构和工作原理,列举了生产实践中典型工程零件的加工实例和其制造原理,并结合数控机床职业技能等级考核标准而列举出典型案例;④增加了数控加工实践中必需的 CAD/CAM 自动编程技术,及现代加工制造技术领域的新装备、新工艺和新技术。

本书可作为高等工科院校机械制造专业、机电一体化专业、数控技术应用专业、模具制造专业本科生教材,也可作为职业技术类大学研究生教学的参考用书,亦可作为从事数控领域工程技术人员的参考用书。

图书在版编目(CIP)数据

数控机床及编程/王金城,方沂主编. —北京:国防工业出版社,2022.1 重印
 "十三五"普通高等院校规划教材
 ISBN 978-7-118-10128-7

Ⅰ. ①数… Ⅱ. ①王… ②方… Ⅲ. ①数控机床—程序设计—高等学校—教材 Ⅳ. ①TG659

中国版本图书馆 CIP 数据核字(2015)第 079448 号

※

国防工业出版社出版发行
(北京市海淀区紫竹院南路 23 号 邮政编码 100048)
北京虎彩文化传播有限公司印刷
新华书店经售

*

开本 787×1092 1/16 印张 18¾ 字数 430 千字
2022 年 1 月第 1 版第 3 次印刷 印数 3001—4000 册 定价 56.00 元

(本书如有印装错误,我社负责调换)

国防书店:(010)88540777   书店传真:(010)88540776
发行业务:(010)88540717   发行传真:(010)88540762

前　　言

20世纪90年代以来，我国数控机床产量以年均18%的速度迅速增长，从2002年至今，我国已连续12年成为世界第一机床消费大国。数控机床以其优异的性能和精度引起世人的瞩目，并开创了机械产品向机电一体化发展的先河。随着机电一体化技术的迅速发展，数控机床的应用已日趋普及，它的通用性、灵活性、高效率、高精度、高质量等特点，决定了数控机床应用的广泛性。机械制造业正在越来越多地采用数控技术改善其生产加工方式，社会对其相应技术人才的需求也越来越高。由此，数控机床的教学和数控技能人才的培养，更应该加强其先进性和实用性的统一，加速解决我国数控技术应用人才严重短缺的矛盾。

全国职教工作会议提出的"大力发展职业教育，造就亿万技能人才"的精神中指出：强化职业院校学生实践能力和职业技能的培养，切实加强学生的生产实习和社会实践；大力推行工学结合、校企合作的人才培养模式，加速技能型人才的培养，尽快使我国成为制造业强国，切实有效地改革现有数控人才的培养模式，开发和完善现有教材是当务之急。

本书保留了经典数控机床类教材有关数控理论内容，如各类数控机床结构和工作原理、数控编程指令，以及数控机床实训类教材侧重数控机床操作的特点，以典型工程案例为切入点，将分散的、堆积的知识整合为实用的、有效的综合能力。调整数控课程的知识体系，删减和凝炼有关机床各系统结构和控制系统结构部分，丰富各类工程案例的具体解决和增加数控领域新装备、新工艺和新技术发展的内容。如增加了三维软件编程、高速切削、四轴加工、五轴切削、激光加工和新型的3D打印技术等，将各孤立的学科知识整合成综合运用知识解决问题的能力。

参加本书编写的作者都是具有20余年数控机床理论教学和实践、实训教学经验的"一体化"教师，且具有高级专业技术职称和高级技师职业资格，有着丰富的教学经验和工程实践技能。该课题组成员起草和制定了数控领域《国家职业标准》，2006年编写的《数控机床实训技术》一书被指定为高等教育"十一五"国家级规划教材。"数控机床及编程"课程被评为天津市级精品课程。数控专业"本科+技师"和"一体化"的人才培养模式共两次获得国家级教学成果一等奖。在从事本科数控教学的同时，课题组成员积累了近10年的研究生、留学研究生数控"一体化"课程的教学经验，本书得到了教育部、财政部职教师资本科专业培养标准、培养方案、核心课程和特色教材开发项目（VTNE016），以及天津职业技术师范大学特色教材建设项目的资助，为本书的编写和开发提供了有利保障。

本书由王金城、方沂主编,周述齐、赵巍为副主编,阎兵主审。具体编写分工如下:王金城(第1章);赵巍(第2章);周述齐(第3章);袁国强(第4章);张永丹(第5章);缪亮、王健(第6章);路景春、刘卫华(第7章);何平(第8章);郭晓军(第9章)。全书由王金城、方沂提出总体构想并统稿,王博负责文字校对。

由于时间仓促,收集的资料有一定的限度,加之编写人员水平有限,书中难免存在不足和欠妥之处,恳切希望广大读者批评指正并提出宝贵意见。

编 者
2015年2月

目　　录

第1章　数控机床工作原理 …………………………………………………………… 1

1.1　数控机床的产生与发展 ………………………………………………………… 1
1.1.1　数控机床的产生 ………………………………………………………… 1
1.1.2　数控机床的特点 ………………………………………………………… 2

1.2　数控机床的种类 ………………………………………………………………… 3
1.2.1　按工艺用途分类 ………………………………………………………… 3
1.2.2　按运动方式分类 ………………………………………………………… 5
1.2.3　按控制方式分类 ………………………………………………………… 6
1.2.4　按数控机床的性能分类 ………………………………………………… 6

1.3　数控加工工艺 …………………………………………………………………… 7
1.3.1　工艺准备 ………………………………………………………………… 7
1.3.2　编制程序 ………………………………………………………………… 13
1.3.3　工件加工 ………………………………………………………………… 14
1.3.4　工件检测 ………………………………………………………………… 17

1.4　数控切削技术 …………………………………………………………………… 24
1.4.1　工件材料的切削加工性 ………………………………………………… 24
1.4.2　切削刀具材料 …………………………………………………………… 25
1.4.3　切削用量的确定 ………………………………………………………… 29

1.5　数控机床的加工原理及组成 …………………………………………………… 30
1.5.1　数控机床的加工原理 …………………………………………………… 30
1.5.2　数控机床的组成 ………………………………………………………… 30

第2章　数控机床控制原理 …………………………………………………………… 33

2.1　数控机床的坐标系 ……………………………………………………………… 33
2.1.1　机床坐标系 ……………………………………………………………… 33
2.1.2　工作坐标系 ……………………………………………………………… 34
2.1.3　附加运动坐标 …………………………………………………………… 35

2.2　数控机床的控制基础 …………………………………………………………… 35
2.2.1　数控系统的发展状况 …………………………………………………… 35
2.2.2　计算机数控(CNC)系统的组成 ………………………………………… 37
2.2.3　单微处理机结构系统 …………………………………………………… 39

  2.2.4 多微处理机结构系统 ·· 41
 2.3 插补原理 ··· 43
  2.3.1 插补的概念及插补方法分类 ·· 43
  2.3.2 逐点比较法插补原理 ··· 43
  2.3.3 数字积分法插补原理 ··· 49
  2.3.4 计算机数控软硬件结合的插补方法 ·· 52
 2.4 刀具半径补偿原理 ··· 53
  2.4.1 刀具半径补偿的基本概念 ··· 53
  2.4.2 C机能刀具半径补偿法的基本设计思路 ··· 54
  2.4.3 程序段间转接情况分析 ·· 54

第3章 数控机床结构 ··· 58

 3.1 数控机床结构及布局特点 ·· 58
  3.1.1 数控机床自身特点对其结构的影响 ·· 58
  3.1.2 数控机床对结构的要求 ·· 59
  3.1.3 数控车床的布局结构 ··· 61
  3.1.4 加工中心机床的布局结构 ··· 62
 3.2 数控机床的主传动系统 ··· 64
  3.2.1 主传动变速(主传动链) ··· 64
  3.2.2 主轴(部件)结构 ·· 65
 3.3 数控机床进给传动 ··· 67
  3.3.1 进给运动 ·· 67
  3.3.2 滚珠丝杠螺母副 ·· 68
  3.3.3 数控机床进给系统的间隙消除 ·· 70
  3.3.4 回转坐标进给系统 ·· 71
  3.3.5 导轨 ·· 73
 3.4 数控机床其他装置 ··· 74
  3.4.1 自动换刀装置(ATC) ·· 74
  3.4.2 排屑装置 ·· 75
 3.5 数控机床的伺服系统 ·· 75
  3.5.1 伺服系统及数控机床对其的要求 ··· 75
  3.5.2 伺服系统的类型 ·· 76
  3.5.3 常用的驱动元件 ·· 77
 3.6 伺服系统中的检测元件 ··· 84
  3.6.1 测速发电机 ·· 85
  3.6.2 编码盘与光电盘 ·· 85
  3.6.3 旋转变压器 ·· 86
  3.6.4 感应同步器 ·· 87
  3.6.5 光栅 ·· 89

3.6.6 磁尺 ………………………………………………………………………………… 90

第4章 数控铣床编程 …………………………………………………………………… 92

4.1 数控机床的编程方法 ……………………………………………………………… 92
4.1.1 数控编程的基本概念 ………………………………………………………… 92
4.1.2 数控机床编程的分类方法 …………………………………………………… 92
4.1.3 程序结构 ……………………………………………………………………… 93

4.2 程序编程的基本指令 ……………………………………………………………… 94
4.2.1 坐标系指令 …………………………………………………………………… 94
4.2.2 坐标平面选择指令 …………………………………………………………… 97
4.2.3 快速点定位及插补指令 ……………………………………………………… 97
4.2.4 暂停、英制输入、公制输入指令 …………………………………………… 101
4.2.5 参考点控制指令 ……………………………………………………………… 101
4.2.6 Z 轴移动编程 ………………………………………………………………… 102
4.2.7 刀具半径补偿指令 …………………………………………………………… 103
4.2.8 刀具长度补偿类指令 ………………………………………………………… 106
4.2.9 常用辅助功能 M 指令 ………………………………………………………… 108

4.3 数控铣床的基本操作 ……………………………………………………………… 110
4.3.1 FANUC 0i 数控系统简介 ……………………………………………………… 110
4.3.2 控制面板与操作 ……………………………………………………………… 111
4.3.3 FANUC 0i 数控铣床操作步骤 ………………………………………………… 115

4.4 子程序的编制 ……………………………………………………………………… 118
4.4.1 子程序的格式 ………………………………………………………………… 119
4.4.2 子程序样例 …………………………………………………………………… 119
4.4.3 镜像指令 ……………………………………………………………………… 121

4.5 孔加工固定循环 …………………………………………………………………… 122
4.5.1 钻削孔固定循环 ……………………………………………………………… 122
4.5.2 其他孔加工固定循环指令 …………………………………………………… 125

4.6 二维轮廓件铣削编程 ……………………………………………………………… 126
4.6.1 二维外形轮廓铣削编程 ……………………………………………………… 126
4.6.2 二维内轮廓铣削编程 ………………………………………………………… 127
4.6.3 带岛型腔加工 ………………………………………………………………… 128

第5章 加工中心机床编程 ……………………………………………………………… 129

5.1 加工中心机床结构 ………………………………………………………………… 129
5.1.1 加工中心机床的组成 ………………………………………………………… 129
5.1.2 机床规格 ……………………………………………………………………… 130

5.2 加工中心机床的刀具系统 ………………………………………………………… 131
5.2.1 刀柄 …………………………………………………………………………… 131

  5.2.2 刀具系统 ··· 133
 5.3 刀具长度测量 ··· 135
  5.3.1 刀具长度人工测量 ·· 135
  5.3.2 刀具长度自动化测量 ··· 137
 5.4 加工中心编程案例 ··· 138
  5.4.1 加工中心加工的基本操作 ··· 138
  5.4.2 加工中心编程案例一 ··· 139
  5.4.3 加工中心编程案例二 ··· 144
 5.5 加工中心机床的维护和保养 ··· 149

第6章 数控车床编程 ·· 153

 6.1 数控车床编程知识 ··· 153
  6.1.1 数控车床的坐标系和运动方向 ·· 153
  6.1.2 数控车床手工编程的方法 ·· 155
  6.1.3 数控车床常用各种指令 ··· 158
 6.2 数控车床的操作方法 ··· 182
  6.2.1 操作面板 ·· 182
  6.2.2 操作步骤 ·· 184
 6.3 数控车床编程实例 ··· 192
 6.4 数控车床编程与加工练习件 ··· 204
 6.5 数控车床的维护和保养 ·· 207

第7章 数控电加工机床 ·· 209

 7.1 电火花线切割机床的加工原理 ··· 209
  7.1.1 电火花线切割加工机床 ··· 209
  7.1.2 电火花线切割加工原理、特点及应用范围 ··· 212
 7.2 电火花线切割机床加工实例 ··· 214
 7.3 电火花成形机床的加工原理 ··· 219
  7.3.1 数控电火花机床的结构 ··· 219
  7.3.2 电火花线切割加工原理、特点及应用范围 ··· 221
 7.4 电火花成形机床加工实例 ·· 223

第8章 自动编程技术 ·· 225

 8.1 自动编程原理 ··· 225
  8.1.1 自动编程概述 ··· 225
  8.1.2 CAD/CAM系统的自动编程 ·· 226
 8.2 二维铣削加工刀具轨迹的生成 ··· 233
  8.2.1 二维外形轮廓加工刀具轨迹的生成 ·· 233
  8.2.2 二维型腔铣削加工刀具轨迹的生成 ·· 233

8.2.3 钻孔加工 ……………………………………………………………………… 235
　　　8.2.4 二维字符加工 …………………………………………………………………… 235
　8.3 三维铣削自动编程 …………………………………………………………………… 236
　　　8.3.1 零件几何造型 …………………………………………………………………… 236
　　　8.3.2 曲面类型和特征 ………………………………………………………………… 236
　　　8.3.3 实例应用 ………………………………………………………………………… 237

第9章 现代加工制造技术 …………………………………………………………………… 272

　9.1 计算机集成制造系统 ………………………………………………………………… 272
　　　9.1.1 制造技术的发展历史 …………………………………………………………… 272
　　　9.1.2 柔性制造系统(FMS) …………………………………………………………… 272
　　　9.1.3 计算机集成制造系统(CIMS) …………………………………………………… 273
　9.2 高速加工技术 ………………………………………………………………………… 274
　　　9.2.1 高速加工的基本概念 …………………………………………………………… 274
　　　9.2.2 高速铣削的优点 ………………………………………………………………… 275
　　　9.2.3 高速铣削应用实例 ……………………………………………………………… 276
　9.3 多轴加工技术 ………………………………………………………………………… 277
　　　9.3.1 四轴加工中心 …………………………………………………………………… 277
　　　9.3.2 四轴加工样例 …………………………………………………………………… 279
　　　9.3.3 五轴加工中心 …………………………………………………………………… 282
　　　9.3.4 五轴加工样例 …………………………………………………………………… 283
　9.4 激光加工技术 ………………………………………………………………………… 284
　　　9.4.1 数控激光加工机的组成 ………………………………………………………… 284
　　　9.4.2 激光加工技术的应用 …………………………………………………………… 284
　9.5 快速原形技术 ………………………………………………………………………… 286
　　　9.5.1 快速原形技术 …………………………………………………………………… 286
　　　9.5.2 3D打印机技术 …………………………………………………………………… 286
　　　9.5.3 3D打印机具体应用 ……………………………………………………………… 287

参考文献 ……………………………………………………………………………………… 289

第1章 数控机床工作原理

1.1 数控机床的产生与发展

1.1.1 数控机床的产生

数字控制(Numerical Control),简称 NC,它是采用数字化信息实现加工自动化的控制技术。用数字化信号对机床的运动及其加工过程进行控制的机床,称作数控机床。早期的数控机床的 NC 装置是由各种逻辑元件、记忆元件组成随机逻辑电路,是固定接线的硬件结构,由硬件来实现数控功能,称作硬件数控,用这种技术实现的数控机床一般称作 NC 机床。

计算机数控机床(Computer Numerical Control),简称 CNC 机床。现代数控系统是采用微处理器或专用微机的数控系统,由事先存放在存储器里的系统程序(软件)来实现逻辑控制,实现部分或全部数控功能,并通过接口与外围设备进行连接,称为 CNC 系统,当前生产的数控机床多属于 CNC 机床,也可简称 NC 机床。

数控机床就是将加工过程所需的各种操作(如主轴变速、松夹工件、进刀与退刀、开车与停车、自动关停冷却液等)和步骤以及工件的形状尺寸用数字化的代码表示,通过控制介质(如穿孔纸带或磁盘等)将数字信息送入数控装置,数控装置对输入的信息进行处理与运算,发出各种控制信号,控制机床的伺服系统或其他驱动元件,使机床自动加工出所需要的工件。数控机床的诞生与发展,有效地解决了一系列生产上的矛盾,为单件、小批精密复杂零件的加工提供了自动化加工手段。

1948 年,美国巴森兹(Parsons)公司在研制加工直升飞机叶片轮廓样板时提出了数控机床的初始设想。

1949 年,巴森兹公司与麻省理工学院(MIT)合作,开始了三坐标铣床的数控化工作。

1952 年 3 月,公开发布了世界上第一台数控铣床的试制成功,这是可实现直线插补的第一代数控机床。

经过三年的试用、改进与提高,1955 年,数控机床进入实用化阶段。从此,其他一些国家,如德国、英国、日本和俄罗斯等国都开始研制数控机床,其中日本发展最快。当今世界著名的数控系统厂家有日本的 FANUC(法那科)公司、德国的 SIEMENS(西门子)公司、美国的 A－B 公司、意大利的 A－BOSZA 公司等。

1959 年 3 月,美国克耐·杜列克 (Keaney&Trecker)公司成功开发了具有刀库、刀具交换装置、回转工作台的加工中心机床(Machining Center),即第二代数控机床。它可以在一次装夹中对工件的多个面进行多工序加工,如进行钻孔、铰孔、攻螺纹、镗削、平面铣削、轮廓铣削等加工。

1965 年,出现了以集成电路数控装置的第三代数控机床,不仅体积小,功率消耗少,且可靠性提高,价格进一步下降,促进了数控机床品种和产量的发展。

20世纪60年代末,先后出现了由一台计算机直接控制多台机床的直接数控系统(简称DNC),又称群控系统,以及采用小型计算机控制的计算机数控系统(简称CNC),使数控装置进入了以小型计算机化为特征的第四代。

1974年,使用微处理器和半导体存储器的微型计算机数控装置(简称MNC)研制成功,随后称为CNC机床,这是第五代数控系统,可靠性也得到极大的提高。

20世纪90年代开始,个人计算机(PC)的发展日新月异,基于PC平台的数控系统应运而生,数控系统进入第六代。

凡在PC机上可运行的软件,如CAD、CAM、CAPP、工厂级、车间级生产调度管理软件等,在第六代数控上均可运行;凡是在PC机上可插入的模块和可接上的外部设备,如网卡、图形加速卡、声卡和打印机、摄像机等,在第六代数控上均可插入和接上。如果插上网卡和摄像机,总控室在办公室内即可看到任何一台机床的工作情况。

随着计算机软、硬件技术的发展,出现了能进行人机对话式自动编制程序的数控装置,数控装置愈趋小型化,可以直接安装在机床上;数控机床的自动化程度进一步提高,具有自动监控刀具破损和自动检测工件等功能的数控机床相继诞生。

1.1.2 数控机床的特点

数控机床与传统机床相比,具有以下一些特点。

1. 具有高度柔性

在数控机床上加工零件,主要取决于加工程序,它与普通机床不同,不必制造、更换许多工具、夹具,不需要经常重新调整机床。因此,数控机床适用于零件频繁更换的场合,也就是适合单件、小批生产及新产品的开发,缩短了生产准备周期,节省了大量工艺装备的费用。

2. 加工精度高

数控机床加工精度,一般可达0.005mm,它是按数字信号形式控制的,数控装置每输出一个脉冲信号,则机床移动部件移动一个脉冲当量(一般为0.001mm),而且机床进给传动链的反向间隙与丝杠螺距平均误差可由数控装置进行补偿,因此,数控机床定位精度比较高。

3. 加工质量稳定、可靠

加工同一批零件,在同一机床,在相同加工条件下,使用相同的刀具和加工程序,刀具的走刀轨迹完全相同,零件的一致性好,质量稳定。

4. 生产率高

数控机床可有效地减少零件的加工时间和辅助时间。数控机床的主轴转速和进给量的范围大,允许机床进行大切削量的强力切削;数控机床目前正进入高速加工时代,数控机床移动部件的快速移动和定位及高速切削加工,极大地提高了生产率;另外配合加工中心的刀库使用,实现了在一台机床上进行多道工序的连续加工,减少了半成品的工序间周转时间,提高了生产率。

5. 改善劳动条件

数控机床加工前经调整好后,输入程序并启动,机床就能自动连续地进行加工,直至加工结束。操作者主要进行程序的输入、编辑,装卸零件,刀具准备,加工状态的观测,零件的检验等工作,劳动强度极大降低,机床操作者的劳动趋于智力型工作。另外,机床一般是封闭式加工,既清洁,又安全。

6. 利于生产管理现代化

数控机床的加工,可预先精确估计加工时间,所使用的刀具、夹具可进行规范化、现代化管理。数控机床使用数字信号与标准代码为控制信息,易于实现加工信息的标准化,目前已与计算机辅助设计与制造(CAD/CAM)有机地结合起来,是现代集成制造技术的基础。

1.2 数控机床的种类

现代加工制造技术手段的飞速发展和加工设备的不断完善,使得数控机床的品种和规格越来越多。根据数控机床的功能和组成,一般数控机床有以下四种分类方法。

1.2.1 按工艺用途分类

1. 一般数控机床

一般数控机床是在普通机床的基础上发展起来的,这种类型的数控机床和工艺用途与普通机床相似,不同的是它适合加工单件、小批量和复杂形状的零件,它的生产率和自动化程度比传统机床高,而且这类机床的控制轴数一般不超过三个,其种类有以下几种:

(1) 数控车床(NC Lathe),如图1-1所示。
(2) 数控铣床(NC Milling Machine),如图1-2所示。
(3) 数控钻床(NC Drilling Machine),如图1-3所示。
(4) 数控平面磨床(NC Surface Grinding Machine),如图1-4所示。
(5) 数控镗床(NC Boring Machine)。
(6) 数控外圆磨床(NC External Cylindrical Grinding Machine)。
(7) 数控工具磨床(NC Tool Grinding Machine)。
(8) 数控轮廓磨床(NC Contour Grinding Machine)。
(9) 数控坐标磨床(NC Jig Grinding Machine)。
(10) 数控齿轮加工机床(NC Gear Cutting Machine)。
(11) 数控冲床(NC Punching Machine)。

图1-1 数控车床

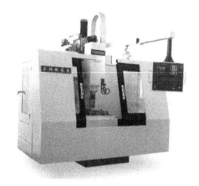

图1-2 数控铣床

图1-3 数控钻床

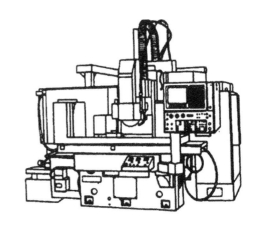
图1-4 数控平面磨床

2. 数控加工中心机床

数控加工中心机床是在数控铣床的基础上发展起来的,它是数控机床发展到一定阶段的产物,它有一个自动刀具交换装置(ATC),在刀具和主轴之间有一个换刀机械手,工件一次装夹后,可自动连续进行铣、镗、钻、扩、铰、攻丝等多种工序的加工。加工中心又分为立式加工中心、卧式加工中心和复合式加工中心,如图1-5(a)和(b)所示。

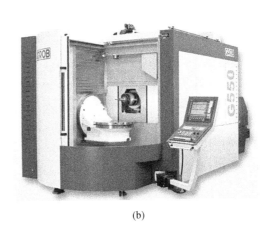

(a)　　　　　　　　　　　　　　(b)

图1-5 加工中心机床
(a) 立式加工中心;(b) 卧式加工中心。

3. 特种加工机床

(1) 数控电火花成形机床(EDM,Electric Discharge Machine),如图1-6所示。
(2) 数控电火花线切割机床(WEDM,Wire Electric Discharge Machine),如图1-7所示。
(3) 数控激光加工机床(NC Laser Beam Machine)。
(4) 数控超声波加工机床(NC Ultrasonic Machine)。

图 1-6 电火花成形机床

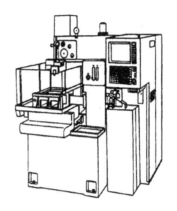

图 1-7 电火花线切割机床

1.2.2 按运动方式分类

1. 点位控制系统

点位控制系统(图 1-8)的数控机床,其数控装置只控制刀具从一点到另一点的位置,而不控制移动的轨迹,因为点位控制数控机床只要求获得准确的加工坐标点的位置。由于数控机床只是在刀具或工件到达指定的位置后才开始加工,刀具在工件固定时执行切削任务而在运动过程中不进行加工。为了在精确定位的基础上有尽可能高的生产率,两相关点之间的移动是先快速移动到接近定位点时再降低速度,以保证定位精度。例如数控钻床、数控坐标镗床、数控冲床等,均采用点位控制系统。

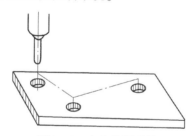

图 1-8 点位控制系统

2. 直线控制系统

直线控制系统(图 1-9)不但要求刀具或机床工作台从起点坐标运动到终点坐标,还要求刀具或工作台以给定的速度在沿平行于某坐标轴方向运动的过程中进行切削加工。

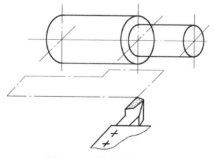

图 1-9 直线控制系统

3. 轮廓控制系统

轮廓控制数控机床能够对两个或两个以上的坐标轴同时进行控制,它不仅能够控制机床移动部件的起点与终点坐标值,而且能控制整个加工过程中每一个点的速度与位移量,既要控制加工的轨迹,又要加工出要求的轮廓。如图1-10所示,其被加工工件的轮廓线可以是任意形式的曲线,且可以用直线插补或圆弧插补的方法进行切削加工。

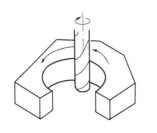
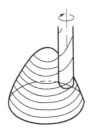
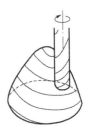

图1-10 轮廓控制系统

1.2.3 按控制方式分类

数控机床按照被控量有无检测反馈装置可分为开环控制系统和闭环控制系统两种。在闭环控制系统中,根据测量装置安放的部位又分为全闭环控制和半闭环控制两种。

1. 开环控制系统(Open Loop Control)

开环控制系统的特点是速度和精度都低,但其反应迅速,调试方便,工作比较稳定,维修简便,成本也较低。

2. 闭环控制系统(Closed Loop Control)

闭环控制系统的特点是加工精度高,移动速度快,但调试和维修比较复杂,稳定性难以控制,成本也较高。

3. 半闭环控制系统(Semi-closed Loop Control)

半闭环控制系统的特点是精度及稳定性较高,价格适中,调试维修也较容易,兼顾了开环控制和闭环控制两者的特点,因此应用比较普遍。

1.2.4 按数控机床的性能分类

1. 低档(经济型)数控机床

低档数控机床也称经济型数控机床。其特点是根据实际的使用要求,合理地简化系统,以降低价格。这类机床的技术指标通常为:脉冲当量为0.01~0.005mm,快速进给速度为4~10m/min,驱动元件为开环步进电动机,联动轴数为2轴。

2. 中档(普及型)数控机床

中档数控机床的技术指标通常为:脉冲当量为0.005~0.001mm,快速进给为15~24m/min,伺服系统为半闭环直流或交流伺服系统,联动轴数为3轴。

3. 高档数控机床

高档数控机床的技术指标通常为:脉冲当量为0.001~0.0001mm,快速进给速度为15~100m/min,伺服系统为闭环直流或交流伺服系统,联动轴数为多轴。

1.3 数控加工工艺

根据国家数控类职业技能鉴定标准,可将数控加工过程分为四个部分:①工艺准备;②程序编制;③工件加工;④工件检测。

1.3.1 工艺准备

从数控机床加工程序编制的过程中来看,数控机床使用的工件加工程序中,应考虑机床的运动过程、工件的加工工艺过程、刀具的形状及切削用量、走刀轨迹等各方面的问题。为了编制出一个合理的、比较实用的加工工序,要求编程人员不仅要了解数控机床的工作原理、性能特点及结构,掌握编程语言和标准程序格式,还应该能够熟练掌握零件的加工工艺,确定合理的切削用量,合理地选用夹具和刀具类型,并熟悉检测方法。也就是说数控机床的编程必须首先把工艺设计好,工艺设计的好坏对数控加工质量的好坏有直接的影响。

下面以图 1-11 所示零件为例来进行其加工工艺分析。

1. 工艺的设计

1) 分析零件图

首先是能正确分析零件图,确定零件的加工部位,根据零件图的技术要求,分析零件的形状、基准面、尺寸公差和表面粗糙度的要求,还有加工面的种类、零件的材料、热处理等其他技术要求,如图 1-11 所示。

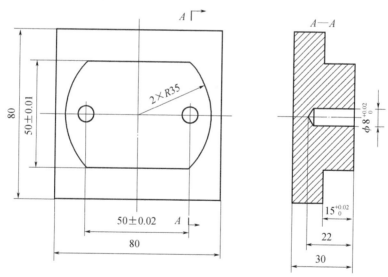

图 1-11 被加工零件图样

2) 数控机床的选择

对零件图样分析完之后,由工件的加工数量来考虑零件加工各项技术经济指标,合理地选用数控机床。例如,箱体、箱盖、壳体等可以选用立式数控铣床或加工中心。若被加工零件是圆柱体、锥体、各种成形回转表面等,则可以选用数控车床。

3) 加工工序的安排

数控加工工序设计任务就是进一步把本工序的加工内容、加工用量、工艺准备、定位夹紧方式及刀具运动轨迹具体确定下来,为编制程序做充分准备。安排工序时应遵循的原则是:

(1) 安排加工工序时,充分考虑机床的性能特点,尽量采用一次装夹、多道工序集中加工的原则。

(2) 当加工同一表面时,应按粗加工、半精加工、精加工次序完成,或对整个零件加工时,也可以按先粗加工、后半精加工、最后精加工的顺序进行。对形状尺寸公差要求较高时,考虑零件尺寸、零件刚性和变形等因素,可以采用前者;对于位置尺寸公差要求较高时,则采用后者。

(3) 当一个设计基准和孔加工的位置精度与机床、重复定位相接近时,采用同一尺寸基准集中加工原则,这样可以解决多个工位设计尺寸基准的加工精度问题。

(4) 对于有复合加工(如既有铣又有镗孔)的零件,采用先铣后镗的原则。为了减少换刀次数,减小空行程时间,消除不必要的误差,采用按刀具划分工序的原则,用同一把刀具完成所有该刀具能加工的部位后,再换第二把刀具。

(5) 钻孔时要采用先钻、后扩、再铰孔的顺序进行。当进行位置精度要求较高的孔系加工时,要特别注意安排孔的加工顺序。安排不当,则有可能把坐标轴的反向间隙带入,直接影响位置精度。

(6) 攻丝时应先钻底孔,然后攻螺纹,对精度有要求的螺纹孔,需要二次攻螺纹。

(7) 加工工件既有平面又有孔时,应先加工平面,后钻孔,可提高孔的加工精度。但对于槽孔,可以先钻孔,后加工平面。

(8) 同工位集中加工,尽量就近位置加工,以缩短刀具移动距离,减少空运行时间。

通常根据具体情况,以上 8 个原则必须综合考虑,制定出比较合理的加工中心切削工艺。图 1-11 所示的工件结构上并不复杂,精度要求也不很高,各加工表面之间的位置精度要求不高,则确定它的加工工序如表 1-1 所列。

表 1-1 加工工序表

序号	工序	刀号	刀具名称	主轴转速 $S/(r/min)$	进给速度 $F/(mm/min)$	长度补偿 H	刀具半径补偿/mm
1	中心钻	T1	$\phi 3mm$ 中心钻	1800	100	H01	0
2	钻孔	T2	$\phi 7.8mm$ 钻头	600	100	H02	0
3	铰孔	T3	$\phi 8mm$ 铰刀	200	100	H03	0
4	粗加工外框轮廓	T4	$\phi 16mm$ 端铣刀(4刃)	600	150	H04	D04 = 8.1
5	精加工外框轮廓	T5	$\phi 8mm$ 端铣刀	1200	100	H05	D05 = 4

2. 定位基准与夹紧方式的确定

1) 工件的定位

工件的定位基准应与设计基准保持一致,应防止过定位,对于箱体工件最好选择一面两销作为定位基准,定位基准在数控机床上要细心找正。

2) 工件的装夹

在确定零件的装夹方法时,应注意减少次数,尽可能做到一次装夹后能加工出全部待加工表面,以充分发挥数控机床的功能。夹具选择必须力求其结构简单,装卸零件迅速,安装准确可靠。

在数控机床上工件定位安装的基本原则与普通机床相同,工件的装夹方法影响工件的加工精度和加工效率,为了充分发挥出数控机床的工作特点,装夹工件时,应考虑以下几种因素:

(1) 尽可能采用通用夹具,必要时才设计制造专用夹具。
(2) 结构设计要满足精度要求。
(3) 易于定位和夹紧。
(4) 夹紧力应尽量靠近支承点,力求靠近切削部位。
(5) 对切削力有足够的刚度。
(6) 易于排屑的清理。

在实际加工中接触的通用夹具为压板和虎钳,如图 1-12、图 1-13 所示。

图 1-11 所示的工件不大,可采用通用夹具虎钳作为夹紧装置。用虎钳夹紧图 1-13 所示的工件时要注意以下几点:①工件安装时要放在钳口的中间部;②安装虎钳时要对固定钳口找正;③工件被加工部分要高出钳口,避免刀具与钳口发生干涉;④安装工件时,注意工件上浮。

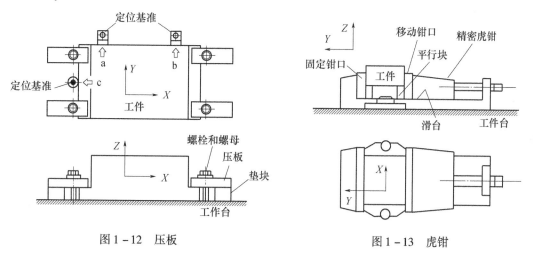

图 1-12 压板   图 1-13 虎钳

3. 程序原点和换刀点的确定

为了提高零件的加工精度,程序原点应尽量选在零件的设计基准和工艺基准上。例如以孔定位的零件,以孔的中心作为原点较为合适。程序原点还可选在两垂直平面的交线上,不论是用已知直径的铣刀,还是用标准心棒加塞尺或是用测头都可以很方便地找到这一交线。换刀点是为带刀库的加工中心而设定的。为了防止换刀时刀具与工件或夹具发生碰撞,换刀点应设在被加工零件的外面。

编制程序时需选择一个合理的刀具起始点。刀具起始点也就是程序的起始点,有时又称对刀点或换刀点。在设定起始点时,应考虑以下几项因素:

(1) 刀具在起始点换刀时,不能与工件或夹具产生干涉碰撞。

（2）起始点尽量选在工件外的某一点，但该点必须与工件的定位基准保持一定精度的坐标关系。在铣削加工时，起始点应尽可能选在工件设计基准或工艺基准上，这样可以提高加工精度。

（3）刀具退回到起始点时，应能方便测量加工中的工件。

（4）刀具的几何尺寸也会影响起始点的位置。

图 1-11 所示工件的刀具起始点如图 1-14 所示。

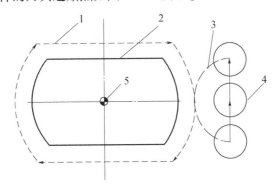

图 1-14 刀具起始点的确定
1—刀具轨迹；2—工件外轮廓；3—R25 圆弧进刀；4—刀具；5—G54 坐标。

4. 确定走刀路线

在确定走刀路线时，应使数值计算简单，程序段少，以减少程序工作量。为了发挥数控机床的作用，应使加工路线最短，减少空刀时间。对于点位控制的机床，定位精度要求较高，所以定位过程尽可能快。以图 1-15（a）所示零件为例，按照一般习惯，都是先加工一圈均布于圆上的 8 个孔，然后再加工另一圈，如图 1-15（b）所示。这对于数控机床来说并不是最好的加工路线，若进行必要的尺寸换算，按图 1-15（c）所示的加工路线，可以节省定位时间近 1/2。加工孔时，数控机床还要确定刀具加工时的轴向尺寸，也就是轴向加工路线的长度。这个长度由工件的轴向尺寸来决定，并考虑一些辅助尺寸。

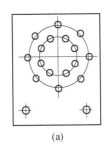 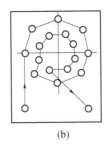 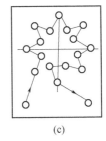

(a) (b) (c)

图 1-15 确定走刀路线

在进行轮廓加工时，加工路线的确定与程序中各程序段安排次序有关。图 1-16 所示是一个铣槽的例子，图中列举了三种加工路线，程序段安排次序及坐标尺寸都不同。为了保证凹槽侧面最后达到所要求的表面粗糙度，最终轮廓应由最后一次走刀连续加工出来为好。所以，图 1-16（c）的加工路线方案就不佳。在加工键槽时，加工路线应选择先从中间走一刀,然后再次连续走刀把两侧边加工出来,这样既保证了侧边的尺寸公差,又保证了两侧边的表面粗糙度。在铣镗类加工中心上加工零件时,为了保证轮廓的表面粗糙度,减小接刀的痕迹,对刀具的切入和切出程序要求严格。

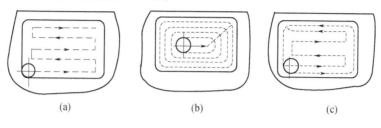

图 1-16　铣槽

刀具沿法线方向的切入工序要仔细设计,在加工外形时,其切入和切出部分应考虑外延,以保证工件轮廓形状的平滑。刀具的切入和切出分为两种方法:

(1) 刀具沿零件轮廓法向垂直切入:这种垂直切入方法是在切入点 C 作 BC 的法线,在这条法线上使刀具离开切入点一段距离,而这一距离要大于刀具直径,如图 1-17(a)所示。

(2) 刀具沿零件轮廓切向切入:切向切入可以是直线切向切入,如图 1-17(b)所示;也可以是圆弧切向切入,如图 1-17(c)所示。

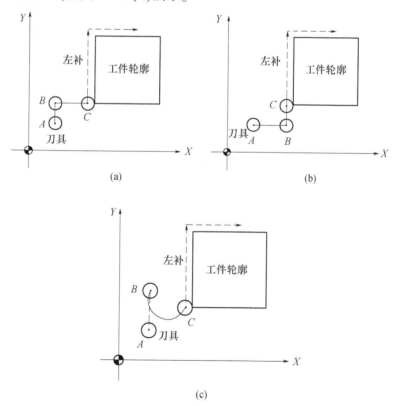

图 1-17　刀具的切入
(a) 刀具沿法线切入;(b) 刀具沿直线切入;(c) 圆弧切向切入。

在铣削凹槽一类的封闭轮廓时,其切入和切出不允许有外延,铣刀要沿零件轮廓的法线切入和切出。在轮廓加工过程中,应避免进给停顿,因为切削力的变化会引起刀具、工件、夹具和机床工艺系统的弹性变形,刀具会在轮廓的停顿处留下凹痕。

在铣削平面轮廓零件时,还要避免在垂直零件表面的方向上下刀或抬刀,因为这样会留下较大的划痕。

走刀路线是数控机床加工过程中,刀具的中心运动轨迹和方向,编制程序时,主要是编写刀具的运动轨迹和方向,在确定走刀轨迹时必须注意以下几点:

(1) 铣削中,应尽量采用圆弧切入的走刀路线,避免在交接处重复切削而在工件表面上产生痕迹。

(2) 在保证加工精度和表面粗糙度的前提下,应尽量缩短加工路线。多次重复的加工动作,可以编制子程序,由主程序调用,可减少程序段数目和编程的工作量,减少空走刀行程,提高生产效率。

5. 刀具的选择

刀具的选择是数控加工工艺中的重要内容。它不仅影响数控机床的加工效率,而且直接影响加工质量。在对零件加工部位进行工艺分析之后,应根据机床的加工能力、工件材料的加工工序、切削用量以及其他相关因素正确选用刀具及刀柄。刀具选择总的原则是:安装调整方便,刚性好,耐用度和精度高。在满足加工要求的前提下,应尽量选择较短的刀柄,以提高刀具加工的刚性。

选取刀具时,要使刀具的尺寸与被加工工件的表面尺寸相适应。生产中,平面零件周边轮廓的加工常采用立铣刀;铣削平面时,应选硬质合金刀片铣刀;加工凸台、凹槽时,选高速钢立铣刀;加工毛坯表面或粗加工孔时,可选取镶硬质合金刀片的玉米铣刀;对一些立体型面和变斜角轮廓外形的加工,常采用球头铣刀、环形铣刀、锥形铣刀和盘形铣刀。

在进行自由曲面加工时,由于球头刀具的端部切削速度为零,因此,为保证加工精度,切削行距一般取得很密,故球头刀具常用于曲面的精加工。而平头刀具在表面加工质量和切削效率方面都优于球头刀,因此,只要在保证不过切的前提下,无论是曲面的粗加工还是精加工,都应优先选择平头刀。另外,刀具的耐用度和精度与刀具价格关系极大,必须引起注意的是,在大多数情况下,选择好的刀具虽然增加了刀具成本,但由此带来的加工质量和加工效率的提高,则可以使整个加工成本大大降低。

在加工中心上,各种刀具分别装在刀库上,按程序规定随时进行选刀和换刀动作。因此必须采用标准形刀柄,以便使钻、扩、铰、铣削等工序用的标准形刀具,迅速、准确地装到机床主轴或刀库上去。编程人员应了解机床上所用刀柄的结构尺寸、调整方法以及调整范围,以便在编程时确定刀具的径向和轴向尺寸。目前,我国的加工中心采用 TSG 工具系统,其刀柄有直柄(三种规格)和锥柄(四种规格)两种,共包括 16 种不同用途的刀柄。

在经济型数控加工中,由于刀具的刃磨、测量和更换多为人工手动进行,占用辅助时间较长,因此,必须合理安排刀具的排列顺序。一般应遵循以下原则:①尽量减少刀具数量;②一把刀具装夹后,应完成其所能进行的所有加工部位;③粗、精加工的刀具应分开使用,即使是相同尺寸规格的刀具;④先铣后钻;⑤先进行曲面精加工,后进行二维轮廓精加工;⑥在可能的情况下,应尽可能利用数控机床的自动换刀功能,以提高生产效率。

加工如图 1-11 所示的工件,其刀具的选择如表 1-1 所列。

6. 确定合理的切削用量

在工艺处理中必须正确确定切削用量,即背吃刀量、主轴转速及进给速度、切削用量的具体数值,应根据数控机床使用说明书的规定、被加工工件材料的类型(如铸铁、钢材、铝材等),加工工序(如车、铣、钻等粗加工、半精加工、精加工等)以及其他工艺要求,并结合实际经验来确定。图1-11所示的工件切削用量如表1-1所列。

主轴的转速根据公式 $S = v \times 1000/\pi \times D$ 求出,进给速度由公式 $F = S \times f_z \times Z$ 求出,其中,f_z 为每齿进给量,Z 为铣刀刃数。

1.3.2 编制程序

工艺准备阶段完成以后,就进入了关键的阶段——编制程序阶段。

1. 数据处理

由零件的几何尺寸、刀具的加工路线和设定的编程坐标系来计算刀具运动的轨迹的坐标轴。对于由圆弧和直线组成的简单轮廓的零件加工,只需计算出相关几何元素的交点或切点坐标值,得出各几何元素的起点、终点、圆弧的圆心坐标值;对于特殊曲线、曲面的零件加工,需根据其曲线方程(如渐开线、阿基米德螺旋线等),采用小直线段或圆弧段拟合逼近法借助计算机辅助编程来完成。

2. 填写零件的加工程序单(程序的编制)

在加工顺序、工艺参数以及刀位数确定后,就可按数控系统的指令代码和程序段格式,逐段编写零件加工程序单。编写时应注意所用代码与格式要符合所用控制系统的功能及用户编程手册的要求,不要遗漏掉必要的指令或程序段,且数值填写要准确无误,尽量减少差错,特别要注意多0、少0、正负号及小数点。

以图1-11所示的工件为例进行程序单编写,数控铣削程序的编写方法及指令含义见本书第4、5章有关内容。

O0002(主程序)如下:

```
%
O0002;
N1010 T01;(D3)
N1015 M98P8999;
N1020 M98P1;
N1025 T02;(D7.8)
N1030 M98P8999;
N1035 M98P2;
N1040 T03;(D8)
N1045 M98P8999;
N1050 M98P3;
N1055 T04;(D16)
N1060 M98P8999;
N1065 M98P4;
N1070 T05;(D8)
N1075 M98P8999;
```

N1080 M98P5;
N1085 M30;

其中,M98 P8999;为调换刀子程序,各子程序编辑略。

3. 程序检验

在程序填写时往往会有错漏,按程序单向机床控制面板输入或输入到磁盘中时也不能保证完全正确,所以没有经过检验的程序不能直接加工零件。

程序单的检验首先检查功能指令代码是否错漏。例如,检查辅助功能指令代码(M)、准备功能指令代码(G)等是否有错;其次检查刀具代号,检查刀具代号是否填写正确或有遗漏,防止加工时刀具半径补偿值有无差错;最后验算数据是否有误,正负号对不对,程序单上填的数据是否与编程草图上标注的坐标值一致,走刀路线是否是封闭回路,这可以用各坐标运动位移量的代数和是否为零来校验程序数据的正确性。

1.3.3 工件加工

1. 数控铣削加工工件方式

(1) 一维铣削加工。

(2) 二维铣削加工。

二维铣削加工包括以下几种形式:

① 平面的加工;

② 钻孔的加工;

③ 轮廓的加工,包括外轮廓加工和内轮廓加工;

④ 槽铣削;

⑤ 二维字符加工。

(3) 三维铣削加工主要是三维曲面加工。三维粗加工方式主要有平行铣削、放射状加工、投影加工、曲面流线加工、等高外形加工和挖槽;三维精加工方式有平行铣削、陡斜面加工、放射状加工、曲面流线加工、等高外形加工、浅平面加工、交线清角加工及环绕等距加工。

(4) 多轴的铣削加工。

2. 加工工件的操作过程

以图 1-18 所示 FANUC SERIES 16-MA 立式加工中心机床为例来介绍图 1-11 所示工件二维铣削过程的操作步骤。

加工操作步骤如下:

(1) 首先打开主控电源,再打开压缩空气阀,然后打开控制面板电源。

(2) 机床回原点。手动回原点在 POWER 键打开、EMERGENCY(急停)键打开的任何时候都可以执行。对于每个轴来说,无论它们处在任何位置,只要 POWER 键打开都能回原点。但是如果它们距离原点(机床原点)非常近(小于100mm),这种情况要先让各轴远离机床原点(>100mm),然后再回机床原点。

(3) 刀具的安装。将表 1-1 中选择好的刀具 T1、T2、T3、T4、T5、T6、T7 依次测量完毕后,按程序的加工顺序依次安装到刀库中(可以根据库座号依次安装刀具)。

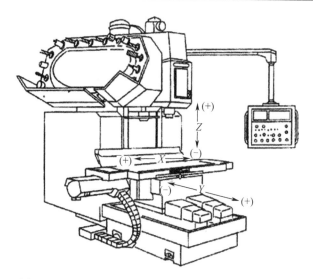

图 1-18　FANUC SERIES 16-MA 立式加工中心机床

(4) 刀具的登录。因为 ATC 使用软件随机系统,在刀具放入刀库之后,通过手动数据输入(MDI)或编制程序,使刀座号及相应的刀号必须存储在机床控制的内存中。有两种方法可以注册刀号:一种按顺序从刀座号 01 开始使刀具与刀座相对应;另一种是对特别刀座号的刀座及主轴上的刀具安排号。

(5) 刀具长度、直径补偿量输入。

(6) 工件的装夹。在装夹工件前,首先对已选择好的夹具装夹到机床工作台,再进行找正,夹具虎钳的四个螺母先不拧紧,进行找正,这时用百分表对虎钳打表找正。打表找正要进入机床手动模式,在操作面板上按手动键。找正完成后拧紧螺母,再校核一次表,如图 1-19(a)所示,然后把图 1-11 所示的工件装夹到虎钳夹具上,如图 1-19(b)所示。

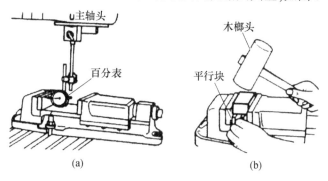

图 1-19　虎钳的找正和工件的装夹

(7) 工件原点的确定。在工件装夹好后,必须正确测出工件的工作原点。可以用百分表或找正器对毛坯(外形尺寸已加工完成)找正。

找正器找正要使机床在手动模式下,在操作面板上按手动键。工件找正完成后,也就确定出了 G54(或 G55、G56、G57、G58、G59)的坐标系值,即找出了工件的编程原点。

① G54 X、Y 坐标值的测量,如图 1-20 所示。

在 MDI 模式下输入以下程序:

```
S500M03；
```
运行它，让找正器转起来，转数为500r/min。

进入手动模式，把屏幕切换到机床坐标显示状态。

找正 X 坐标和 Y 坐标。

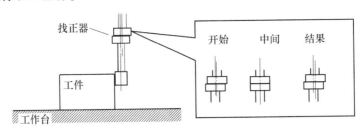

图 1-20 G54 X、Y 向编程原点的测量

用百分表找正圆孔类原点的原理与找正器一样，当用百分表找正时，主轴不需要转起来，只手动拨动主轴，观测百分表的跳动量，使其跳动量小于0.01mm即可。

注意：使用找正器时要要注意它的转速范围在500~600r/min；在找正器接触工件时机床的手动进给倍率要由快到慢变化；此找正器不能找正 Z 坐标原点。

② G54 Z 坐标值测量方法。

在 MDI 状态下输入程序：

```
T1；M98P8999；
```

并运行它，把刀库中第一号刀调入主轴。

进入手动模式，把机床屏幕切换到机床坐标显示状态，利用一块100.0mm量块放到工件上，使刀刃和量块微微接触即可记下屏幕上显示的 Z 的值，然后将此 Z 的值再减去100.0mm的量块值，则是所需要的 Z 向的坐标值，如图1-21所示。

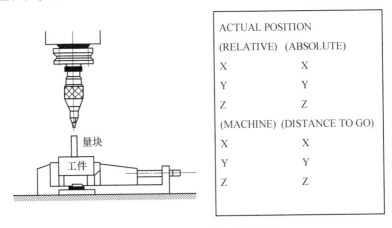

图 1-21 Z 向坐标值测量方法

（8）工件坐标系的输入。根据第（7）步所得出的 X_Y_Z_值，把屏幕切换到工作坐标显示屏幕，将值输入即可。

（9）程序的输入。程序的输入有三种方法：

① 将程序单上的程序通过操作面板上的 EDIT 键直接输入机床。

② 用磁盘(或移动盘)通过计算机把程序输入机床。
③ DNC 在线数据传输的方法。

(10) 试运行。试运行的目的是为了检查程序是否有误,其操作步骤如下:在程序编辑模式下,按下控制面板上的 RESET 复位键,再按下 DRYRUN 试运行键,进入 MEMORY 内存模式,把屏幕切换到工作坐标屏幕,显示,将 EXT 坐标中的 Z 值改为 100.0mm 或者更大一些,即把 G54 坐标向 +Z 方向平移了 100.0mm。

(11) 试切。此步骤可以不做,如果需要试切的话,可以试切一个毛坯为石蜡或塑料的工件。

(12) 自动加工。试运行完成之后,如果程序完全通过,则可以进行工件加工。其加工步骤如下:
① 回到程序编辑状态;
② 按控制面板上的 RESET 键;
③ 关闭试运行键屏幕切换到工作坐标屏幕显示;
④ 把 EXT 坐标中的 Z 值改为 0.0mm,即把 G54 坐标还原;
⑤ 按下 MEMORY 键进入 MEMORY 模式,按下程序启动按钮即可进行工件加工。

(13) 检验工件。
(14) 清扫床面,整理刀、量具。
(15) 关闭电源,关压缩气。

1.3.4 工件检测

工件的检测可分为离线(机外)检测和在线(机内)检测两种。

1*. 常用测量仪器(注:* 代表相关知识)

1) 游标卡尺

游标卡尺(简称卡尺)与千分尺、百分表都是最常用的长度测量器具。电子式游标卡尺可以直接读取电子显示数值;指针式游标卡尺的结构如图 1-22 所示,其读数值是由主尺的整数值加上指针的小数值之和得到的。

普通游标卡尺是利用游标原理对两测量面相对移动分隔的距离进行读数的测量器具。

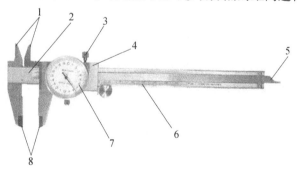

图 1-22 指针式游标卡尺的结构
1—内量爪;2—尺身;3—固定螺钉;4—尺框;5—深度尺;6—主尺;7—表头;8—外量爪。

而普通游标卡尺的主体是一个刻有刻度的尺身,称主尺,沿着主尺滑动的尺框上装有游标。游标卡尺可以测量工件的内、外尺寸(如长度、宽度、厚度、内径和外径)、孔距、高度和深度等。优点是使用方便、用途广泛、测量范围大、结构简单和价格低廉等。

(1) 游标卡尺的读数原理和读数方法。游标卡尺的读数值有 0.1mm、0.05mm、0.02mm 三种,其中 0.02mm 的卡尺应用最普遍。下面介绍 0.02mm 游标卡尺的读数原理和读数方法,游标有 50 格刻线,与主尺 49 格刻线宽度相同,游标的每格宽度为 49/50 = 0.98mm,则游标读数值是 1.00 - 0.98 = 0.02mm,因此 0.02mm 为该游标卡尺的读数值。

游标卡尺读数的三个步骤:

① 先读整数——看游标零线的左边,尺身上最靠近的一条刻线的数值,读出被测尺寸的整数部分。

② 再读小数——看游标零线的右边,数出游标第几条刻线与尺身刻线对齐,读出被测尺寸的小数部分(即游标读数值乘以其对齐刻线的顺序数)。

③ 得出被测尺寸——把上面两次读数的整数部分和小数部分相加,就是卡尺的所测尺寸。

(2) 游标卡尺使用注意事项。

① 测量前要进行检查。游标卡尺使用前要进行检验,若卡尺出现问题,势必影响测量结果,甚至造成整批工件的报废。首先要检查外观,要保证无锈蚀、无伤痕和无毛刺,要保证清洁。然后检查零线是否对齐,将卡尺的两个量爪合拢,看是否有漏光现象。如果贴合不严,需进行修理。若贴合严密,再检查零位,看游标零件是否与尺身零线对齐、游标的尾刻线是否与尺身的相应刻线对齐。另外检查游标在主尺上滑动是否平稳、灵活,不要太紧或太松。

② 读数时,要看准游标的哪条刻线与尺身刻线正好对齐。如果游标上没有一条刻线与尺身刻线完全对齐,可找出对得比较齐的那条刻线作为游标的读数。

③ 测量时,要平着拿卡尺,朝着光亮的方向读,使量爪轻轻接触零件表面,量爪位置要摆正,视线要垂直于所读的刻线,防止读数误差。

2) 外径千分尺

千分尺类测量器具是利用螺旋副运动原理进行测量和读数的一种测微量具,测量准确度高,按性能可分为一般外径千分尺(图 1 - 23)、数显外径千分尺(图 1 - 24)、尖头外径千分尺(图 1 - 25)等。

图 1 - 23 一般外径千分尺图

图 1 - 24 数显外径千分尺

图 1 - 25 尖头外径千分尺

外径千分尺使用普遍,是一种体积小、坚固耐用、测量准确度较高、使用方便、调整容易的一种精密测量器具。

外径千分尺可以测量工件的各种外形尺寸,如长度、厚度、外径以及凸肩厚度、板厚或壁厚等。

外径千分尺分度值一般为0.01mm,测量精度可达百分之一毫米,也称为百分尺,但在国家标准中称为千分尺。

(1) 外径千分尺的读数原理和读数方法。外径千分尺测微螺杆的螺距为0.5mm,微分筒圆锥面上一圈的刻度是50格。当微分筒旋转一周时,带动测微螺杆沿轴向移动一个螺距,即0.5mm,若微分筒转过1格,则带动测微螺杆沿轴向移动0.5/50 = 0.01mm,因此外径千分尺的读数值是0.01mm。

读数时,可分三个步骤:

① 先读整数——微分筒的边缘(或称锥面的端面)作为整数毫米的读数指示线,在固定套管上读出整数。固定套管上露出来的刻线数值,就是被测尺寸的毫米整数和半毫米数。

② 再读小数——固定套管上的纵刻线作为不足半毫米小数部分的读数指示线,在微分筒上找到与固定套管中线对齐的圆锥面刻线,将此刻线的序号乘以0.01mm,就是小于0.5mm的小数部分的读数。

③ 得出被测尺寸——把上面两次读数相加,就是被测尺寸。

(2) 外径千分尺的使用和注意事项。

① 减少温度的影响。使用千分尺时,要用手握住隔热装置。若用手直接拿着尺架去测量工件,会引起测量尺寸的改变。

② 保持测力恒定。测量时,当两个测量面将要接触被测表面时,就不要旋转微分筒,只旋转测力装置的转帽,等到棘轮发出"咔、咔"的响声后,再进行读数。不允许猛力转动测力装置。退尺时,要旋转微分筒,不要旋转测力装置,以防拧松测力装置,影响零位。

③ 正确操作方法。测量较大工件时,最好把工件放在V形铁或平台上,采用双手操作法,左手拿住尺架的隔热装置,右手用两指旋转测力装置的转帽。测量小工件时,先把千分尺调整到稍大于被测尺寸之后,用左手拿住工件,采用右手单独操作法,用右手的小指和无名指夹住尺架,食指和拇指旋转测力装置或微分筒。

④ 减少磨损和变形。不允许测量带有研磨剂的表面、粗糙表面和带毛刺的边缘表面等。当测量面接触被测表面之后,不允许用力转动微分筒,否则会使测微螺杆、尺架等发生变形。

⑤ 应经常保持清洁,轻拿轻放,不要摔碰。

3) 内径千分尺

(1) 内径千分尺的结构。如图1-26所示的内径千分尺是由测微头(或称微分头,如图1-27所示)和各种尺寸的接长杆组成的。

(2) 内径千分尺使用方法。

① 校对零位。在使用内径千分尺之前,也要像外径千分尺那样进行各方面检查。在检查零位时,要把测微头放在校对卡板两个测量面之间,若与校对卡板的实际尺寸相符,说明零位"准"。

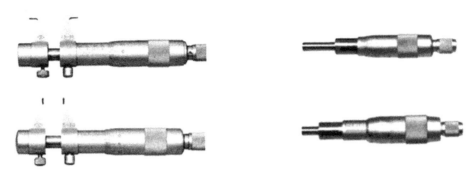

图1-26　内径千分尺的结构图　　　　图1-27　测微头

② 测量孔径。先将内径千分尺调整到比被测孔径略小一点，然后把它放进被测孔内，左手拿住固定套管或接长杆套管，把固定测头轻轻地压在被测孔壁上不动，然后用右手慢慢转动微分筒，同时还要让活动测头沿着被测件的孔壁，在轴向和圆周方向上小心地摆动，直到在轴向找出最大值为止，才能得出准确的测量结果。

③ 测量两平行平面间距离。测量方法与测量孔径时大致相同，一边转动微分筒，一边使活动测头在被测面的上、下、左、右摆动，找出最小值，才是被测平面间的最短距离。

④ 正确使用接长杆。接长杆的数量越少越好，可减少累积误差。把最长的接在前面，最短的接在最后。

⑤ 其他注意问题。不允许把内径千分尺用力压进被测件内，以避免过早磨损，避免接长杆弯曲变形。

4）深度千分尺

（1）深度千分尺的结构。如图1-28所示，其结构与外径千分尺相似，只是用底板1代替尺架和测砧。深度千分尺的测微螺杆移动量是25mm，使用可换式测量杆，测量范围为25～50mm、50～75mm、75～100mm。

图1-28　深度千分尺的结构

（2）使用方法。使用方法与前面介绍几种千分尺的使用方法类似。测量时，测量杆的轴线应与被测面保持垂直。测量孔的深度时，由于看不到里面，所以用尺要格外小心。

5）量块

量块又称块规，其截面为矩形或圆形，是一对相互平行测量面间具有准确尺寸的测量器具,如图1-29所示。

图1-29 量块及量块盒

(1) 量块的主要用途是:①检定和校准各种长度的测量器具;②在长度测量中,作为相对测量的标准件;③用于精密划线和精密机床的调整;④直接用于精密被测件尺寸的检验。

在实际生产中,量块有许多套,每一套量块块数都不一样(如图1-29所示103块),量块是成套使用的,以便组成各种尺寸。量块的测量面非常平整和光洁,用少许压力推合两块量块使它们的测量面互相紧密接触,两块量块便能粘合在一起,这种性质称为研合性,利用这种性质,便能将不同尺寸的量块组合成所需求的各种尺寸。

(2) 量块的使用方法。

① 量块、尺寸组合。根据使用需要,可把不同长度尺寸的量块研合起来组成量块组,这个量块组的总长度尺寸就等于各组成量块的长度尺寸的总和。由此可见,组成量块用得越多,累积误差也会越大,所以在使用量块组时,应尽可能减少量块的组合块数,一般不超过4~5块。

组合量块组时,为了减少所用量块的数量,应遵循一定的原则来选择量块长度尺寸:根据需要的量块组尺寸,首先选择能够去除最小位数尺寸的量块;然后再选择能够依次去除位数较小尺寸的量块,并使选用的量块数目为最少。例如,如需组合69.475mm的量块组,先选1.005mm一块,再选1.47mm一块和7mm一块,最后选60mm一块,共四块研合而成。

② 量块的研合方法。一般有以下两种研合方法,前一种方法应用比较普遍。

平行研合法:量块沿着测量面的长边方向,先将端缘部分的测量面相接触,初步产生研合力;然后推动一个量块沿着另一个量块的测量面平行方向滑进;最后使两个测量面全部研合在一起。

交叉研合法:开始时,先将两块量块的测量面交叉成十字形相互叠合;把一块量块转90°,使两个测量面变为相互平行的方向;再沿着测量面长边方向后退,使测量面的边缘部分相接触;最后按上述平行研合法,使两个测量面全部研合在一起。

6) 杠杆百分表

(1) 杠杆百分表结构形式与工作原理。杠杆百分表的应用非常普遍,其结构如图1-30所示。在测量过程中,测头8的微小移动,经过百分表内的一套传动机构而转变成主指针1的转动,可在表盘5上读出数值来。测头8拧在量杆7的下端,量杆移动1mm时,主指针 1 在表盘上正好转一圈,由于表盘上均匀刻有 100 个格,因此表盘的每一小格表示 1/100mm,即 0.01mm,这就是百分表的分度值。当指针 1 转动一圈的同时,在转数指示盘 3 上的转数指针 4 就跟着转动一格(共有 10 个等分格),所以转数指示盘 3 的分度值是 1mm。

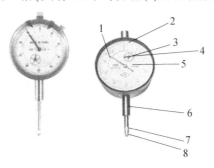

图 1 - 30 杠杆百分表的结构
1—主指针;2—表框;3—转数指示盘;4—转数指针;5—表盘;6—轴;7—量杆;8—测头。

旋转表框 2 时,表盘 5 也随着一起转动,可使指针 1 对准表盘上的任何一条刻线。量杆 7 的上端有个挡帽,对测量杆向下移动起限位作用,也可以用它把测量杆提起来。

(2) 百分表使用方法。

① 使用前,要认真进行检查,要检查外观,表蒙玻璃是否破裂或脱落,是否有灰尘和湿气侵入表内。检查测量杆的灵敏性,是否移动平稳、灵活,无卡住等现象。

② 使用时,必须把它可靠地固定在表座或其他支架上,否则可能摔坏百分表。

③ 百分表既可用作绝对测量,也可用作相对测量。相对测量时,用量块作为标准件,因此具有较好的测量精度。

④ 测量头与被测表面接触时,量杆应该先有 0.3~1mm 的压缩量,可提高示值的稳定性,所以要先使主指针转过半圈到一圈左右。当量杆有一定的预压量后,再把百分表紧固住。

⑤ 为读数的方便,测量前一般把百分表的主指针指到表盘的零位,通过转动表圈,使表盘的零刻线对准主指针,然后再提拉测量杆,重新检查主指针所指零位是否有变化,反复几次直到校准为止。

⑥ 测量工件时应注意测量杆的位置,测量平面时,测量杆要与被测表面垂直,否则会产生较大的测量误差。测量圆柱形工件时,测量杆的轴线应与工件直径方向一致。

⑦ 测量时,测量杆的行程不要超过它的测量范围,以免损坏表内零件,避免振动、冲击和碰撞。

⑧ 要保持清洁。

2. 特殊测量仪器

(1) 轮廓投影仪,如图 1 - 31 所示。

(2) 三坐标测量机,如图 1 - 32 所示。

(3) 表面粗糙度测量仪,如图 1 - 33 所示。

(4) 万能工具显微镜。

3. 在线检测

在线检测为通用量具和特殊量具的使用。

图 1-31 轮廓投影仪

图 1-32 三坐标测量机

图 1-33 表面粗糙度测量仪

（1）在线检测使用的常规测量仪器的使用方法与机外使用方法相同，这里不再赘述。在线检测时，使用在线检测传感器，利用机床本身的功能在加工中可进行检测，将检测到的数据反馈给加工程序并进行修正，从而保证加工精度。在线传感器有许多种，其测量方法也各不相同。其中一种是接触传感器，它是具有三维测量功能的测头，当测头与工件接触且接触力达到一定值时，则发出触发信号，数控系统接收到该信号后则将测量运动中断，并采集该瞬时的坐标值，由运动的程序读出该坐标值并记入相应的变量中，将该坐标值与原存储的坐标值进行比较，进而对加工程序进行修正，于是可保证加工的精度。传感器应与相应测量软件配套使用，方可实现自动补偿。

（2）在切削加工过程中，工件尺寸要发生变化，刀具也要产生磨损甚至损坏。在加工中心上安装一些测量装置，使其能按照程序自动测出零件加工后的尺寸及刀具长度，从而达到自动监测的目的，这就叫自动测量，所用装置叫自动测量装置。加工中心可以利用这些测量信息完成一些决策，如换刀具、修正刀补再加工、零件报废等。此功能使加工中心更适合于自动生产。

（3）工件自动测量是把测头装在主轴上并随机床按程序移动，接触工件，记录下触点的坐标位置，利用软件对其分析、计算、处理，从而起到对工件尺寸监控的作用。加工前它能测出工件的对称中心、基准孔中心、基准角、基准边的坐标值。加工中自动补偿工件坐标系的坐标值，去除安装误差。在加工后，能测量孔径、阶台高度差、孔距、面距等。

1.4 数控切削技术

1.4.1 工件材料的切削加工性

1. 金属材料切削加工性能的概念

金属材料的切削加工性能是指某种金属材料切削加工的难易程度。例如,切削铝、铜合金比切削45钢轻快得多,切削合金钢要困难一些,切削耐热钢则更困难一些。

良好的切削加工性是指:刀具的寿命较高或在一定的寿命下允许的切削速度较高;在相同的切削条件下切削力较小;切削温度较低;容易获得较小的表面粗糙度(较高的表面光洁度);容易控制切削形状或断屑。同一种材料由于加工要求和加工条件不同,其切削加工性也不相同。例如,切除纯铁的余量比较容易,但要获得较小的表面粗糙度则比较困难,所以精加工时其切削加工性不好;在普通机床上加工不锈钢工件并不太难,但在自动机床上切削时却难以断屑,则认为其切削加工性较差。

由上述可以看出,切削加工性很难用一个简单的物理量来精确地规定和测量。在实际生产中,切削加工性通常用刀具寿命 T 为 60min 时,切削某种材料所允许的最大切削速度 V_{60} 表示。V_{60} 越大,表示该材料的切削加工性能越好。

切削加工性的概念具有相对性。所谓某种材料切削加工性能好与坏,是相对于另一种材料而言的。一般用 $\sigma_b = 0.637$GPa 的45钢的 V_{60} 为基准,其他材料的 V_{60} 与 $(V_{60})_j$ 相比的数值记作 K_V,即相对切削加工性:

$$K_V = \frac{V_{60}}{(V_{60})_j}$$

2. 常用材料的切削加工性

常用材料的切削加工性如表1-2所列。凡 $K_V > 1$ 的材料,其切削加工性比45钢好;$K_V < 1$ 的材料,其切削加工性能比45钢差。

表1-2 材料切削加工性能等级

切削加工性等级	常用材料的切削加工性		相对切削加工性 K_V	代表性材料
1	一般有色金属	很容易加工	8~20	镁铝合金,5-5-5铜铅合金
2	易切削钢材	很容易加工易加工	2.5~3	易切钢($\sigma_b = 400 \sim 500$MPa)
3	较易切削钢材		1.6~2.5	30钢正火($\sigma_b = 500 \sim 580$MPa)
4	一般碳素钢、铸铁	普通	1.0~1.5	45钢,灰铸铁
5	稍难切削材料		0.7~0.9	45钢(轧材)2Cr13($\sigma_b = 850$MPa)
6	较难切削材料		0.5~0.65	65Mn($\sigma_b = 950 \sim 1000$MPa)易切不锈钢
7	难切削材料	难加工	0.15~0.5	不锈钢(1Cr18Ni9Ti)
8	很难切削材料		0.04~0.14	耐热合金钢、钛合金

3. 改善金属材料切削加工性的途径

材料的切削加工性能可以采用一些适当的措施予以改善,采用热处理方法是一种重要途径。低碳钢在退火状态下塑性很大,切屑易粘在切削刃上形成刀瘤,工件表面很粗糙,且刀具寿命也短。对低碳钢改用正火处理,适当降低其塑性,增加其硬度,可使精加工表面的表面粗糙度很小;对于高碳钢而言,其硬度高,难以进行切削,一般经球化退火来降低硬度,改善加工性能;对于出现白口组织的铸铁,可在 950~1000℃下长时间退火,以降低其硬度,便其变得较易切削。

一般说来,硬度在 160~230HBW 范围内切削加工性最好,为降低工件表面粗糙度值,可适当提高其硬度值(至 250HBW),当硬度大于 300HBW 时,切削加工性能显著下降。

调质材料的化学成分也可以改善切削加工性。例如,在钢中添加适量的硫、铅等元素,可使断屑容易,获得较小的表面粗糙度值,并可减小切削力,提高刀具的寿命。

1.4.2 切削刀具材料

1. 数控加工常用刀具的种类及特点

1) 数据加工常用刀具的种类

数控加工刀具必须适应数控机床高速、高效和自动化程度高的特点,一般应包括通用刀具、通用连接刀柄及少量专用刀柄。刀柄要连接刀具并装在机床动力头上,因此已逐渐标准化和系列化,数控刀具的分类有多种方法。

(1) 根据刀具结构可分为:①整体式;②镶嵌式,采用焊接或机夹式连接,机夹式又可分为不转位和可转位两种;③特殊形式、如复合式刀具、减振式刀具等。

(2) 根据制造刀具所用的材料可分为:①高速钢刀具;②硬质合金刀具;③金刚石刀具;④其他材料刀具,如立方氮化硼刀具、陶瓷刀具等。

(3) 从切削工艺上可分为:①车削刀具,分外圆、内孔、螺纹、切割等多种刀具;②钻削刀具,包括钻头、铰刀、丝锥等,如图 1-34 所示;③铣削刀具等,如图 1-35 所示。

图 1-34 钻削刀具

为了适应数控机床对刀具耐用、稳定、易调、可换等的要求,近几年机夹式可转位刀具得到广泛的应用,在数量上达到整个数控刀具的 30%~40%,金属切除量占总数的 80%~90%。

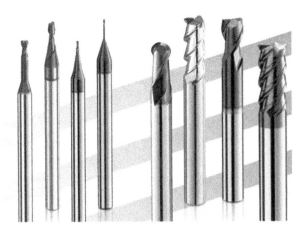

图 1-35 铣刀类型

2)数控加工常用刀具的特点

数控刀具与普通机床上所用的刀具相比,有许多不同的要求,主要有以下特点:刚性好(尤其是粗加工刀具),振动及热变形小;互换性好,便于快速换刀;寿命高,切削性能稳定、可靠;刀具的尺寸便于调整,以减少换刀调整时间;刀具应能可靠地断屑或卷屑,以利于切屑系列化、标准化,以利于编程和刀具管理。

2. 切削刀具材料

1)高速钢

高速钢是加入了较多的钨、钼、铬、钒等合金元素的高合金工具钢。它具有良好的综合性能、很高的强度和韧性、较高的热稳定性,而且有一定的硬度(63~70HRC)和耐磨性。它还具有良好的工艺性,可进行锻造,可磨出锋利的切削刃。

高速钢的使用很普遍,各种刀具都可以用高速钢制造,特别是形状复杂的刀具和小型刀具,高速钢的使用量占刀具材料总使用量的60%~70%。根据高速钢的性能它又分为以下几种:

(1)普通高速钢。普通高速钢的工艺性比较好,常用的品种有 W18Cr4V 和 W6Mo5Cr4V2。W18Cr4V 属钨系高速钢,其综合力学性能及可磨性均较好,淬火时过热倾向小。W6Mo5Cr4V2 属钨钼系高速钢,即我国钢铁学会 AISI 牌号 M2。其碳化物分布均匀性、韧性及高温塑性均优于 W18Cr4V,但可磨削性不及 W18Cr4V。这两种牌号高速钢的切削性能基本相同。

(2)高性能高速钢。通过调整普通钢铁基本化学成分及增加其他合金元素(C、V、Co、Al)等,从而使其力学性能及切削性能得到显著提高,得到高性能高速钢。其常温硬度可达67~70HRC,高温硬度也得到提高,具有比普通高速钢更高的刀具使用寿命,适于加工不锈钢、耐热钢、高强度钢等难加工材料。

(3)粉末冶金高速钢。通过用粉末冶金的方法制造的高速钢主要解决碳化物偏析问题,得到细小均匀的结晶组织,晶粒尺寸小于 2~3μm,而熔炼高速钢晶粒尺寸为 8~20μm。粉末冶金法需经制粉、成形和烧结整个过程。与熔炼高速钢相比,粉末冶金高速钢具有较高的硬度和韧性,显著改善了高速钢的可磨削性,材质均匀,热处理变形小,质量稳定可靠,刀具使用寿命长,可用于切削各种难加工材料,适于制造精密刀具及形状复杂的刀具。

高速钢立铣刀粗铣加工铸铁、铝和 45 钢时的切削用量参数如表 1-3 所列。

表 1-3 切削用量的选取(高速钢立铣刀粗铣加工)

工件		铸铁		铝		钢	
刀具直径/mm	刀槽数	转速/(r/min)	进给速度/(mm/min)	转速/(r/min)	进给速度/(mm/min)	转速/(r/min)	进给速度/(mm/min)
		切削速度/(m/min)	每齿进给量/(mm/齿)	切削速度/(m/min)	每齿进给量/(mm/齿)	切削速度/(m/min)	每齿进给量/(mm/齿)
8	2	1100	115	115	500	1000	100
		28	0.05	126	0.05	25	0.05
10	2	900	110	4100	490	820	82
		28	0.06	129	0.06	26	0.05
12	2	770	105	3450	470	690	84
		29	0.07	130	0.07	26	0.06
14	2	660	100	3000	440	600	80
		29	0.07	132	0.07	26	0.07
16	2	600	94	2650	420	530	76
		30	0.08	133	0.08	27	0.07

2) 硬质合金

硬质合金是由高硬度、难熔碳化物(WC、TiC 等硬质相)微米级粉末,用金属粘结剂(Co、Ni 等,称粘结相)经粉末冶金方法制成的。硬质合金硬度高,常用的硬度为 89~93HRA。在 800~1000℃时尚能进行切削。切削碳钢时,切削速度可达 1.67~3.34m/s。在硬质合金中加入 TaC、NbC 时,切削钢材的速度可达 200~300m/min。硬质合金的抗弯强度不到高速钢的 1/2;在常温下它的冲击韧性仅为高速钢的 1/8~1/30;硬质合金工艺性也不及高速钢。因硬质合金具有较好的切削性能而被广泛用作刀具材料,常见的有以下几种类型:

(1) WC-Co(YG)类硬质合金。此类合金由 WC 和 Co 组成,相当于 ISO 规定的 K 类硬质合金。我国生产的常用牌号有 YG3X、YG6X、YG6、YG8 等。这类硬质合金主要用于加工铸铁及有色金属及其合金。硬质合金中 Co 量越高,韧性越好,适合于粗加工,含 Co 量少者适用于精加工。

(2) WC-TiC-Co(YT)类硬质合金。此类合金除 WC、C 之外,还含有 5%~30% 的 TiC,相当于 ISO 规定的 P 类硬质合金。我国生产的常用牌号有 YT5、YT14、YT15、YT30 等。牌号中的数字为 TiC 的质量百分含量,含 C 量分别为 10%、8%、6% 和 4%。该类硬质合金主要用于加工钢材,含 Co 量高的用于粗加工,含 Co 量低的用于精加工。

(3) WC-TiC-TaC(NC)-Co(YW)类硬质合金。在 YT 类硬质合金中,加入 TaC 取代一部分 TiC,即得到 YW 类硬质合金,相当于 ISO 规定的 M 类硬质合金,我国常用牌号有 YW1 和 YW2。这类硬质合金具有较好的综合性能,既可加工铸铁、有色金属,又可加工碳素钢、合金钢,也适合于加工高温合金、不锈钢等难加工材料。

以上三类硬质合金的主要成分是 WC,统称为 WC,又称 WC 基硬质合金。

(4) TiC 基硬质合金。它是以 TiC 为主要成分,以 Ni、Mo 作为粘结剂的硬质合金,TiC 含量占 60% ~ 70% 以上。与 WC 基合金相比,它的硬度较高,但韧性较差。我国的代表牌号是 YN10 和 YN05,适用于碳素钢、合金钢的半精加工和精加工。

(5) 涂层硬质合金。通过化学气相沉积(CVD)法对硬质合金刀片涂覆一薄层耐磨性高的内熔金属化合物而得到涂层硬质合金,主要是针对硬质合金韧性差而研制的。它适用于钢材、铸铁的半精加工和精加工。涂层硬质合金刀片的使用占硬质合金刀片总数的 50% ~ 60% 以上。由于涂层硬质合金提高了耐磨性及刀具的使用寿命,特别适用于数控机床的切削加工。

3) 其他材料:复合氧化铝陶瓷、人造金刚石和立方氮化硼等刀具

(1) 复合氧化铝陶瓷。在 Al_2O_3 基体中添加高硬度、难溶碳化物,再加入 Ni、Mo 等金属作为粘结剂,热压烧结而成。硬度高达 93 ~ 94HRA,而且高温硬度也较高,如 1200℃时硬度尚高达 80HRA。这种材料化学惰性大,与被加工金属亲和作用小。它的抗弯强度低(约为硬质合金的抗弯强度的 1/2 左右),冲击韧性很差,对冲击十分敏感。主要用于加工淬硬钢、高温合金、冷硬铸铁和有色金属及连续切削的半精加工和精加工。

(2) 人造金刚石。金刚石是碳的同素异形体,分人造及天然两种。人造金刚石是在高温高压条件下,借助于某些合金的触媒作用,由石墨转化而成的。金刚石是已知的世界上最硬的物质,硬度达 10000HV,6 ~ 8 倍于硬质合金的硬度。金刚石刀具可用于加工硬质合金、陶瓷等高硬度耐磨材料,也可用于有色金属及其合金加工。金刚石刀具使用寿命极高,但不能加工铁族材料,因金刚石刀具中的碳元素极易向含铁质工件扩散,使金刚石刀具很快被磨损。此外,当切削温度高于 700℃时,金刚石中的碳原子即转化为石墨结构而失去硬度。

(3) 立方氮化硼。它是 20 世纪 70 年代才发展起来的一种新型刀具材料,经高温高压加入催化剂转化而成。立方氮化硼具有很高的硬度及耐磨性,其硬度仅次于金刚石,为 8000 ~ 9000HV。其热稳定性、化学惰性高于金刚石,可耐 1300 ~ 1500℃高温。立方氮化硼可用于淬硬钢、冷硬铸铁、高温合金等的半精加工和精加工,车削加工时,可以实现以车代磨加工。因其有很高的硬度及耐磨性,适用于数控机床高速切削加工。

表 1 - 4 列举了涂层硬质合金、陶瓷及超硬刀具材料的应用范围和场合。

表 1 - 4 涂层硬质合金、陶瓷及超硬刀具材料

刀具材料	应用范围
涂层硬质合金	适用于各种钢材、铸铁的精加工和半精加工,负荷较轻的粗加工。含钛的涂层刀具材料不能加工高温合金、钛合金及奥氏体不锈钢
复合氧化铝陶瓷	用于各种金属材料(钢、铸铁、高温合金和有色金属等)的精加工和半精加工,适于加工淬硬钢、冷硬铸铁
人造金刚石	用于硬质合金、陶瓷、高硅铝合金等高硬度耐磨材料的切削加工,用于加工有色金属及其合金以及非金属材料,不能加工铁族元素,可用作车刀、镗刀、扩孔钻、铰刀和铣刀等刀具,用于磨具及磨料或做成金刚石笔用于修整砂轮
立方氮化硼	用于高效率地加工淬硬的铁族元素、冷硬铸铁、高温合金等难加工钢料及其合金,用于精车淬硬工件,可以车代磨,适用于数控机床

1.4.3 切削用量的确定

合理选择切削用量的原则是:粗加工时,一般以提高生产率为主,但也应考虑经济性和加工成本;半精加工和精加工时,应在保证加工质量的前提下,兼顾切削效率、经济性和加工成本。具体数值应根据机床说明书、切削用量手册,并结合经验而定。

1. 切削深度 a_p

在机床、工件和刀具刚度允许的情况下,尽可能一次切除粗加工全部加工量,以减少进刀次数,即 a_p 就等于加工余量,这是提高生产率的一个有效措施。为了保证零件的加工精度和表面粗糙度,一般应留一定的余量进行精加工。数控机床的精加工余量可略小于普通机床的精加工余量。

2. 切削宽度 L

一般 L 与刀具直径 d 成正比,与切削深度成反比。经济型数控加工中,一般 L 的取值范围为 $L=(0.6\sim0.9)d$;而使用圆鼻刀进行加工时,刀具直径应扣除刀尖的圆角部分,即 $d=D-2r$(D 为刀具直径,r 为刀尖圆角半径),而 $L=(0.8\sim0.9)d$;而在使用球头刀进行精加工时,步距的确定应首先考虑所能达到的精度和表面粗糙度。

3. 切削速度 V

提高 V 也是提高生产效率的一个措施,但 V 与刀具耐用度的关系比较密切。随着 V 的增大,刀具耐用度急剧下降,故 V 的选择主要取决于刀具耐用度。另外,切削速度与加工材料也有很大关系。例如,用立铣刀铣削合金钢 30CrNi2MoVA 时,V 可采用 8m/min 左右;而用同样的立铣刀铣削铝合金时,V 可选 20m/min 以上。

4. 主轴转速 n

主轴转速一般根据切削速度 V 来选定,计算公式为

$$n = 1000V/\pi d$$

式中:d 为刀具或工件直径(mm);n 为主轴转速(r/min),数控编程中主轴转速指令为 S。

数控机床的控制面板上一般备有主轴转速修调(倍率)开关,可在加工过程中对主轴转速进行整倍数调整。

5. 进给速度 v_f

数控编程中进给速度 v_f(mm/min)指令为 F,根据上式计算出主轴转速 S 后,进给速度 F 公式如下:

$$F = S \times f_z \times Z$$

式中:f_z 为每齿进给量;Z 为刀具刃数。

应根据零件的加工精度和表面粗糙度要求以及刀具和工件材料来选择 v_f。v_f 的增加也可以提高生产效率。加工表面粗糙度要求低时,v_f 可以选择得大些。在加工过程中,v_f 也可通过机床控制面板上的修调开关进行人工调整,但是最大进给速度要受到设备刚度和进给系统性能等的限制。随着数控机床在生产实际中的广泛应用,数控编程已经成为数控加工中的关键问题之一。在数控程序的编制过程中,要在人机交互状态下即时选择刀具和确定切削用量。因此,编程人员必须熟悉刀具的选择方法和切削用量的确定原则,从而保证工件的加工质量和加工效率,充分发挥数控机床的优点,提高企业的经济效益和生产水平。

1.5 数控机床的加工原理及组成

数控机床是一种利用信息处理技术进行自动加工控制和金属切削的机床,是数控技术运用的典范。熟悉数控机床的组成,不仅能掌握数控机床的工作原理,同时还可掌握数控技术在其他行业中的应用。

1.5.1 数控机床的加工原理

数控机床在加工零件时首先应根据加工零件的图样,确定有关加工数据(如刀具的轨迹坐标点、进给速度、主轴转速、刀具尺寸等),根据工艺方案、夹具选用、刀具类型选择等确定其他有关辅助信息。根据加工工艺,用数控机床识别的语言编制数控加工程序,将编写好的程序存放在信息载体上,通过输入介质输送到机床上,机床上的数控系统将程序译码、寄存和运算,向机床伺服机构发出运动指令,以驱动机床的各运动部件自动完成对工件的加工,如图 1-36 所示。

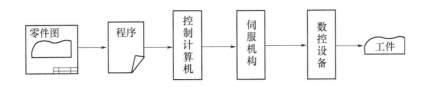

图 1-36 数控机床加工原理

1.5.2 数控机床的组成

数控机床主要是由输入/输出设备、数控装置、伺服系统、检测反馈系统和机床本体等几部分组成,而现在计算机数控机床由程序、输入/输出设备、计算机数控装置、可编程控制器、主轴控制单元及速度控制单元等几部分组成,如图 1-37 所示。

1. 程序的存储介质

在使用数控机床之前,先根据零件图上规定的尺寸、形状和技术条件,编写出工件的加工程序,将加工工件时刀具相对于工件的位置和机床的全部动作顺序,按照规定的格式和代码记录在信息载体上,也就是把编写好的加工程序存储在某种存储介质上,如纸带、磁带或软/硬磁盘等。

2. 输入/输出装置

存储介质上记载的加工信息需要输送给机床的数控系统,机床内存中的零件加工程序可以通过输出装置传送到存储介质上。输入/输出装置是机床与外部设备的接口。

键盘和显示器是数控系统不可缺少的人机交互设备,操作人员可通过键盘和显示器输入加工程序、编辑修改程序和发送操作命令,因此,键盘是交互设备中最重要的输入设备之一。目前常用的输入装置主要有纸带阅读机、软盘驱动器、R232C 串行通信口、MDI 方式等。

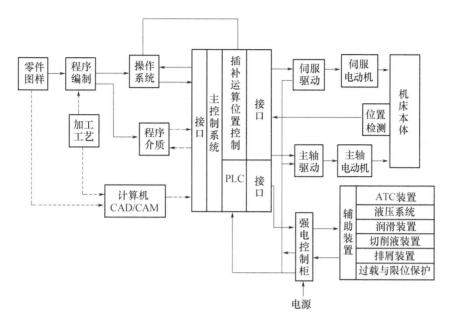

图 1-37 数控机床的组成

3. 数控装置

数控装置是数控机床的中枢,它接收输入装置送到的数字化信息,经过数控装置的控制软件和逻辑电路进行译码、运算和逻辑处理后,将各种指令信息输给伺服系统,使设备按规定的动作执行。

4. 伺服系统

伺服系统是数控系统与机床本体之间的电传动联系环节,主要由伺服电动机、驱动控制系统及位置检测系统组成。伺服电动机是系统的执行元件,驱动控制系统则是伺服电动机的动力源。数控系统发出的指令信号与位置检测反馈信号比较后作为位移指令,再经过驱动控制系统功率放大后驱动电动机运转,从而通过机械传动装置拖动工作台或刀架运动。伺服系统的作用是将来自于数控装置的脉冲信号转换成机床移动部件的运动,使机床的工作台按规定移动或精确定位,加工出符合图样要求的工件。

常用的伺服电动机有步进电动机、电液伺服电动机、直流伺服电动机和交流伺服电动机。

脉冲当量是衡量数控机床的重要参数。数控装置输出一个脉冲信号使机床工作台移动的位移量叫做脉冲当量(也叫最小设定单位)。常用的脉冲当量为 0.001mm/脉冲,精密机床要求达到 0.0001mm/脉冲。每个进给运动的执行部件都有相应的伺服驱动系统,整个机床的性能也取决于伺服驱动系统。

5. 检测反馈系统

检测反馈装置的作用是对机床的实际运动速度、方向、位移量以及加工状态加以检测并将其结果转化为电信号反馈给 CNC 装置,通过比较,计算出实际的偏差并发出纠正误差指令。测量装置安装在数控机床的工作台或丝杠上,按照有无检测装置,CNC 系统可分为开环与闭环系统,而按测量装置安装的位置不同又可分为闭环与半闭环数控系统。开环数控系统的控制精度取决于步进电动机和丝杠的精度,闭环数控系统的精度取决于测量装置的精度。在半闭环系统中,位置检测主要用感应同步器、磁栅、光栅、激光测距仪等。因此,检测装置是高性能数控机床的重要组成部分。

6. 机床本体

数控机床是高精度和高生产率的自动加工机床,机床本体是运动加工的实际机械部件,主要包括主运动部件、进给运动部件(如工作台、刀架)和支承部件(如床身、立柱等),还有冷却、润滑、转位部件等辅助装置。

第 2 章 数控机床控制原理

2.1 数控机床的坐标系

数控机床的坐标系规定已标准化,按右手笛卡儿坐标系确定,如图 2-1 所示,一般假设工件静止,通过刀具相对工件的移动来确定机床各移动轴的方向。

下面介绍几种常用的坐标系。

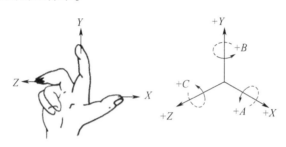

图 2-1 右手笛卡儿坐标系

2.1.1 机床坐标系

机床坐标系是机床上固有的坐标系,机床坐标系的方位是参考机床上的一些基准确定的。机床上有一些固定的基准线,如主轴中心线,以及固定的基准面,如工作台面、主轴端面、工作台侧面、导轨面等,不同的机床有不同的坐标系。

在标准中,规定平行于机床主轴(传递切削力)的刀具运动坐标轴为 Z 轴,取刀具远离工件的方向为正方向($+Z$)。当机床有几个主轴时,则选一个垂直于工件装夹面的主轴为 Z 轴。

X 轴为水平方向,且垂直于 Z 轴并平行于工件的装夹面。对于工件作旋转运动的机床(车床、磨床),取平行于横向滑座的方向(工件径向)为刀具运动的 X 轴坐标,同样,取刀具远离工件的方向为 X 的正方向。对于刀具作旋转运动的机床(如铣床、镗床),当 Z 轴为水平时,沿刀具主轴后端向工件方向看,向右的方向为 X 的正方向;如 Z 轴是垂直的,则从主轴向立柱看时,对于单立柱机床,X 轴的正方向指向右边,对于双立柱机床,当从主轴向左侧立柱看时,X 轴的正方向指向右边。上述正方向都是刀具相对工件运动而言的。

在确定了 X、Z 轴的正方向后,可按右手笛卡儿坐标系确定 Y 轴的正方向,即在 Z-X 平面内,从 $+Z$ 转到 $+X$ 时,右螺旋应沿 $+Y$ 方向前进。常见机床的坐标方向如图 2-2~图 2-4 所示,图中表示的方向为实际运动部件的移动方向。

编程坐标的设定:由于工件与刀具是一对相对运动的物体,所以在数控编程中,为使编程方便,一律假定工件固定不动,全部用刀具运动的坐标系来编程,即用标准坐标系 X、Y、Z

和 A、B、C 进行编程。这样,即使编程人员不知是刀具运动还是工件运动,也能编出正确的程序。实际编程时,正号可省略,负号不可省且紧跟在字母之后。

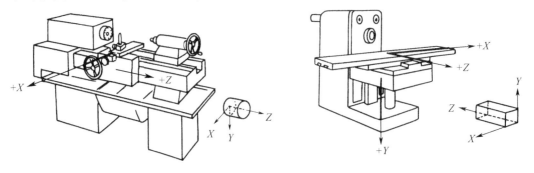

图 2-2 数控车床坐标系　　　　　图 2-3 卧式数控铣床坐标系

机床原点(机械原点)是机床坐标系的原点,它的位置在各坐标轴的正向最大极限处,如图 2-5 所示。

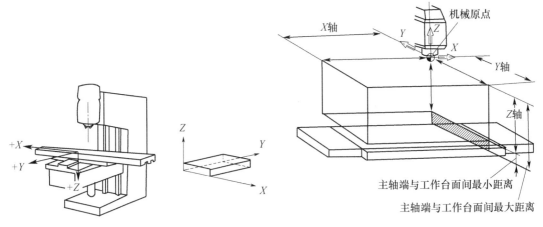

图 2-4 立式数控铣床坐标系　　　　　图 2-5 立式铣床机床原点

2.1.2 工作坐标系

工作坐标系是编程人员在编程和加工时使用的坐标系,是程序的参考坐标系,工作坐标系的位置以机床坐标系为参考点,一般在一个机床中可以设定(G54～G59)6 个工作坐标系。编程人员以工件图样上的某点为工作坐标系的原点,称工作原点。而编程时的刀具轨迹坐标点是按工件轮廓在工作坐标系中的坐标确定的。在加工时,工件随夹具安装在机床上,这时测量工作原点与机床原点间的距离,这个距离称作工作原点偏置,如图 2-6 所示。该偏置值需预存到数控系统中。在加工时,工件原点偏置便能自动加到工件坐标系上,使数控系统可按机床坐标系确定加工时的绝对坐标值。因此,编程人员可以不考虑工件在机床上的实际安装位置和安装精度,而利用数控系统的原点偏置功能,通过工作原点偏置值,补偿工件在工作台上的位置误差。现在大多数数控机床都有这种功能,使用起来很方便。

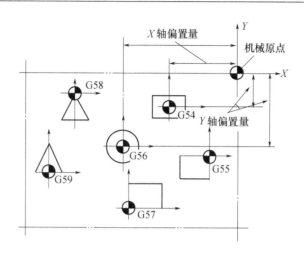

图 2-6 工作坐标系与机床坐标系的关系

2.1.3 附加运动坐标

一般称 X、Y、Z 为主坐标或第一坐标系,如有平行于第一坐标的第二组和第三组坐标,则分别指定为 U、V、W 和 P、Q、R 坐标系。所谓第一坐标系是指靠近主轴的直线运动,稍远的为第二坐标系,更远的为第三坐标系。

2.2 数控机床的控制基础

2.2.1 数控系统的发展状况

数控机床的数控系统从 1952 年开始,经历了多次发展演变,今天已日臻完善成熟(表 2-1)。早期硬件数控系统的输入、运算、插补、控制功能是由电子管,晶体管,中、小规模集成电路组成的逻辑控制电路实现的。一般说来,不同数控机床的控制系统都需要设计专门的逻辑电路,这种靠硬件线路连接的专用计算机控制系统,其通用性、灵活性及功能性等方面都较差。一般所称的普通型或传统型数控系统,即指硬接线构成的前三代数控系统,简称为 NC 系统。

表 2-1 数控系统的演变

分类	世代	诞生年代		系统元件构成
		世界	我国	
硬件数控 (NC)	第一代	1952	1958	电子管,继电器,模拟电路,
	第二代	1959	1965	晶体管,数字电路(分离元件),集成数字电路
	第三代	1965	1972	
计算机数控 (CNC)	第四代	1970	1976	内装小型计算机,中小规模集成电路
	第五代	1974	1982	超大规模集成电路,大容量存储器,CPU 已到 64 位
	第六代	1990	2000	NC+PC 结构,PC+I/O 结构

随着计算机技术的发展,小型计算机的价格急剧下降,激烈的市场竞争,使专用计算机控制系统的生产厂家认识到,采用小型计算机来代替以往的专用控制计算机,其性能价格比是合算的,许多功能可以靠编制专用程序并固化到小型计算机的存储器中,形成数控技术中的软件控制,对于不同的机床运动控制,只需编制不同的软件就可以实现其功能,而硬件部分几乎可以通用,由于用软件代替了硬件线路连接,使得数控系统的可靠性提高了,功能范围也加大了。世界上第一台CNC系统于1970年问世,随后微处理机芯片出现,在1974年后,美、日、德等国的数控系统生产厂就研制出以微处理器为核心的数控系统,先是8位机系统,后是16位、32位和64位机系统(如日本FANUC公司F15系统的CPU为32位;F16及F18系统的CPU为64位)。这种采用存储器来存储程序,实现部分或全部基本数控功能的计算机系统,称为计算机数字控制系统,简称CNC系统。由于超大规模集成电路芯片的广泛使用,因而使得数控系统的体积变小,结构更紧凑,功能更丰富,可靠性更好。这种软件数控系统,硬件采用模块化结构,依靠变化软件来满足被控机械设备的不同要求,接口电路可由标准部件组成,这给机床制造厂和数控用户带来极大的方便,当用户提出新的要求时,则可通过改变软件来实现机床功能的扩展和系统再开发。

国际上,1980年前数控系统中的CPU多为8位微处理机,伺服驱动部分为直流模拟伺服,机动进给速度一般在2m/min以下,但已采用软件扩充数控功能,并且有了刀补、固定循环等功能。到1985年前,CNC系统的CPU多采用16位微处理机,伺服为交流模拟伺服,彩色CRT用于会话编程并具有了动画仿真功能。特别是1985年后CNC系统中,32位CPU微处理器、数字伺服、人工智能和网络通信接口的应用,使数控机床向高速化、高精度化、复合化、系统化和智能化方向发展。

近年来,我国数控系统技术有了质的飞跃,生产数控系统的公司和产品有北京珠峰公司的中华Ⅰ型、航天数控集团的航天Ⅰ型、华中数控公司的华中210型和沈阳数控工程研究中心的蓝天Ⅰ型等,其中华中数控系统为HNC-8、HNC-210、HNC-21、HNC-18/19型等。

表2-2中列举了世界主要CNC系统生产厂家产品的名称和微处理器牌号。

表2-2 世界主要CNC系统

年代	FANUC(日本)	SIEMENS(德国)	A-B(美国)	FAGOR(西班牙)
1975	FANUC3000C	SINUMERIK500C	7300	
1976	F5,CPU6800	SINUMERIK7 Inter3000C		
1979	F6,CPU8086			
1980	简化F6为经济型F3 外档F6为F9	SINUMERIK3 SINUMERIK8 CPU8086	A-B8200 CPU8086 A-B8400 8086+8087	CNC8000 8位
1984	外档F3、F6、F9为F10、F11、F12 CPU68000	S810/820 CPU80186		
1985	开发F3为0	850/880 810/820 CPU80386	A-B8600 8086+8087 80286+20287	8010 8020 8025 8030 16位

(续)

年代	FANUC(日本)	SIEMENS(德国)	A-B(美国)	FAGOR(西班牙)
1987	F0、F10、F11、F12、F15	S840D/840DE 32 位 CPU	A-B9/230(240) A-B9/260(290)	8050 32 位
1991	F16、F18 64 位(F18 低于 F16)			8055
2004	F30i(联动轴 24) F31i(联动轴 12) F30i(联动轴 5)	S810D S802D		8070 (控制轴 28)

2.2.2 计算机数控(CNC)系统的组成

CNC 系统的基本结构和工作原理,从世界上第一台数控系统起,一直沿袭到今天,尽管目前已经发展到以软件数控为主,但其工作原理及机械结构仍有相似之处。

1. CNC 系统的硬件组成

CNC 系统的硬件是由微型机、外部设备、位置控制和位置检测、输入/输出通道和操作面板等组成,如图 2-7 所示。

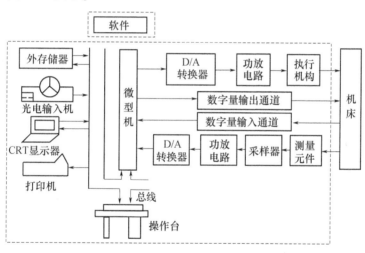

图 2-7 CNC 系统的硬件组成

1) 微型机

微处理器是微型机的中央处理器,它是微型机的核心,担负着微型机的运算和控制功能。

微型机是具有完整控制功能的计算机,它除有相应的微处理器作为核心部件外,还有存储器、输入/输出通道及其他配套电路。在数控系统中,微型机完成程序存储及必要的数值计算、逻辑判断和数值处理工作。

2) 外部设备

实现微型机和外界交换信息的设备称为外部设备。它包括人机通信设备,输入/输出设备和外存储等。输入设备主要用来输入程序和数据,输出设备主要用于将各种信息和数据提供给操作人员,以便及时了解控制过程。外部设备主要有:读取纸带信息的光电输入机,外磁盘驱动器,制作纸带信息的穿孔机,输入操作命令和编辑修改程序的操作键盘,显示监控用的显示器(CRT),启停机床及改变操作运行方式的操作面板,以及上述外部设备的接口部件。

3) 输入/输出通道

输入/输出通道是微型机与机床之间设置的信息传递和变换的连接通道,它的作用是:一方面将机床运动过程的有关参数取出,如将位置检测信号变换成微型机能够接受和识别的代码;另一方面将微型机输出的控制命令数据,经过变换后作为执行机构的控制信号,以实现对机械运动的控制。输入/输出通道一般有模拟量的输入/输出通道和数字量的输入/输出通道等。模拟量与数字量的转换由 D/A、A/D 转换器来实现。

4) 操作面板

操作面板是操作人员用来和数控系统进行"对话"的窗口。

操作面板的基本功能是:

(1) 具有 CRT 显示器或数码显示器,显示操作人员要求显示的内容或报警信号。

(2) 具有文字、数字按键及功能键,完成加工程序的编制及数控系统参数的改变。

(3) 具有各种功能按钮或旋钮,完成控制系统的加工程序及执行部件的机械运动。

2. CNC 系统软件

CNC 系统中的软件由两部分组成:管理软件和控制软件。每种数控机床都配有相应的控制程序,用来完成各个控制功能,系统软件的编制涉及生产工艺、生产设备、控制规律的深入理解,首先要建立数学模型,确定控制算法和控制功能,然后编制成相应的控制程序,固化在只读存储器(EPROM)中,软件部分组成如图 2-8 所示。

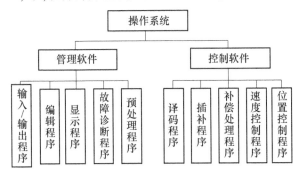

图 2-8 CNC 计算机软件组成

用软件替代硬件,元件数量减少,成本相应地降低,并提高了可靠性,软件可随时修改和补充,甚至改变工艺及增加新技术。一般情况是软件执行速度较慢(毫秒级);而硬件执行速度则较快(微秒级)。所以,随着电子技术的发展、超大规模集成电路工艺的成熟,价格越来越便宜,人们又把有些功能用硬件来实现,以提高系统的运行速度。如 FANUC 公司的现数控系统,为了提高运算速度将插补运算分为粗插补和精插补,粗插补用软件计算出 8ms 走过的距离,精插补是用硬件(专用大规模集成电路 MB8720、MB8739)在上述 8ms 的距离内进行密化插值。目前数控系统都是在硬件、软件两个方面统筹兼顾和相互结合中寻求最佳的性能价格比。

2.2.3 单微处理机结构系统

图2-7介绍了CNC系统的硬件组成,按其微型机的特点又可分为单微处理机和多微处理机数控系统两大类。当前一些简单经济型数控系统和20世纪80年代中期以前生产的NC系统多采用单微处理机结构,随着制造技术的发展,在要求加工精度、生产率和自动化程度较高的今天,特别是柔性制造系统和计算机集成制造系统的发展,对数控系统提出了更复杂、更严格的要求,由此也促进了微处理机结构的发展。

图2-9绘出了单微处理机数控系统的框图,在单微处理机结构系统中,只有一个微处理机,集中控制整个系统,分时处理数控功能和其他控制功能,单微处理机由微处理机(CPU)和总线、存储器、纸带阅读机接口、手动/显示接口、位置控制器、可编程控制器(PC)和电源等组成。

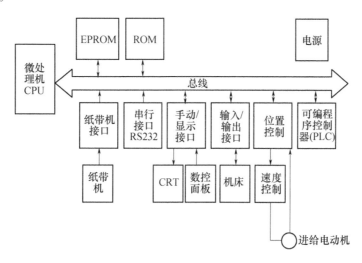

图2-9 单微处理机结构框图

1. 微处理机CPU和总线

微处理机是计算机系统的核心芯片。主要功能是从存储器内读取存储信息,进行算术和逻辑运算,控制整体计算机系统按节拍进行工作。

总线是系统中各种信息的集合,它是组成系统各插件间的标准信息通道。目前使用的总线一般有几十根至百余根。依据这些信息线的性质不同可分为以下三种:

(1) 数据总线:为插件间传输数据,其根数的多少决定于数据宽度。

(2) 地址总线:从微处理器输出地址信号,确定数据总线上传输数据的来源或目的地,其根数的多少取决于直接寻址的范围。

(3) 控制总线:传输管理总线的控制信息,如数据读写控制、中断申请、复位及确认信号。它决定总线功能的强弱和适应性的好坏。

其他还有电源线、地线和备用线。现常用的有STD总线(支持8位和16位字长)、Multibus总线(Ⅰ型支持16位字长,Ⅱ型支持32位字长)、VME总线(支持32位字长),还有一些各公司自己专用的总线。

2. 存储器

存储器是存放数据、参数和程序的元件。系统程序存放在只读存储器中，程序需专用写入器方可写入到只读存储器中。只读存储器可长期保留程序，即使断电程序也不丢失，程序只能被 CPU 读出，不能随机改写，必要时经过紫外线抹除后方可再写。

运算的中间结果存放在随机存储器（RAM）中，它能随机读写，断电后信息即刻消失。加工零件程序、数据、参数存放在有备用电池的（CMOS）RAM 中，或磁泡存储器中，能被随机读取、修改，断电后信息仍能保留。

只读存储器种类很多，从制造材料上可分为磁芯存储器和半导体存储器两大类。

磁芯存储器中，当前较先进的是磁泡存储器，磁泡存储器制造工艺较复杂，价格高，但性能可靠。FANUC 公司的数控系统多用此类存储器。

半导体只读存储器也有多种，从制造工艺上可分为双极型和 MOS 型；按其性能又可分为掩模式 ROM、熔丝可编程式 PROM 和可擦除、可编程式 EPROM 等。掩模式 ROM 在制作时，用掩模加工法将程序写入 ROM 中，用户不能再改写。熔丝可编程式 PROM 可由用户根据需要熔断熔丝，即可写入程序，但只能一次性编程。可擦除 EPROM，用紫外线光照 10～15min 后即可擦除已写入的程序，用户可再用电脉冲重新写程序，并可多次重复使用和编程。半导体存储器容量有 8KB、16KB、32KB、64KB 等多种，可根据需要选用。

3. 纸带阅读机和穿孔机

早期数控系统由纸带阅读机和穿孔机作为信息的输入/输出设备，目前已被磁盘机、磁带机等设备代替，仍在使用该设备传递信息的数控系统在明显减少。

4. 机床输入/输出接口

数控系统和机床间的各种信息及控制信号，一般不能直接连接，需要通过输入/输出接口。接口的主要功能是：

（1）进行电平转换和功率放大。CNC 系统的信号均为 TTL 电平，而控制机床动作的电平因功能而异，负载也较大，因此必须进行电平转换和功率放大。

（2）防噪声干扰。在加工过程中任何干扰误动作，都可能造成严重损失，因此在 CNC 系统和机床之间的信号在电路上必须使用光电耦合器件或继电器等加以隔离，防止干扰。输入信号通过接口后送至存储器，CPU 定时读取该存储器状态进行判别，并做出相应处理，输出信号是由 CPU 按时序向输出接口送出相应信号。

5. 操作面板及屏幕显示

数控面板上有各种功能键、字符键、数字键和按钮，用以完成输入修改程序、数据、参数和相应的控制功能。操作面板上并配有彩色屏幕显示（CRT），用以显示程序、参数、各种补偿数据、坐标位置、故障信息、人机对话屏幕编辑、工作图形和动态加工轨迹等。

6. 伺服驱动单元和可编程控制器

伺服驱动单元由位置控制、速度控制、过载保护等组成，每个坐标轴都有一套独立的伺服单元，对坐标进行准确可靠的控制。可编程控制器（PC）是在继电器逻辑控制系统基础上，利用微处理器技术发展起来的既有逻辑控制、计时、计数、分支程序、子程序等顺序控制功能，又能完成数字运算、数据处理、模拟量调节、操作显示、联网通信等功能的新型工业控制器。它正替代传统机床强电系统中的继电器逻辑控制，并使机床的逻辑控制和运算范围加宽。

7. 单微处理机 CNC 系统的特点

（1）CNC 系统中只有一个微处理机，对数据存储、插补运算、输入/输出处理、CRT 显示等功能都由它集中控制，分时处理。

（2）微处理机通过总线与存储器、输入/输出控制、伺服控制及显示控制等构成 CNC 系统。

（3）单微处理机系统结构简单，各种标准 DEM 模板可很方便地组成所需系统。

（4）单微处理机系统是由一个微处理机集中控制，其功能受字符宽度、寻址能力和运算速度等指标限制，特别是用软件实现插补功能，其处理速度很慢，实时性很差，为解决这一不足，可以通过增加浮点处理器或增加硬件插补器等方法来解决，也可采用下面的多微处理器系统。

2.2.4 多微处理机结构系统

由两个或两个以上微处理机（CPU）组成的 CNC 系统称为多微处理机结构系统。组成多微处理机结构系统的功能模块可划分为带微处理机的各种主模块和不带微处理机的各种 RAM/ROM/及 I/O 从模块，各模块间的连接关系可使用紧密耦合或松散耦合，有集中管理的操作系统和多重管理的操作系统，各模块并行工作，这就有效地实现了高速、高性能 CNC 系统的要求。

图 2-10 所示为典型多微处理机 CNC 系统的结构图，它是以系统总线为中心的微处理机 CNC 系统，通常称为共享总线结构方案。所有主从模块都插在配有总线插座的接口上，系统总线的作用是把各个模块有效地连接在一起，按照要求交换各种数据和控制信息以构成一个完整的控制系统。在多微处理机系统工作时，同一时刻只能一个主模块占据系统总线，系统中必须有仲裁电路来裁决多个主模块同时请求使用系统总线的竞争，每个主模块按其担负任务的重要程度已先排好优先级别顺序，总线仲裁的目的是在它们使用总线时，判别出各模块优先权的高低，由优先权最高的主模块使用总线。共享总线多微处理机系统有结构简单、系统配置灵活、容易实现等优点，现数控机床多采用该系统。如 FANUC 0、FANUC 10、FANUC 15、FANUC 16、FANUC 18、SIEMENS8、SIEMENS810、SIEMENS850 等都采用多微处理机系统。

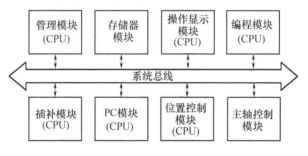

图 2-10 多微处理机 CNC 系统的结构框图

多微处理机系统另一种结构方式为共享存储器结构，采用多端口存储器来实现各微处理机之间的信息关联。由于同一时刻只能有一个微处理机对多端口存储器读或写，所以功能复杂而要求微处理器数量增多时，会因争用共享而造成信息传输的阻塞，降低系统效率，因此不适用于功能复杂的高档数控系统中。

1. 功能模块

多 CPU 数控系统的功能模块在结构设计时,可根据具体要求合理划分,一般由 6 种功能模块组成,根据系统要求可再增加其他模块。

1) 管理模块

此模块完成 CNC 系统工作过程的管理和控制功能,如系统的初始化、中断管理、总线裁决、系统出错识别及处理系统软硬件关系等。

2) 插补模块

此模块完成零件程序的译码、刀具半径补偿、坐标位移量计算和进给速度处理等插补前的预处理,然后进行插补计算,为各个坐标给定相应的位置值。

3) 位置控制模块

此模块进行插补后的坐标位置给定值与位置检测器测得的实际位置值进行比较,进行自动加减速、回基准点、伺服系统滞后量的监测和漂移补偿等,最后得到速度控制的模拟电压,驱动伺服进给电动机。

4) 可编程控制器模块

工作过程中的控制信号和机床运行的逻辑信息在此模块中进行逻辑处理,实现各功能和操作之间的联锁、机械部件的启停、刀具变换、工作台移动和加工时间的计数等。

5) 操作和显示模块

此模块用来显示零件程序、参数和数值,各种操作命令的输入、输出和 CRT 显示。

6) 存储器模块

此模块用于程序、数据和参数的存储。前 5 个模块为具有 CPU 的主模块,后一个为从模块。图 1-10 中还有编程模块和主轴控制模块未述。

2. 多 CPU 结构特点

多 CPU 结构是高性能 CNC 系统的发展方向,其结构特点是:

1) 高性能价格比

多微处理机系统中的每一个微处理机完成系统的一部分功能,比单微处理机系统提高了处理速度。它适应多轴控制、高进给速度、高精度、高效率数控系统的要求,由于目前 CPU 价格较低,使得 CNC 系统的性能价格比大大提高。

2) 模块化结构的适应性和扩展性加宽

可以按模块功能需要将硬件设计成标准插接板,如微处理机板、显示板、输入/输出板、存储器、伺服控制板等硬件模板。相应的软件也可模块化,固化在硬件模块中。

3) 多 CPU 数控系统的可靠性高

这种系统各个模块独立工作,分管各自的任务,某个模块出了故障,其他模块仍可工作。不像单微机系统那样,一旦出故障,整个系统瘫痪。在系统维护时,功能模块更换方便,可使故障对系统的影响减到最低,因此系统可靠性大为提高。

4) 便于系统的再开发

由于多 CPU 系统软硬件均按模块化技术处理,因此为开发新系统、组织规模生产、保证质量等提供了良好条件。

2.3 插补原理

2.3.1 插补的概念及插补方法分类

1. 插补的作用

在轮廓控制加工中,刀具的轨迹必须严格按零件轮廓曲线运动。插补运算的作用是按一定的关系向机床各个坐标轴的驱动控制器分配进给脉冲,从而使得伺服电动机驱动工作台相对主轴的运动轨迹,以一定的精度要求逼近于所加工零件的外形轮廓尺寸。

2. 插补的概念

所谓插补就是在每一个插补周期(极短时间,一般为毫秒级)内,根据指令、进给速度计算出一个微小直线段运动,经过若干个行插补周期后,刀具从起点运动到终点,完成这段轮廓的加工。

3. 插补的基本原理

由工程数学可知,微积分对研究变量问题的基本方法是:"无限分割,以直代曲,以不变代变,得微元再无限积累,对近似取极限,求得精确值。"但对于机床运动轨迹控制的插补运算也正是按这一原理来解决的。概括起来,可描述为:"以脉冲当量为单位,进行有限分段,以折代直,以直代曲,分段逼近,相连成轨迹。"需要说明的是这个脉冲当量与基坐标显示分辨率是一致的,它与加工精度有关,它表示插补器每发出一个脉冲,使执行电动机驱动丝杠所走的行程,单位通常为 0.01~0.001mm/脉冲。

4. 插补方法的分类

插补器的形式很多,按实现的方法、有无可用硬件逻辑电路或计算机执行软件程序来完成,又可分为硬件插补和软件插补。在 NC 系统中,插补是由硬件实现的。在 CNC 系统中插补则是由软件全部或部分实现插补功能的。由于软件实现的插补运算比硬件插补运算的速度慢,在 CNC 系统中插补功能常分为粗插补和精插补两步完成。粗插补用软件来实现,把一个程序段分割成若干个微小直线段,精插补在伺服驱动模块中,把各个微小直线段再进行数据密集化处理,因此插补软件是 CNC 系统的核心软件。

根据插补采用的原理和计算方法的不同有许多插补方法,本节只对常用的插补方法——逐点比较插补法和数字积分插补法作具体的介绍。

2.3.2 逐点比较法插补原理

逐点比较法是一种逐点计算、判别偏差并纠正逼近理论轨迹的方法,在插补过程中每走一步要完成以下四个工作节拍:

偏差判别——判别当前动点偏离理论曲线的位置。

进给控制——确定进给坐标及进给方向。

新偏差计算——进给后动点到达新位置,计算出新偏差值,作为下一步判别的依据。

终点判别——查询一次,终点是否到达。

1. 逐点比较法直线插补

1) 第 I 象限直线插补

如图 2-11 所示,定直线起点为坐标原点,终点坐标为 $I_e(X_e,Y_e)$,动点坐标为 $I(X_i,$

Y_i)。若每运动一步在 X 或 Y 方向进给一个脉冲当量,插补过程如下:

(1) 偏差判别。直线的一般表达式为

$$\frac{Y}{X} = \frac{Y_e}{X_e}$$

则动点 I 的判别方程 F_i 写为

$$F_i = Y_i X_e - X_i Y_e$$

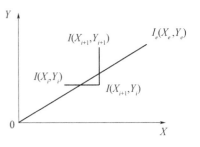

图 2-11 第 I 象限直线插补

若 $F_i = 0$,则动点恰好在直线上;$F_i > 0$,动点在直线上方;$F_i < 0$,动点在直线下方。F_i 称为偏差函数。

(2) 进给控制。直线在第 I 象限,其终点坐标 X_e、Y_e 均为正值,则动点的一步进给 ΔX 或 ΔY 也应为正值,其他象限可类推出。当 $F_i \geq 0$ 时,$\Delta X = 1$;$F_i < 0$ 时,$\Delta Y = 1$。

(3) 新偏差计算。若沿 X 轴进给了一步 ΔX,则

$$F_{i+1} = Y_i X_e - Y_e(X_{i+1}) = Y_i X_e - Y_e X_i - Y_e = F_i - Y_e$$

同理,若沿 Y 轴进给了一步 ΔY,则有

$$F_{i+1} = F_i + X_e$$

(4) 终点判别。终点判别有三种方法:

① 单向计数。把 X_e 或 Y_e 中数值较大的坐标值作为计数长度。例如,当 $|X_e| > |Y_e|$ 时,计 X 值,X_i 走一步,计数长度减 1,直到计数长度等于 0 时,插补停止,这种方法到达终点位置的误差为一个脉冲当量。

② 双向计数。把 $|X_e| + |Y_e|$ 作为计数长度。计数寄存器的长度设置增加,运算量也增加。

③ 分别计数。即计 X,又计 Y。只有当 X 减到 0,Y 也减到 0 时,才停止插补。这种方法的插补精度较高,但要设置两个计数器,而用软件插补要增加计算的判别时间。

例 2-1 插补如图 2-12 所示直线,起点 $O(0,0)$,终点 $A(3,5)$,脉冲当量为 1,以双向坐标为计数长度。

解:计数长度

$$M = |X_e| + |Y_e| = 3 + 5 = 8$$

根据

$$F_i = Y_i X_e - X_i Y_e$$

则有

$$F_o = Y_o X_e - X_o Y_e = 0$$

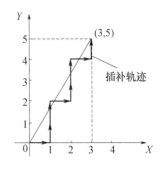

图 2-12 直线插补示例

插补自原点开始,插补轨迹如图 2-12 所示实际轨迹,插补计算过程如表 2-3 所列。

表 2-3 直线插补计算和插补过程

序号	偏差判别	进给控制	新偏差计算	终点判别(双向)
1	$F_0 = 0$	$+\Delta X$	$F_1 = F_0 - Y_e = 0 - 5 = -5$	$M = 8 - 1 = 7$

(续)

序号	偏差判别	进给控制	新偏差计算	终点判别(双向)
2	$F_1 < 0$	$+\Delta Y$	$F_2 = F_1 + X_e = -5 + 3 = -2$	$M = 7 - 1 = 6$
3	$F_2 < 0$	$+\Delta Y$	$F_3 = F_2 + X_e = -2 + 3 = 1$	$M = 6 - 1 = 5$
4	$F_3 > 0$	$+\Delta X$	$F_4 = F_3 - Y_e = 1 - 5 = -4$	$M = 5 - 1 = 4$
5	$F_4 < 0$	$+\Delta Y$	$F_5 = 4 + X_e = -4 + 3 = -1$	$M = 4 - 1 = 3$
6	$F_5 < 0$	$+\Delta Y$	$F_6 = 5 + X_e = -1 + 3 = 2$	$M = 3 - 1 = 2$
7	$F_6 > 0$	$+\Delta X$	$F_7 = F_6 - Y_e = 2 - 5 = -3$	$M = 2 - 1 = 1$
8	$F_7 < 0$	$+\Delta Y$	$F_8 = F_7 - Y_e = -3 + 3 = 0$	$M = 1 - 1 = 0$

例 2-2 插补如图 2-13 所示直线,脉冲当量为 1,以单一坐标为计数长度。

解:因为

$$|X_e| > |Y_e|$$

所以计数长度

$$M = |X_e| = 10$$
$$F_o = Y_o X_e - X_o Y_e = 0$$

插补自原点开始,插补轨迹如图 2-13 所示实际轨迹,插补计算过程如表 2-4 所列。

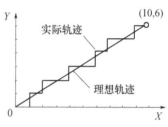

图 2-13 直线插补示例

表 2-4 直线插补计算和插补过程

序号	偏差判别	进给控制	偏差计算	终点判别(单向)
1	$F_0 = 0$	$+\Delta X$	$F_1 = F_0 - Y_e = 0 - 6 = -6$	$M = 10 - 1 = 9$
2	$F_1 < 0$	$+\Delta Y$	$F_2 = F_1 + X_e = -6 + 10 = 4$	$M = 9$
3	$F_2 > 0$	$+\Delta X$	$F_3 = F_2 - Y_e = 4 - 6 = -2$	$M = 9 - 1 = 8$
4	$F_3 < 0$	$+\Delta Y$	$F_4 = F_3 + X_e = -2 + 10 = 8$	$M = 8$
5	$F_4 > 0$	$+\Delta X$	$F_5 = F_4 - Y_e = 8 - 6 = 2$	$M = 8 - 1 = 7$
6	$F_5 > 0$	$+\Delta X$	$F_6 = F_5 - Y_e = 2 - 6 = -4$	$M = 7 - 1 = 6$
7	$F_6 < 0$	$+\Delta Y$	$F_7 = F_6 + X_e = -4 + 10 = 6$	$M = 6$
8	$F_7 > 0$	$+\Delta X$	$F_8 = F_7 - Y_e = 6 - 6 = 0$	$M = 6 - 1 = 5$
9	$F_8 = 0$	$+\Delta X$	$F_9 = F_8 - Y_e = 0 - 6 = -6$	$M = 5 - 1 = 4$
10	$F_9 < 0$	$+\Delta Y$	$F_{10} = F_9 + X_e = -6 + 10 = 4$	$M = 4$
11	$F_{10} > 0$	$+\Delta X$	$F_{11} = F_{10} - Y_e = 4 - 6 = -2$	$M = 4 - 1 = 3$
12	$F_{11} < 0$	$+\Delta Y$	$F_{12} = F_{11} + X_e = -2 + 10 = 8$	$M = 3$
13	$F_{12} > 0$	$+\Delta X$	$F_{13} = F_{12} - Y_e = 8 - 6 = 2$	$M = 3 - 1 = 2$
14	$F_{13} > 0$	$+\Delta X$	$F_{14} = F_{13} - Y_e = 2 - 6 = -4$	$M = 2 - 1 = 1$
15	$F_{14} < 0$	$+\Delta Y$	$F_{15} = F_{14} + X_e = -4 + 10 = 6$	$M = 1$
16	$F_{15} > 0$	$+\Delta X$	$F_{16} = F_{15} - Y_e = 6 - 6 = 0$	$M = 1 - 1 = 0$

2) 插补速度分析和各象限直线插补方法

以上的分析基于每运动一步只在 X 或 Y 方向进给一个脉冲当量。若直线的斜率不同，合成进给速度和 X、Y 两方向的进给速度也不同。现分析如下：

均匀进给脉冲 f。

直线斜率 $K = Y_e / X_e$。

直线总长度 $L = \sqrt{X_e^2 + Y_e^2}$。

从起点运动到终点的总时间 $t = (X_e + Y_e)/f$。

合成进给速度

$$V = \frac{L}{t} = \frac{f\sqrt{X_e^2 + Y_e^2}}{X_e + Y_e} = f\frac{\sqrt{1+K^2}}{1+K}$$

直线斜角为 $0° \sim 45°$，K 为 $0 \sim 1$ 时，V 则为 $V_{max} \sim V_{min}$，故合成进给速度 V 的变化率为

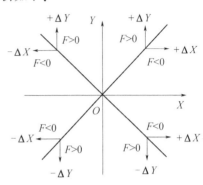

图 2-14 各象限直线插补

$$\frac{V_{max} - V_{min}}{V_{max}} = \frac{f - \frac{\sqrt{2}}{2}f}{f} \approx 1 - 0.7 \approx 30\%$$

X、Y 两方向的进给速度也不均匀，各轴动作为走停、走、停，使电动机和系统增加振动和噪声，被加工表面质量受到影响。

四个不同象限直线插补的进给方向及其对应的偏差函数如表 2-5 所列。

表 2-5 四个象限插补进给方向及偏差函数

	$F_i \geq 0$			$F_i < 0$	
象 限	进 给	偏差函数	象 限	进 给	偏差函数
I IV	$+\Delta X$	$F_{i+1} = F_i - |Y_e|$	I II	$+\Delta Y$	$F_{i+1} = F_i + |Y_e|$
II III	$-\Delta X$		III IV	$-\Delta Y$	

2. 逐点比较法圆弧插补

1) 第 I 象限圆弧插补

圆弧插补有顺圆、逆圆之分，现以逆圆插补为例。如图 2-15 所示，坐标原点为圆弧的圆心，起点 $A(X_0, Y_0)$，终点 $B(X_e, Y_e)$，动点 $I(X_i, Y_i)$。若每运动一步在 X 或 Y 方向进给一个脉冲当量，插补过程如下：

(1) 偏差判别。圆的一般表达式为 $X^2 + Y^2 = R^2$，则动点的判别方程 F_i 写为

$$F_i = X_i^2 + Y_i^2 - R^2$$

当 $F_i = 0$ 时，动点正好在圆弧上；

$F_i > 0$ 时，动点在圆外；

$F_i < 0$ 时，动点在圆内。

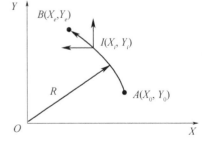

图 2-15 逐点比较法圆弧插补原理

(2) 进给控制。第 I 象限逆圆的进给方向为 $+\Delta Y$ 和 $-\Delta X$，则

$$F_i \geq 0, \Delta X = -1$$
$$F_i < 0, \Delta Y = +1$$

(3) 新偏差计算,若进给 ΔX,则
$$\begin{aligned} F_{i+1} &= (X_i - 1)^2 + Y_i^2 - R^2 \\ &= X_i^2 - 2X_i + 1 + Y_i^2 - R^2 \\ &= F_i - 2X_i + 1 \end{aligned}$$

若进给 ΔY,则
$$\begin{aligned} F_{i+1} &= X_i^2 + (Y_i + 1)^2 - R^2 \\ &= X_i^2 + Y_i^2 + 2Y_i + 1 - R^2 \\ &= F_i + 2Y_i + 1 \end{aligned}$$

由此可见,计算时要随时记下动点的瞬时坐标。

(4) 终点判别仍用计数长度,只是计算比较复杂,特别是跨越多个象限的圆弧,如图 2-16 所示跨象限圆弧。

若以 X 方向的脉冲数作为计数长度,则
$$M = X_0 - X_e = \sum X$$

若以 Y 方向的脉冲数作为计数长度,则
$$M = (R - Y_0) - (R - Y_e) = \sum Y$$

若为单向计数,为避免到达终点时丢掉某一方向的脉冲,要根据终点坐标 X_e、Y_e 中较小值的坐标方向作为计数长度,即 $X_e > Y_e$ 时,$M = \sum Y$;$Y_e > X_e$ 时,$M = \sum X$。若为双向计数,则 $M = \sum X + \sum Y$。

例 2-3 插补如图 2-17 所示的逆圆,计数长度 $M = \sum X + \sum Y$,插补过程如表 2-6 所列。

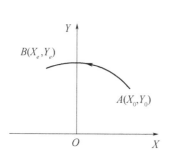

图 2-16 跨象限圆弧

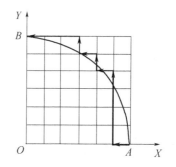

图 2-17 第 I 象限逆圆插补

2) 跨象限圆弧插补

圆弧插补不同于直线插补。因为圆弧本身有顺时针圆弧和逆时针圆弧,圆弧所在象限不同,其偏差计算、进给坐标及方向也不同,一般圆弧可能跨越多个象限,令 4 个象限的顺圆和逆圆分别为 SR_1、SR_2、SR_3、SR_4 和 NR_1、NR_2、NR_3、NR_4,进给坐标及方向、偏差计算如表 2-7 所列。

表 2-6 圆弧插补过程

序号	偏差判别	坐标进给	偏差计算	坐标计算	终点判别
1	$F_0 = 0$	$\Delta X = -1$	$F_1 = F_0 - 2X_0 + 1 = 0 - 2 \times 6 + 1 = -11$	$X_1 = 6 - 1 = 5$ $Y_1 = 0$	$M = 6 + 6 - 1 = 11$
2	$F_1 < 0$	$\Delta Y = 1$	$F_2 = F_1 + 2Y_1 + 1 = -11 + 0 + 1 = -10$	$X_2 = 5$ $Y_2 = 0 + 1 = 1$	$M = 11 - 1 = 10$
3	$F_2 > 0$	$\Delta Y = 1$	$F_3 = F_2 + 2Y_2 + 1 = -10 + 2 \times 1 + 1 = -7$	$X_3 = 5$ $Y_3 = 1 + 1 = 2$	$M = 10 - 1 = 9$
4	$F_3 < 0$	$\Delta Y = 1$	$F_4 = F_3 + 2Y_3 + 1 = -7 + 2 \times 2 + 1 = -2$	$X_4 = 5$ $Y_4 = 2 + 1 = 3$	$M = 9 - 1 = 8$
5	$F_4 < 0$	$\Delta Y = 1$	$F_5 = F_4 + 2Y_4 + 1 = -2 + 2 \times 3 + 1 = 5$	$X_5 = 5$ $Y_5 = 3 + 1 = 4$	$M = 8 - 1 = 7$
6	$F_5 > 0$	$\Delta X = -1$	$F_6 = F_5 - 2X_5 + 1 = 5 - 2 \times 5 + 1 = -4$	$X_6 = 5 - 1 = 4$ $Y_6 = 4$	$M = 7 - 1 = 6$
7	$F_6 < 0$	$\Delta Y = 1$	$F_7 = F_6 + 2Y_6 + 1 = -4 + 2 \times 4 + 1 = 5$	$X_7 = 4$ $Y_7 = 4 + 1 = 5$	$M = 6 - 1 = 5$
8	$F_7 > 0$	$\Delta X = -1$	$F_8 = F_7 - 2X_7 + 1 = 5 - 2 \times 4 + 1 = -2$	$X_8 = 4 - 1 = 3$ $Y_8 = 5$	$M = 5 - 1 = 4$
9	$F_8 < 0$	$\Delta Y = 1$	$F_9 = F_8 + 2Y_8 + 1 = -2 + 2 \times 5 + 1 = 9$	$X_9 = 3$ $Y_9 = 5 + 1 = 6$	$M = 4 - 1 = 3$
10	$F_9 > 0$	$\Delta X = -1$	$F_{10} = F_9 - 2X_9 + 1 = 9 - 2 \times 3 + 1 = 4$	$X_{10} = 3 - 1 = 2$ $Y_{10} = 6$	$M = 3 - 1 = 2$
11	$F_{10} > 0$	$\Delta X = -1$	$F_{11} = F_{10} - 2X_{10} + 1 = 4 - 2 \times 2 + 1 = 1$	$X_1 = 2 - 1 = 1$ $Y_1 = 6$	$M = 2 - 1 = 1$
12	$F_{11} > 0$	$\Delta X = -1$	$F_{12} = F_{11} - 2X_{11} + 1 = 1 - 2 \times 1 + 1 = 0$	$X_1 = 1 - 1 = 0$ $Y_1 = 6$	$M = 1 - 1 = 0$

表 2-7 顺圆逆圆插补运算

各象限圆弧走向	进给坐标及方向		偏差计算
	$F_i \geq 0$	$F_i < 0$	
SR_1	$-\Delta Y$	$+\Delta X$	$F_i \geq 0$ 时: $F_{i+1} = F_i - 2|Y_i| + 1$ $F_i < 0$ 时: $F_{i+1} = F_i + 2|X_i| + 1$
SR_3	$+\Delta Y$	$-\Delta X$	
NR_2	$-\Delta Y$	$-\Delta X$	
NR_4	$+\Delta Y$	$+\Delta X$	

(续)

各象限圆弧走向	进给坐标及方向		偏差计算
	$F_i \geq 0$	$F_i < 0$	
SR_2	$+\Delta X$	$+\Delta Y$	$F_i \geq 0$ 时:
SR_4	$-\Delta X$	$-\Delta Y$	$F_{i+1} = F_i - 2|X_i| + 1$
NR_1	$-\Delta X$	$+\Delta Y$	$F_i < 0$ 时:
NR_3	$+\Delta X$	$-\Delta Y$	$F_{i+1} = F_i + 2|Y_i| + 1$

在 CNC 系统中,可用符号运算和符号判别法把这 8 种圆弧插补情况归结为一个统一的插补过程。符号判别法是根据动点坐标本身位置的变化,自动转换运算和判别,自动转入其他象限,改变进给方向和进给坐标,图 2-18 为各象限逆时针圆弧插补的进给方向控制。

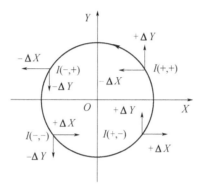

图 2-18 逆时针圆弧插补

2.3.3 数字积分法插补原理

数字积分法又称数字微分分析法,简称 DDA。它可以实现直线、二次曲线和其他函数的插补运算,能方便地进行多坐标联动,系统扩展能力强,增减控制轴方便。因此,该法在数控系统中被广泛使用。

1. 数字积分法的直线插补

设加工直线 $\overline{OA}$,其终点坐标为 X_e、Y_e,如图 2-19 所示。在加工中要求刀具沿这一直线方向进给,假如进给速度 V 是均匀的,则下式成立:

$$\frac{V}{OA} = \frac{V_X}{X_e} = \frac{V_Y}{Y_e} = K$$

式中:K 为比例常数,则

$$V_X = KX_e, \quad V_Y = KY_e$$

在 Δt 时间内,X 和 Y 位移增量方程为

$$\begin{cases} \Delta X = V_X \Delta t = KX_e \Delta t \\ \Delta Y = V_Y \Delta t = KY_e \Delta t \end{cases}$$

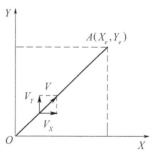

图 2-19 数字积分法直线插补原理

当 $\Delta t \to 0$ 时,上式可写为积分方程式,即

$$\begin{cases} X = \int_0^t KX_e \mathrm{d}t \\ Y = \int_0^t KY_e \mathrm{d}t \end{cases}$$

在实际使用中,Δt 取得足够小,则上式的有限增量值的近似表达式为

$$\begin{cases} X = \sum \Delta X = \sum_{t=0}^{m} KX_e \Delta t_i \\ Y = \sum \Delta Y = \sum_{t=0}^{m} KY_e \Delta t_i \end{cases}$$

式中:K、X_e、Y_e 为常数;Δt_i 为基本单位时间,可看作1。

上式可改为

$$\begin{cases} X = \sum_{t=0}^{m} KX_e [1]_i = KX_e \sum_{t=0}^{m} [1]_i = KX_e n = X_e \\ Y = \sum_{t=0}^{m} KY_e [1]_i = KY_e \sum_{t=0}^{m} [1]_i = KY_e n = Y_e \end{cases}$$

两式的物理意义是:刀具从原点走到终点需经过 m 次累加,最后达到终点坐标值。上述两式成立,必有 $mK = 1$。

式中的 m 为累加次数,K 的选择主要考虑在给出一个自变量的增量 Δt 时,最多只能产生一个进给脉冲,也就是 $\Delta X = KX_e < 1$;$\Delta Y = KY_e < 1$。

X_e 和 Y_e 的最大允许值受系统寄存器容量宽度限制,若系统寄存器有 n 位,则 X_e、Y_e 的最大允许值为 $2^n - 1$,通常取 $K = 1/2^n$:

$$\begin{cases} KX_e = \dfrac{2^n - 1}{2^n} < 1 \\ KY_e = \dfrac{2^n - 1}{2^n} < 1 \end{cases}$$

这样 ΔX、ΔY 小于1的要求便得到满足。K 确定后,累加次数 m 就应等于 $1/K$,即 2^n。

下面用一个具体例子说明 DDA 直线插补的运算过程。

如图 2-20 所示,对直线 $\overline{OA}$ 进行插补,O 点为起点 $(0,0)$,A 点是终点 $(7,10)$。若被积函数寄存器均为4位二进制寄存器,则累加次数为 $m = 2^4 = 16$ 次,DDA 的运算过程如表 2-8 所列,脉冲分配轨迹如图 2-20 所示。由此可见,经过16次累加后,X、Y 坐标分别有7个和10个脉冲输出,实际插补轨迹与理论直线的最大误差不超过一个脉冲当量。以上所分析的是以两坐标为例而进行插补的情况,按此原理可以很方便地扩展到三坐标直线插补,从而实现多坐标的空间插补。

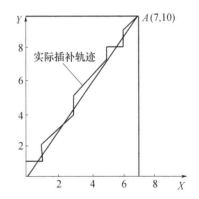

图 2-20 数字积分法直线插补轨迹

表 2-8 数字积分法直线插补运算过程表

累加次数 m	X 寄存器 $X_e=111$		Y 寄存器 $Y_e=1010$		备注
	$\sum X_i$	ΔX	$\sum Y_i$	ΔY	
0	0000	0	0000	0	初始状态
1	0111	0	1010	0	第一次累加
2	1110	0	0100	1	$\sum Y_i$ 有进位,ΔY 输出一个脉冲
3	0101	1	1110	0	$\sum X_i$ 有进位,输出一个脉冲
4	1100	0	1000	1	ΔY 输出一个脉冲
5	0011	1	0010	1	ΔX、ΔY 同时输出脉冲
6	1010	0	1100	0	
7	0001	1	0110	1	ΔX、ΔY 同时输出脉冲
8	1000	0	0000	1	ΔY 输出脉冲
9	1111	0	1010	0	
10	0110	1	0100	1	ΔX、ΔY 同时输出脉冲
11	1101	0	1110	0	
12	0100	1	1000	1	ΔX、ΔY 同时输出脉冲
13	1011	0	0010	1	ΔY 输出脉冲
14	0010	1	1100	0	ΔX 输出脉冲
15	1001	0	0110	1	ΔY 输出脉冲
16	0000	1	0000	1	ΔX、ΔY 同时输出脉冲,插补结束

2. 数字积分法的圆弧插补

设工件轮廓为第Ⅰ象限一段圆弧,如图 2-21 所示,起点 $P_e(X_e,Y_e)$,终点 $P_s(X_s,Y_s)$,现要求刀具沿此圆弧逆时针进给。刀具在进给过程中到达圆弧上某点 $P(X,Y)$,该点的切向速度矢量 V 一定与半径 $\overline{OP}$ 垂直,此速度可分解为两个分量 V_x,V_y,根据相似三角形原理可得

$$\frac{V_X}{Y} = \frac{V_Y}{X} = K, \frac{V_X}{V_Y} = \frac{Y}{X}$$

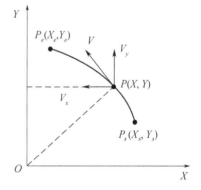

图 2-21 数字积分法圆弧插补原理

当切向速度 V 为匀速时,K 的为比例常数。与直线积分插补法相同,在 Δt 时间内,X、Y 位移增量方程为

$$\begin{cases} \Delta X = -V_x \Delta t = -KY\Delta t \\ \Delta Y = V_y \Delta t = KX\Delta t \end{cases}$$

由此可得

$$\begin{cases} X_e = \sum \Delta X = K\sum_{t=0}^{m}(-Y)\Delta t_i = mK\sum_{0}^{m}(-Y) \\ Y_e = \sum \Delta Y = K\sum_{t=0}^{m}(X)\Delta t_i = mK\sum_{0}^{m}(X) \end{cases}$$

上式与直线积分插补公式比较,有如下区别:

(1) 直线插补时速度分量是一个常数,圆弧插补时速度分量是一个变量,由刀具切削点瞬时坐标决定。

(2) 直线插补时速度分量与直线终点坐标值成正比,而圆弧插补时速度分量与动点瞬时坐标值成反比。

(3) 圆弧插补时,需对动点坐标存储寄存器内容作经常修改,当寄存器有近位输出脉冲时,要修改与之对应的动点坐标值。

2.3.4 计算机数控软硬件结合的插补方法

在 CNC 系统中仅用软件实现插补运算的主要问题是:当前的微处理机芯片计算速度和精度难以保证数控机床对高进给率和高分辨率的要求。特别是数控机床要求的多坐标(三坐标以上)联动、高分辨率(0.001mm 以上)和高速进给(16m/min 以上),软件插补运算是难以实现的。因此,在实际 CNC 系统中,插补功能常被分为软件插补和硬件插补两部分,计算机插补软件把刀具轨迹分割成若干段,硬件伺服控制器在每段的起点和终点再进行数据的"密化",使刀具轨迹在允许的误差之内。即软件实现粗插补,硬件实现精插补,下面以三坐标直线插补为例进行说明。

图 2-22 为一空间直线 $\overline{OP}$,起点 O 为原点,终点 P 坐标为 (X_e, Y_e, Z_e)。

设 CNC 系统每隔 Δt 时间中断一次,进行插补计算,粗插补的任务是在中断服务程序中完成 ΔL 的坐标位移值计算,ΔL 值与机床选择进给速度 F 和 Δt 有关。

$$\Delta L = F\Delta t$$

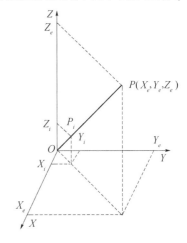

图 2-22 空间直线

在 Δt 时间内,各坐标轴位移量为

$$\Delta X = \Delta L C_X = \Delta L \frac{X_e}{\sqrt{X_e^2 + Y_e^2 + Z_e^2}}$$

$$\Delta Y = \Delta L C_Y = \Delta L \frac{Y_e}{\sqrt{X_e^2 + Y_e^2 + Z_e^2}}$$

$$\Delta Z = \Delta L C_Z = \Delta L \frac{Z_e}{\sqrt{X_e^2 + Y_e^2 + Z_e^2}}$$

原点开始时,ΔX 为 $\overline{OX_1}$,ΔY 为 $\overline{Y_1}$,ΔZ 为 $\overline{OZ}$。

以上是插补运算的预计算,其流程框图如图 2-23(a)所示。设 X_r, Y_r, Z_r 为程序中记录的长度,即未插补输出量(剩余量),在插补开始时它们初值分别为 $X_r = X_e, Y_r = Y_e, Z_r = Z_e$。

图 2-23(b)是插补计算中断服务程序框图。每进行一次插补,输出一组值,同时进行剩余量修正计算,求得新的剩余量。

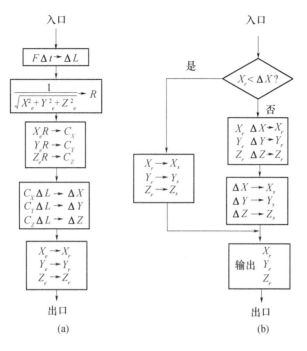

图 2-23 插补运算
（a）预计算流程；（b）中断服务流程。

当求得新的剩余量时,表明已是最终一次插补输出值,本级粗插补计算结束,X_s,Y_s,Z_s 为每次粗插补输出值。

精插补由伺服系统实现,伺服系统接受位移指令值,由系统内位置和速度伺服单元控制,准确到达指令值,完成精插补。

2.4 刀具半径补偿原理

2.4.1 刀具半径补偿的基本概念

用铣刀铣削或线切割中的金属丝切割工件的轮廓时,刀具中心或金属丝中心的运动轨迹并不是加工工件的实际轮廓。如图 2-24 所示,加工内轮廓时,刀具中心要向工件的内侧偏移一个距离;而加工外轮廓时,同样刀具中心也要向工件的外侧偏移一个距离,这个偏移,就是刀具半径补偿,或称刀具中心偏移。图中粗实线为工件轮廓,虚线为刀具中心轨迹,图中偏移量为刀具的半径值。而且粗加工和半精加工时,则偏移量为刀具半径与加工余量之和。

刀具半径补偿功能的作用是要求数控系统根据程序中的工件轮廓和刀具半径补偿值,自动计算出

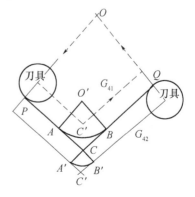

图 2-24 刀具半径补偿原理

刀具中心轨迹。ISO 标准中规定：刀具中心轨迹在工件轮廓轨迹的左边时，称为左刀补，用 G41 表示；反之称为右刀补，用 G42 表示。

以往实现刀具半径补偿的常用方法有 R^2 法、比例法等，这些补偿方法中，对加工轮廓的连接都是以圆弧进行的，这就产生了一些无法避免的缺点。首先，当遇到加工外轮廓为尖角时，由于轮廓尖角处始终处于切削状态，将尖角加工成大于刀具半径，如图 2 - 24 中的 $\overset{\frown}{AB}$。这样给编程工作带来了麻烦，一旦疏忽，就会因刀具干涉而产生过切现象。因此，上述的刀具半径补偿方法，无法满足生产实际的要求。随着 CNC 技术的发展，数控系统的工作方式、运算速度和存储容量都有了很大的改进和提高，现在的数控系统多采用直线过渡，直接求出刀具中心轨迹交点的方法，称为 C 机能刀具半径补偿法。

2.4.2　C 机能刀具半径补偿法的基本设计思路

如图 2 - 25 所示，在数控系统内，设置有：工作寄存器 AS，存放正在加工程序段的信息；刀补缓冲器 CS，存放着下一个加工程序段的信息；缓冲寄存器 BS 存放着再下一个加工程序段的信息；输出寄存器 OS 存放进给伺服系统的控制信息。因此，数控系统在工作时，总是同时存储连续三个程序段的信息。

当 CNC 系统启动后，第一段程序首先被读入 BS，在 BS 中算得的第一段编程轨迹被送到 CS 暂存，又将第二段程序读入 BS，算出第二段的编程轨迹。接着，对第一、二段编程轨迹的连接方式进行判别，根据判别结果，再对 CS 中的第一段编程轨迹作相应的修正，修正结束后，顺序地将修正后的第一段编程轨迹由 CS 送到 AS，第二段编程轨迹由 BS 送入 CS。随后，由 CPU 将 AS 中的内容送到 OS 进行插补运算，运算结果送往伺服机构以完成驱动作。当修正了的第一段编程轨迹开始被执行后，利用插补间隙，CPU 又命令第三段程序读入 BS，随后又将根据 BS、CS 中的第三、第二段编程轨迹的连接方式，对 CS 中的第二段编程轨迹进行修正。如此往复，可见 C 刀补工作状态下 CNC 装置内总是同时存有三个程序段的信息，以保证刀补的实现。

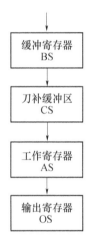

图 2 - 25　CNC 刀具补偿原理框图

在具体实现时，为了便于交点的计算以及对各种编程情况进行综合分析，从中找出规律。必须将 C 功能刀具补偿方法中所有的输入轨迹当作矢量进行分析。显然，直线段本身就是一个矢量，而圆弧在这里则要将圆弧的起点、终点、半径及起点到终点的弦长都作为矢量。另外，刀具半径也将作为矢量，这是因为在加工过程中，它始终垂直于编程轨迹，大小等于刀具半径，方向指向刀具圆心。在直线加工时，刀具半径矢量始终垂直于刀具的移动方向；圆弧加工时，刀具半径矢量始终垂直于编程圆弧的瞬时切点的切线，方向始终在改变。

2.4.3　程序段间转接情况分析

在普通的 CNC 系统中，实际所能控制的轮廓只有直线段和圆弧。随着前后两段编程轨迹的连接方式的不同，相应有以下几种转接方式：直线与直线转接；直线与圆弧转换；圆弧与圆弧转接。

根据两段程序轨迹的矢量夹角 α 和刀具补偿方向的不同，又可以有以下几种转接过渡方式:缩短型、伸长型、插入型(直线过渡型和圆弧过渡型)。

1. 直线与直线转接

图 2-26 中编程轨迹为 $\overline{OA}$、$\overline{AF}$。由于采用了直线转接,必须对原来的编程轨迹进行伸长、缩短和插入的修正。

在图 2-26(a)、(b)中,$\overline{AB}$、$\overline{AD}$ 为刀具半径矢量。对应于编程轨迹 $\overline{OA}$、$\overline{AF}$,刀具中心轨迹 $\overline{JB}$ 与 $\overline{DK}$ 将在 C 点相交。这样,相对于 $\overline{OA}$ 与 $\overline{AF}$ 而言,将缩短一个 CB 与 DC 的长度。这种转接称为缩短型转接。

在图 2-26(d)中,C 点将处于 $\overline{JB}$ 与 $\overline{DK}$ 的延长线上,因此称为伸长型转接。而在图 2-26(c)中,若仍采用伸长型转接,势必会增加刀具非切削的空行程时间。为解决这一不足,令 BC 等于 $C'D$ 且等于刀具半径长度 AB 和 AD,同时,在中间插入过渡直线 CC'。即刀具中心除沿原编程轨迹伸长移动一个刀具半径长度外,还必须增加一个沿直线 CC' 的移动,对于原来的程序而言,等于中间插入了一个程序段,这种转接称为插入型转接。

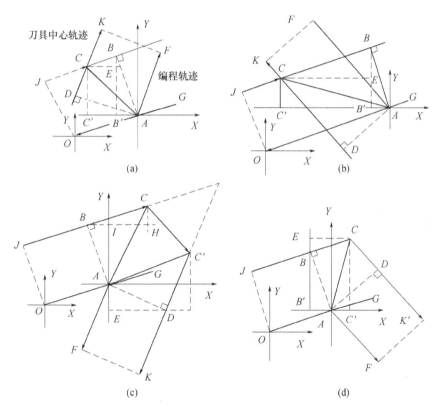

图 2-26 G41 直线与直线转接情况

在同一个坐标平面内直线接直线时,当第一段编程矢量逆时针地旋转到第二段编程矢量的夹角 α 在 0°~360°范围内变化时,相应刀具中心轨迹的转接将顺序地以上述三种类型的方式进行。

图 2-27 表示 G42 右补指令程序段的转接形式,分析过程与图 2-26 相同。在图 2-26 和图 2-27 中,$\overline{OA}$ 为第一段编程矢量,$\overline{AF}$ 为第二段编程矢量,α 夹角即为逆时针转向的 $\angle GAF$。

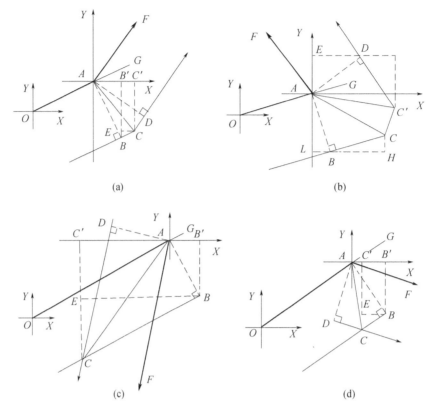

图 2-27 G42 直线与直线的转接情况

2. 圆弧和圆弧的转接

在同一个平面内（XY 平面），由编程输入的圆弧终点坐标值 X、Y 及圆心相对于圆弧起点的坐标值 I、J，经过简单的运算，就可得到圆弧起点、终点的半径矢量。和直线接直线时一样，圆弧接圆弧时转接类型的区分也可以通过相接两圆的起点、终点半径矢量的夹角 α 的大小来判别。但是，为了分析方便，往往将圆弧等效于直线处理。

图 2-28 中，当编程轨迹为 $\overset{\frown}{PA}$ 接 $\overset{\frown}{AQ}$ 时，$\overline{O_1A}$、$\overline{O_2A}$ 分别为起点、终点半径矢量，若为 G41（左）刀补，α 角将为 $\angle GAF$。以图 2-28(a) 为例，比较图 2-26 与图 2-28，它们的转接形式的分类和判别是完全相同的，即当左刀补顺圆接圆（G41 G02/G41 G02）时，它的转接类型的判别等效于左刀补直线接直线（G41 G01/G41 G01）。

3. 直线和圆弧的转接

图 2-28 还可以看作是直线与圆弧的连接，即 G41 G01/G41 G02（$\overline{OA}$ 接 $\overset{\frown}{AQ}$）和 G41 G02/G41 G01（$\overset{\frown}{PA}$ 接 $\overline{AF}$）。因此，它们的转接类型的判别等效于直线接直线 G41 G01/G41 G01。

由以上分析可知，以刀具补偿方向、等效规律及 α 角的变化三个条件，各种轨迹间的转接形式分类是不难区分的。转接矢量的计算可采用三角函数法和解析几何法等进行。本书此内容略。

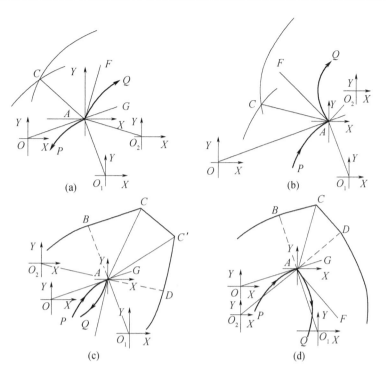

图 2-28　G41 圆弧与圆弧的转接情况

第3章 数控机床结构

3.1 数控机床结构及布局特点

数控机床是机械电子一体化的典型代表。虽然它与普通机床在机械结构方面有许多相似之处,但现代的数控机床并非简单地在传统机床上安装数控系统,也不是对结构局部改进的传统机床(简易数控机床除外)。传统机床存在着刚性不足、抗振性差、热变形大、滑动面的摩擦阻力大和传动元件之间存在间隙等弊端,无法满足数控机床对加工精度、表面质量、生产率和使用寿命等的要求。而现代的数控机床,特别是加工中心,无论是其基础大件、主传动系统、进给传动系统、刀具系统、辅助功能等部件结构,还是整体布局、外部造型都有极大改变,已经形成数控机床的独特机械结构。

3.1.1 数控机床自身特点对其结构的影响

与传统机床比,数控机床的功能和性能都有很大的增加和提高。数控机床的结构也在不断的发展中发生了重大变革。推动这些变革的因素正是它所特有的功能和性能。

1. 自动化程度高

数控机床在加工过程中,能按照数控系统的指令自动进行加工、变速及完成其他辅助功能,不必像传统机床那样由操作者进行手动调整和改变切削用量。加工部位可以完全封闭起来,不必靠近操作者。

2. 高速大功率和高精度

刀具材料的发展为数控机床的高速化创造了条件。数控机床的主轴转数和进给速度比传统机床提高很大。数控机床的电动机功率也较传统机床大。数控机床的定位精度和重复定位精度也相当高。数控机床能同时进行粗加工和精加工,既能保证粗加工时高效率地进行大切削量的切削,又能在精加工和半精加工中高质量地精细切削。

3. 多工序和多功能集成

在数控机床上,特别是加工中心中,工件一次装夹后,能完成铣、镗、钻、攻螺纹等多道工序的加工,甚至能完成除安装面以外的各个加工表面的加工。车削中心除能加工外圆、内孔和端面外,还能在外圆和端面上进行铣、钻甚至曲面等加工。另一方面,随着数控机床向柔性制造系统方向的发展,功能集成化不仅仅体现在 ATC 和 APC 上,而且还体现在工件自动定位、机内对刀、刀具破损监控、精度检测和补偿上。

4. 可靠性和精度保持性高

数控机床特别是在 FMS 中的数控机床,常在高负荷下长时间地连续工作,不允许任何部分频繁出故障,因而对数控机床各部分各系统的可靠性和精度保持性提出了更高的要求。

3.1.2 数控机床对结构的要求

1. 数控机床应具备更高的静、动刚度

数控机床价格昂贵,每小时的加工费用比传统机床要高得多。如果不采取措施大幅度地压缩单件加工时间,就不可能获得较好的经济效果。压缩单件加工时间包括两个方面:一是新型刀具材料的发展,使切削速度成倍地提高,这就为缩短切削时间提供了可能;二是采用自动换刀系统,加快装夹、变速等操作,缩短辅助时间。虽然以上措施提高了生产效率,但也明显增加了机床的负载及运转时间。此外,由机床床身、导轨、工作台、刀架和主轴箱等部件的几何精度及其变形所产生的误差取决于它们的结构刚度。所有这些都要求数控机床要有比传统机床更高的静刚度。

切削过程中的振动不仅影响工件的加工精度和表面质量,而且还会降低刀具寿命,影响生产率。在传统机床上,操作者可以通过改变切削用量和改变刀具几何角度来消除或减少振动。数控机床具有高效率的特点,应充分发挥其加工能力,在加工过程中不允许进行如改变几何角度等类似的人工调整。因此,对数控机床的动态特性提出更高的要求,也就是说还要提高其动刚度。

合理设计结构,改善受力情况,以便减少受力变形。机床的基础大件采用封闭箱形结构(图3-1),合理布置加强筋板(图3-1(a)、(b))以及加强构件之间的接触刚度,都是提高机床静刚度和固有频率的有利措施。改善机床结构的阻尼特性,如在机床大件内腔填充阻尼材料(图3-1(c)),表面喷涂阻尼涂层,充分利用结合面间的摩擦阻尼以及采用新材料是提高机床动刚度的重要措施。

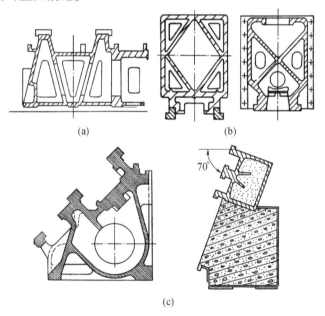

图3-1 几种数控机床基础件断面结构
(a) 加工中心床身截面;(b) 加工中心立柱截面;(c) 数控车床床身截面。

2. 数控机床应有更小的热变形

机床在切削热、摩擦热等内外热源的影响下,各个部件将发生不同程度的热变形,使工件与刀具之间的相对位置关系遭到破坏,从而影响工件的加工精度(图3-2)。

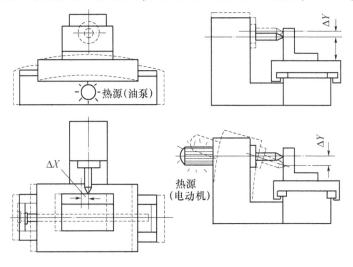

图3-2 机床热变形对加工精度的影响

为减小热变形的影响,让机床的热变形达到稳定状态,常常要花费很多的时间来预热机床,这又影响了生产率。对于数控机床来说,热变形的影响就更为突出。这一方面是因为工艺过程的自动化以及精密加工的发展,对机床的加工精度和精度的稳定性提出了越来越高的要求;另一方面,数控机床的主轴转速、进给速度以及切削用量等也大于传统机床,而且常常是长时间连续加工,产生的热量也多于传统机床。因此,要特别重视,采取措施减少热变形对加工精度的影响。

减小热变形的措施主要从两个方面来着手:一方面对发热源采取液冷、风冷等方法来控制温升,在加工过程中,采用多喷嘴大流量对切削部位进行强制冷却;另一方面就是改善机床结构,在同样的发热条件下,机床的结构不同,形状不一样,则热变形的影响也不同。例如数控机床的主轴箱,应尽量使主轴的热变形发生在非误差敏感方向上。在结构上还应尽可能减少零件变形部分的长度,以减少热变形总量。目前,根据热对称原则设计的数控机床,取得较好的效果。这种结构相对热源来说是对称的。在产生热变形时,工件或刀具的回转中心对称线的位置基本不变。例如,卧式加工中心的立柱采用框式双立柱结构,热变形时主轴中心主要产生垂直方向的变化,它很容易进行补偿。另外,还可采用热平衡措施和特殊的调节元件来消除或补偿热变形。

3. 数控机床运动件之间的摩擦要小、要消除传动系统的间隙

与传统机床不同,数控机床工作台的位移量是以脉冲当量作为它的最小单位。它常常以极低的速度运动(如在对刀、工件找正时),这时要求工作台对数控装置发出的指令要做出准确响应。这与运动件之间的摩擦特性有直接关系。图3-3示意了各种导轨的摩擦力和运动速度的关系。传统机床所使用的滑动导轨(图3-3(a)),其静摩擦力和动摩擦力相差较大,如果启动时的驱动力克服不了数值较大的静摩擦力,这时工作台并不能立即运动。这个驱动力只能使有关的传动元件如电动机轴齿轮、丝杠及螺母等产生弹性变形,而将能量储存起来。当继续加大驱动力,使之超过静摩擦力时,工作台由静止状态变为运动状态,摩擦阻力也变为较小的动摩擦力,弹性变形恢复,能量释放,使工作台突然向前窜动,冲过了给定位置而产生误差。因此,作为数控机床的导轨,必须采取相应措施使静摩擦力尽可能接近动摩擦力。由于静压导轨和滚动导轨的静摩擦力较小(图3-3(b)、(c)),而且还由于润滑油的作用,使它们的摩擦力随运动速度的提高而加大。这就有效地避免了低速爬行现象,从而提高了数控机床的运动平稳性和定位精度。因此目前的数控机床普遍采用滚动导轨和静压导轨。此外,近年来又出现了新型导轨材料——塑料导轨。由于它具有更好的摩擦特性及良好的耐磨性,因此它又有取代滚动导轨的趋势。数控机床在进给系统中采用滚珠丝杠代替滑动丝杠,也是基于同样的道理。

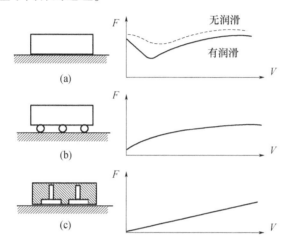

图3-3 摩擦力和运动速度的关系
(a) 滑动;(b) 滚动;(c) 静压。

对数控机床进给系统另一个要求就是无间隙传动。由于加工的需要,数控机床各坐标轴的运动都是双向的,传动元件之间的间隙无疑会影响机床的定位精度及重复定位精度。因此,必须采取措施消除进给传动系统中的间隙,如齿轮副、丝杠螺母的间隙。

4. 数控机床应有更好的宜人性

由于数控机床是一种高速高效率机床,在一个零件的加工时间中,辅助时间也就是非切削时间占有较大比重。因此,压缩辅助时间可大大提高生产率。目前已有许多数控机床采用多主轴、多架及自动换刀等装置,特别是加工中心,可在一次装卡下完成多工序的加工,节省大量装卡换刀时间。像这种自动化程度很高的加工设备,与传统机床的手工操作不同,其操作性能有新的含义。由于切削加工不需人工操作,故可采用封闭与半封闭式加工。要有明快、干净、协调的人机界面。要尽可能改善操作者的观察,要注意提高机床各部分的互锁能力,并设有紧急停车按扭,要留有最有利于工件的装夹的位置,而将所有操作都集中在一个操作面板上。操作面板要一目了然,不要有太多的按钮和指示灯,以减少误操作。

3.1.3 数控车床的布局结构

数控车床的床身结构和导轨有多种形式,主要有水平床身、倾斜床身以及水平床身斜滑板等(图3-4)。一般中小型数控车床多采用倾斜床身或水平床身斜滑板结构。因为这种布局结构具有机床外形美观、占地面积小、易于排屑和冷却液的排流、便于操作者操作与观察、易于安装上下料机械手、实现全面自动化等特点。倾斜床身还有一个优点是可采用封闭截面整体结构,以提高床身的刚度。床身导轨倾斜角度多为 45°、60°和 70°。但倾斜角度太大会影响导轨的导向性及受力情况。水平床身加工工艺性好。其刀架水平放置,有利于提高刀架的运动精度。但这种结构床身下部空间小,排屑困难。

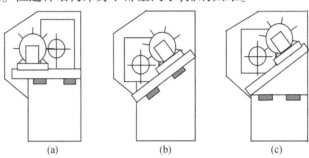

图 3-4 数控车床布局形式
(a) 水平床身;(b) 倾斜床身;(c) 水平床身斜滑板。

床身导轨常采用宽支撑 V-平型导轨,丝杠位于两导轨之间。

刀架用于夹持切削刀具,是数控机床的重要部件。其结构直接影响机床的切削性能和切削效率。数控车床多采用自动回转刀架来夹持各种不同用途的刀具。它的回转轴线与主轴轴线平行。回转刀架上的工位越多,刀位之间的夹角越小,因此受空间大小的限制,刀架的工位数量不可能太多,一般都采用 6、8、10 或 12 位。

数控车削中心是在数控车床的基础之上发展起来的。一般具有 C 轴控制,在数控系统的控制下,实现 C 轴 Z 轴插补或 C 轴 X 轴插补。它的回转刀架还可安置动力刀具,使工件在一次装夹下,除完成一般车削外,还可在工件轴向或径向等部位进行钻、铣等加工。

3.1.4 加工中心机床的布局结构

加工中心自问世发展至今,出现了各种类型的加工中心。它们的布局形式随卧式和立式、工作台做进给运动和主轴箱做进给运动的不同而不同。但从总体来看,不外乎由基础部件、主轴部件、数控系统、自动换刀系统、自动交换托盘系统和辅助系统几大部分构成。

1. 卧式加工中心

卧式加工中心通常采用移动式立柱,工作台不升降,T 形床身。T 形床身可以做成一体,这样刚度和精度保持性都比较好。当然其铸造和加工工艺性差些。分离式 T 形床身的铸造和加工工艺性都大大改善,但连接部位要用定位键和专用的定位销定位,并用大螺栓紧固以保证刚度和精度保持性。

卧式加工中心的立柱普遍采用双立柱框架结构形式。主轴箱在两立柱之间,沿导轨上下移动。这种结构刚性大,热对称性好,稳定性高。小型卧式加工中心多数采用固定立柱式结构。其床身不大,且都是整体结构。

卧式加工中心各个坐标的运动可由工作台移动或由主轴移动来完成,也就是说某一方向的运动可以由刀具固定工件移动来完成,或者是由工件固定刀具移动来完成。图 3-5 为各坐标运动形式不同组合的几种布局形式。卧式加工中心一般具有三轴联动、三、四个运动坐标。常见的是三个直线坐标 XYZ 联动和一个回转坐标 B 分度。它能够使工件在一次装夹下完成四个面的加工,最适合加工箱体类零件。

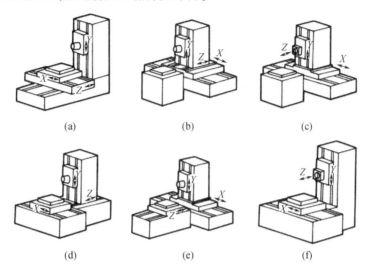

图 3-5 卧式加工中心基础件的布局

2. 立式加工中心

立式加工中心与卧式加工中心相比,结构简单,占地面积小,价格也便宜。中小型立式加工中心一般都采用固定立柱式。因为主轴箱吊在立柱一侧,通常采用方形截面框架结构,米字形或井字形筋板,以增强抗扭刚度。而且立柱是中空的,以放置主轴箱的平衡重。

立式加工中心通常也有三个直线运动坐标,由溜板和工作台来实现平面上 XY 两个坐标轴的移动。图 3-6 为立式加工中心的几种布局结构。主轴箱在立柱导轨上上下移动实现 Z 坐标移动。立式加工中心还可在工作台上安放一个第四轴 A 轴,可以加工螺旋线类和圆柱凸轮等零件。

图 3-6 立式加工中心的布局结构

3. 五面加工中心与多坐标加工中心

五面加工中心具有立式和卧式加工中心的功能。常见的有两种形式:一种是主轴可做 90°旋转(图 3-7(a)),既可像卧式加工中心那样切削,也可像立式加工中心那样切削。另一种是工作台可带着工件一起做 90°的旋转(图 3-7(b))。这样可在工件一次装夹下完成除安装面外的所有五个面的加工。这是为适应加工复杂箱体类零件的需要,加工中心的一个发展方向。加工中心的另一个发展方向是五坐标、六坐标甚至更多坐标的加工中心。除 XYZ 三个直线坐标外,还包括 ABC 三个旋转坐标。图 3-8 为一卧式五坐标加工中心,其五个坐标可以联动进行复杂零件的加工。

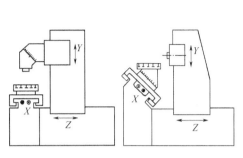
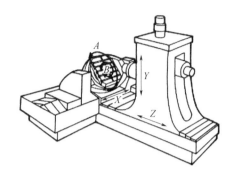

图 3-7 五面加工中心　　　　　图 3-8 五坐标加工中心

3.2 数控机床的主传动系统

3.2.1 主传动变速(主传动链)

数控机床相对于传统铣床,工艺范围更宽,工艺能力更强,因此其主传动要求较大的调速范围和更高的最高转速,以便在各种切削条件下获得最佳切削速度,从而满足加工精度、生产率的要求。现在数控机床的主运动广泛采用无级变速传动,用交流调速电动机或直流调速电动机驱动。它们能方便地实现无级变速,且传动链短,传动件少,提高了变速的可靠性,其制造精度则要求很高。数控机床的主轴组件具有较大的刚度和较高的精度。由于多数数控机床具有自动换刀功能,其主轴具有特殊的刀具安装和夹紧结构。根据数控机床的类型与大小,其主传动主要有以下三种形式(图3-9):

1. 带有二级齿轮变速

主轴电动机经过二级齿轮变速,使主轴获得低速和高速两种转速系列,这是大中型数控机床采用较多的一种配置方式,这种分段无级变速,可确保低速时的大扭矩,满足机床对扭矩特性的要求。滑移齿轮常用液压拨叉和电磁离合器来改变其位置。

2. 带有定比传动

主轴电动机经定比传动传递给主轴。定比传动采用齿轮传动或带传动。带传动主要应用于小型数控机床,可以避免齿轮传动的噪声与振动。

3. 由主轴电动机直接驱动

电动机轴与主轴用联轴器同轴连接。这种方式可大大简化主轴结构,有效地提高主轴刚度。但主轴输出扭矩小,电动机的发热对主轴精度影响大。近年来出现另外一种内装电动机主轴,即主轴与电动机转子合二为一。

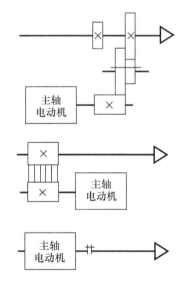

图 3-9 主传动的三种形式

其优点是主轴部件结构更紧凑,重量轻,惯量小,可提高启动、停止的响应特性。缺点同样是热变形问题。

3.2.2 主轴(部件)结构

机床主轴对加工质量有直接的影响。数控机床主轴部件应有更高的动、静刚度和抵抗热变形的能力。

1. 主轴的支承

图 3-10 为目前数控机床主轴轴承配置的三种主要形式。图 3-10(a) 为数控机床前支承采用双列短圆柱滚子轴承和60°角接触双列向心推力球轴承,后支承采用成对向心推力球轴承。此种结构普遍应用于各种数控机床。其综合刚度高,可以满足强力切削要求。图 3-10(b) 为前支承采用多个高精度向心推力球轴承。这种配置具有良好的高速性能,但它的承载能力较小,适用于高速轻载和精密数控机床。图 3-10(c) 为前支承采用双列圆锥滚子轴承,后支承采用单列圆锥滚子轴承。其径向和轴向刚度很高,能承受重载荷。但这种结构限制了主轴最高转速,因此适用于中等精度低速重载数控机床。图 3-11(a) 为立式加工中心主轴结构剖面图,图 3-12 为卧式加工中心主轴结构图。

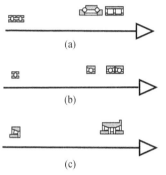

图 3-10 主轴轴承配置

2. 主轴内部刀具自动夹紧机构

主轴内部刀具自动夹紧机构是数控机床特别是加工中心的特有机构。当刀具由机械手用其他方法装到主轴孔后,其刀柄后部的拉钉便被送到主轴内拉杆的前端,当接到夹紧信号时,油缸推杆向主轴后部移动,拉杆在碟形弹簧的作用下也向后移动,其前端圆周上的钢球或拉钩在主轴锥孔的逼迫下收缩分布直径,将刀柄拉钉紧紧拉住。当油缸接到松刀信号时,推杆克服弹簧力向前移动,使钢球或拉钩的分布直径变大,松开刀柄,以便取走刀具。另外,空心拉杆的设计,是为了每次换刀时用压缩空气清洁主轴孔和刀具锥柄,以保证刀具的准确安装。图 3-11(b) 为立式加工中心主轴锁紧部位放大图。

3. 主轴准停装置

主轴准停也叫主轴定向。在加工中心等数控机床上,由于有机械手自动换刀,要求刀柄上的键槽对准在主轴的端面键上。因此主轴每次必须停在一个固定准确的位置上,以利于机械手换刀。在镗孔时为不使刀尖划伤加工表面,退刀时要让刀尖退一个微小量,由于退刀方向是固定的,因而要求主轴也必须在一固定方向上停止。另一方面,在加工精密的坐标孔时,由于每次都能在主轴固定的圆周位置上装刀,就能保证刀尖与主轴相对位置的一致性,从而减少被加工孔的尺寸分散度,这是主轴准停装置带来的另一个好处。主轴准停装置有机械式和电气式两种。图 3-11 和图 3-12 主轴后部为磁力传感器检测的定向装置。

4. 其他机构

数控车床能够加工各种螺纹,这就需要安装与主轴同步运转的脉冲编码器,以便发出检测脉冲信号使主轴的旋转与进给运动相谐调。为了在车削螺纹多次走刀时不乱扣,车削多头螺纹分度准确,脉冲编码器在发出进给脉冲的同时,还要发出同步脉冲,即每转发出一个脉冲,以保证每次走刀都在同一点切入。

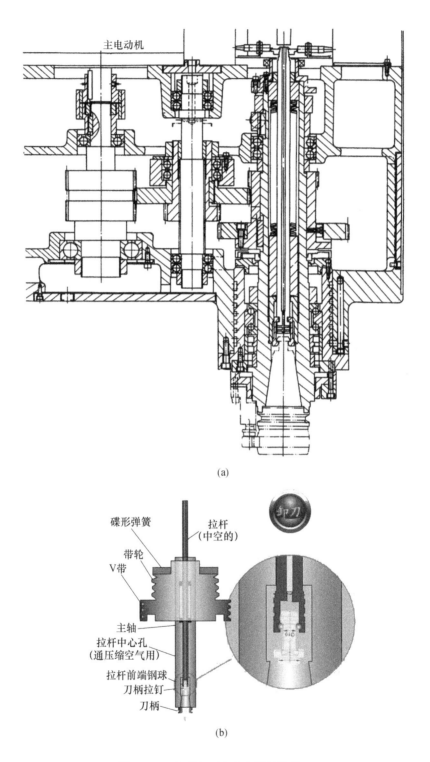

图 3-11 立式加工中心主轴结构图
(a) 立式加工中心主轴结构剖面图；(b) 立式加工中心主轴锁紧部位放大图。

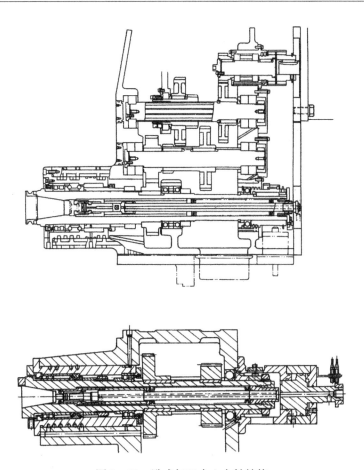

图 3-12 卧式加工中心主轴结构

数控车削中心增加了主轴的 C 轴功能,能在数控系统的控制下实现圆周进给,以便与 Z 轴、X 轴联动插补。C 轴通常另由 C 轴伺服电动机驱动,且在主运动与 C 轴运动之间设有互锁机构,当 C 轴工作时,主轴电动机不能启动,当主轴电动机工作时,C 轴伺服电动机不能启动。另外,C 轴坐标除了用伺服电动机驱动外,还可用具有 C 轴功能的主轴电动机直接进行分度和定位。

3.3 数控机床进给传动

3.3.1 进给运动

数控机床的主运动多提供主切削运动,它代表的是生产率。而进给运动是以保证刀具与工件相对位置关系为目的的。被加工工件的轮廓精度和位置精度都要受到进给运动的传动精度、灵敏度和稳定性的直接影响。不论是点位控制还是连续控制,其进给运动都是数字控制系统的直接控制对象。对于闭环控制系统,还要在进给运动的末端加上位置检测系统,并将测量的实际位移反馈到控制系统中,以使运动更准确。因此,进给运动的机械结构有以下几个特点:

1. 运动件间的摩擦阻力小

进给系统中的摩擦阻力,会降低传动效率,并产生摩擦热,特别是会影响系统的快速响应特性,由于动、静摩擦阻力之间的差别会产生爬行现象,因此,必须有效地减少运动件之间的摩擦阻力。进给系统中虽有许多零部件,但摩擦阻力主要来源是导轨和丝杠。因此,改善导轨和丝杠结构使摩擦阻力减少是主要目标之一。

2. 消除传动系统中的间隙

进给系统的运动都是双向的,系统中的间隙使工作台不能马上跟随指令运动,造成系统快速响应特性变差。对于开环伺服系统,传动环节的间隙会产生定位误差;对于闭环伺服系统,传动环节的间隙会增加系统工作的不稳定性。因此,在传动系统各环节,包括滚珠丝杠、轴承、齿轮、蜗轮蜗杆甚至联轴器和键联接都采取消除间隙的措施。

3. 传动系统的精度和刚度高

通常数控机床进给系统的直线位移精度达微米级,角位移达秒级。进给传动系统的驱动力矩也很大。进给传动链的弹性变形会引起工作台运动的时间滞后,降低系统的快速响应特性,因此提高进给系统的传动精度和刚度是首要任务。导轨结构及丝杠螺母、蜗轮蜗杆的支承结构是决定传动精度和刚度的主要部件。因此,首先要保证它们的加工精度,以及表面质量,以提高系统的接触刚度。对轴承、滚珠丝杠等预加载荷不仅可以消除间隙,而且还可以大大提高系统刚度。此外,传动链中的齿轮减速可以减小脉冲当量,能够减小传动误差的传递,提高传动精度。

4. 减小运动惯量具有适当的阻尼

进给系统中每个零件的惯量对伺服系统的启动和制动特性都有直接影响,特别是高速运动的零件。在满足强度和刚度的条件下,应可能地合理配置各元件,使它们的惯量尽可能地小。系统中的阻尼一方面降低伺服系统的快速响应特性,另一方面能够提高系统的稳定性。因此在系统中要有适当的阻尼。

3.3.2 滚珠丝杠螺母副

滚珠丝杠螺母副的动、静摩擦系数几乎没有差别,并具有传动效率高、运动平稳、寿命长等特点。因此数控机床广泛采用滚珠丝杠螺母副。

(1) 数控机床使用的滚珠丝杠必须具备可靠的轴向间隙消除机构。这里所指的轴向间隙不仅包括各零件之间的间隙,还包括弹性变形所造成的轴向位移。因而滚珠丝杠常常通过预紧方法消除间隙。预加载荷可以有效地减少弹性变形所带来的轴向窜动,但过大的预加载荷将增加摩擦阻力,降低传动效率,使用寿命也会降低,所以预加载荷要适当,既能消除间隙又能灵活运转。图3-13为滚珠丝杠螺母消除间隙结构。图3-13(a)为双螺母垫片调整式。它通过修磨垫片的厚度来调整轴向间隙,这种调整结构简单,但不易在一次修磨中调整完毕,调整精度不如齿差式的好。图3-13(b)为双螺母螺纹调隙式。与前不同的是用平键限制了螺母的转动,调整时,拧动圆螺母使螺母沿轴向移动一段距离,消除间隙后将其锁紧。其结构简单,调整方便,但调整精度差一些。图3-13(c)为双螺母齿差调整式。在两个螺母的凸缘上各制有圆柱外齿轮,而且齿数相差1齿,两个与其相配的内齿圈用螺钉和销钉固定在螺母座上,调整时先将内齿圈取出,根据间隙大小使两个螺母分别在同一方向转过一个或几个齿,使两螺母在轴向相对移动了一个距离:

$$\Delta = \frac{nt}{z_1 z_2}$$

式中:n 为两螺母在同一方向上转过齿数;t 为丝杠导程;z_1、z_2 为两齿轮齿数。这种结构虽复杂,但调整方便,调整量精确,应用较广。

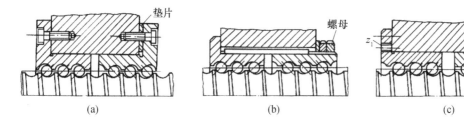

图 3-13 滚珠丝杠的间隙消除

(2) 滚珠丝杠的安装与支承结构也是提高数控机床进给系统刚度的一个不可忽视的因素。滚珠丝杠主要承受轴向载荷,因此滚珠丝杠的不正确安装及支承结构刚度不足都会影响它的使用。为提高支承的轴向刚度,选择适当的轴承及支承布置十分重要。图 3-14 为丝杠支承布置情况。

对于行程小的短丝杠,可采用图 3-14(a)所示一端固定一端自由式结构。其特点是结构简单,但轴向刚度不高,且有压杆稳定性问题,应注意尽量不使丝杠受压。当丝杠较长时,为防止热变形造成丝杠伸长,可采用一端能承受轴向力和径向力,另一端只承受径向力,并能够作微量轴向浮动,如图 3-14(b)所示。这种结构轴向刚度与图 3-14(a)结构相同,压杆稳定性比图 3-14(a)结构好,但结构较复杂。对于刚度和精度要求都高的场合,就采用图 3-14(c)所示两端都固定的结构。其轴向刚度大大高于其他两种结构的刚度,且无压杆稳定问题,特别是可以预拉伸。

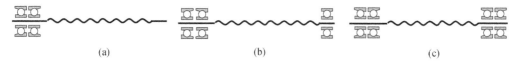

图 3-14 滚珠丝杠的支承

滚珠丝杠工作时会发热,结果是热膨胀导致导程加大,影响定位精度。采用预拉伸可以解决这个问题。预拉伸量略大于热变形伸长量。这样,丝杠发热时的伸长量可抵消部分伸长量,使丝杠长度不发生变化,从而保证精度。这种丝杠在制造时其目标行程(即常温下螺纹长度)等于公称行程(螺纹部分理论长度)减去预拉伸量。

关于轴承的选择,主要是向心轴承与圆锥滚子轴承组合,向心推力与向心轴承组合以及 60°角接触推力球轴承组合等。轴承的组合配置要注意协调刚度、最高转速等之间的关系问题。目前已出现滚珠丝杠专用轴承,这是一种能承受很大轴向力的特殊的向心推力球轴承。其接触角达 60°,增加了滚珠数目,减小了滚珠直径,使用也极为方便。

(3) 滚珠丝杠由于摩擦系数小,不自锁,对于垂直放置或高速大惯量水平放置的传动,必须加制动装置。制动装置有机械式和电气式等。滚珠丝杠和其他滚动摩擦传动元件一样,要避免磨料微粒及化学性物质进入,特别是对于制造误差和预紧变形量都以微米计算的滚珠丝杠来说,对此特别敏感。因此有效地防护密封和保持润滑油的清洁是十分重要的。

3.3.3 数控机床进给系统的间隙消除

1. 齿轮传动

数控机床进给系统中的减速齿轮,除了要求很高的运动精度和工作平稳性以外,还必须消除齿侧间隙。消除或减少齿侧间隙的方法有多种。调整后不能自动补偿的为刚性调整法。它具有良好的传动刚度,结构简单,但它要求严格控制齿轮齿厚及周节公差。图3-15为调整齿侧间隙的几种方法。

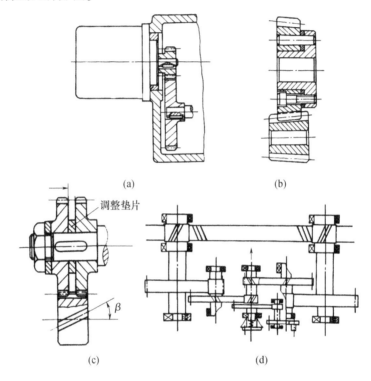

图3-15 齿侧间隙刚性调整

图3-15(a)为偏心套式结构,通过转动偏心套来调整中心距,从而消除间隙。图3-15(b)为带有小锥度圆柱齿轮的结构,通过调整垫片来消除间隙,锥角太大会恶化啮合条件。图3-15(c)为斜齿消除间隙结构,通过修磨两片齿轮间垫片来消除间隙,此结构只有一片齿轮承载。故承载能力小。图3-15(d)为大型数控机床齿轮齿条传动的双齿轮消除机构原理。柔性补偿是当调整完毕之后,齿侧间隙可以自动补偿。此方法可始终保持无间隙啮合,但结构复杂,传动刚度低。

图3-16为圆柱齿轮双齿轮错齿消除间隙结构。

图3-17(a)为轴向压簧法锥齿消除间隙结构。图3-17(b)为双片齿错齿法锥齿轮消除间隙结构,其中大锥齿轮被加工成两部分,其方法类似于圆柱齿轮的消除间隙方法。

2. 其他机构

滚珠丝杠以及轴承的间隙消除这里不再赘述。在数控机床进给传动链中,除要消除轴承滚珠丝杠和齿轮副的间隙外,各传动元件的键与槽之间、轴与轴的连接也必须注意。

图3-18为电动机轴与丝杠直接连接时采用的无间隙弹性联轴器。

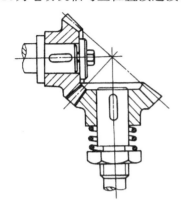
图3-16 齿侧间隙柔性调整

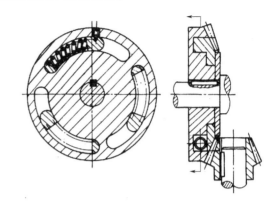
图3-17 锥齿齿侧间隙柔性调整

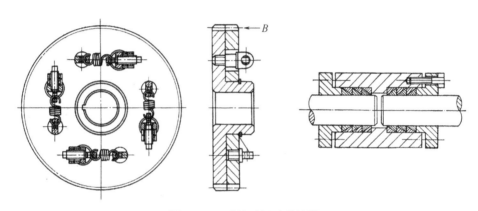
图3-18 弹性无间隙联轴器

3.3.4 回转坐标进给系统

对三坐标以上的数控机床，除X、Y、Z三个直线进给运动外，还有绕X、Y、Z轴的旋转圆周进给运动或分度运动。通常数控机床的圆周进给运动由数控回转工作台来实现，分度运动由分度工作台来实现。

1. 数控回转工作台

图3-19为一数控回转工作台，同直线进给工作台一样，是在数控系统的控制下，完成工作台的圆周进给运动，并能同其他坐标轴实行联动，以完成复杂零件的加工，还可以作任意角度转位和分度。工作台的运动大都由伺服电动机驱动，经减速齿轮和蜗轮蜗杆传入。其定位精度完全由控制系统和伺服传动系统的间隙大小决定。因此，用于数控机床回转工作台的蜗轮蜗杆必须有较高的制造精度和装配精度，而且还要采取措施来消除蜗轮蜗杆副的传动间隙。

通常消除间隙有两种方法：一是采用双蜗杆传动(图3-20)，用两个蜗杆同时驱动一个蜗轮，其中一个蜗杆可相对另一个蜗杆转动一个小角度或轴向移动一个微小量，从而消除了齿侧间隙。这种方法可以保证正确的啮合关系和完全的齿面接触，但制造成本高，传动效率

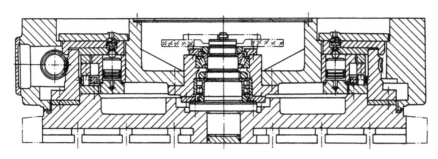

图 3-19 数控回转工作台

低。二是采用双螺距变齿厚蜗杆，它能够始终保持正确的啮合关系，且结构简单，调整方便。图 3-21 为双螺距变齿厚蜗杆轴向剖面齿形图，其特点是蜗杆左右齿面具有不同的螺距。

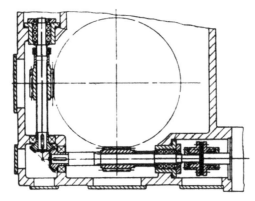

图 3-20 双蜗杆传动

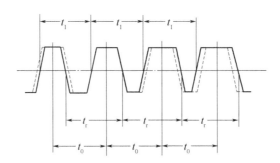

图 3-21 双螺距蜗杆轴向剖面图

图 3-21 中

$$\begin{cases} t_1 = t_0 - \Delta t \\ t_r = t_0 + \Delta t \end{cases}$$

式中：t_1 为左侧齿面螺距；t_r 为右侧齿面螺距；t_0 为平均螺距。

这样，任意相邻两齿齿厚之差为 $(t_0 + \Delta t) - (t_0 - \Delta t) = 2\Delta t$，也就是说，蜗杆的齿厚从左到右逐渐变厚。但各齿中点螺距是相等的。当蜗杆沿轴向向左移动时，啮合间隙逐渐减小直至消除。

2. 分度工作台

数控机床的分度工作台与数控回转工作台不同,它只能完成分度运动。它不能实现圆周进给,也就是说在切削过程中不能转动,只是非切削状态下将工件进行转位换面,以实现在一次装卡下完成多个面的多序加工。由于结构上原因,分度工作台的分度运动只限于某些规定角度。如在0°~360°范围内每5°分一次,或每1°分一次。工作台的定位用鼠牙盘,它应用了误差平均原理,固而能够获得较高的分度精度和定心精度(分度精度为±0.5″~±3″)。鼠牙盘式分度工作台,其结构简单,定位刚度好,磨损小,寿命长,定位精度在使用过程中还能不断提高,因而广泛应用于数控机床中。

3.3.5 导轨

现代数控机床使用的导轨,尽管仍然是滑动导轨、滚动导轨和静压导轨,但在导轨材料和结构上与普通机床有着显著的不同。数控机床的导轨在导向精度、精度保持性、摩擦特性、运动平稳性和灵敏性方面都有更高的要求。

数控机床所采用的滑动导轨是铸铁-塑料或镶钢-塑料导轨,如图3-22所示。目前导轨所使用的塑料常用聚四氟乙烯导轨软带和环氧树脂涂层导轨。它们的特点是摩擦特性好,能防止低速爬行,运动平稳;耐磨性好,对润滑油的供油量要求不高;塑料的阻尼性好,能吸收振动。塑料导轨还具有良好的工艺性。

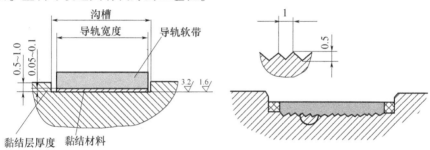

图3-22 塑料导轨

如图3-23所示为滚动导轨,其最大优点是摩擦系数小,比塑料导轨还小;运动轻便灵活,低速运动平稳性好;位移精度和定位精度高;耐磨性好且润滑简单。滚动导轨的缺点是抗振性差,结构复杂,对脏物比较敏感,必须有良好的防护。

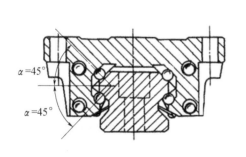 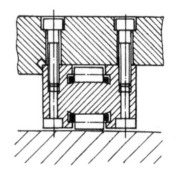

图3-23 滚动导轨

静压导轨主要应用于大重型数控机床上。它的优点是摩擦系数极小,运动灵敏,位移精度和定位精度高,导轨精度保持性好,寿命长。油膜具有误差均化作用,导向精度高。油膜承载能力高,刚度高,吸振性好。具缺点是结构复杂,需要相应的液压设备。

3.4 数控机床其他装置

3.4.1 自动换刀装置(ATC)

为了充分发挥数控机床的作用,数控机床向着工序和功能集中型的加工中心方向发展。加工中心要完成对工件的多工序加工,必须具备自动更换刀具的功能。为此而设置的更换刀具和刀具储备的系统称为自动换刀系统。自动换刀系统应当具备换刀时间短、刀具重复定位精度高、刀具储备足够和换刀安全可靠等特点。

自动换刀系统的结构形式随加工中心的类型而不同。

(1) 回转刀架式:回转刀架是一种最简单的自动换刀系统,多用于数控车床。回转刀架上安装有四、六、八个甚至更多的刀具,由数控系统控制换刀。其特点是结构简单紧凑,但空间利用率低,刀库容量小。

(2) 盘式刀库:盘式刀库的特点是结构简单,但由于刀具环形排列,空间利用率低,受刀盘尺寸的限制,刀库容量较小,通常容量为 15~32 把刀,如图 3-24(a)所示。也有的将刀具在刀盘中用双环或多环排列,以增加空间利用率,存放更多刀具。但这样做会使刀库的外径过大,转动惯量增大,选刀时间长,因此盘式刀库一般用于刀具容量较小的数控机床,如图 3-24(b)所示。

(a)   (b)

图 3-24 盘式刀库
(a) 盘式刀库;(b) 双环盘式刀库。

(3) 链式刀库:链式刀库是较常用的形式。这种刀库刀座固定在环形链节上。常用的有单排链式刀库,如图 3-25 所示。这种刀库使用加长链条,让链条折叠回绕可提高空间利用率,进一步增加存刀量。链式刀库结构紧凑,刀库容量大,链环的形状可根据机床的布局制成各种形状。同时也可以将换刀位突出以便于换刀。在一定范围内,需要增加刀具数量,有利于加工复杂零件。

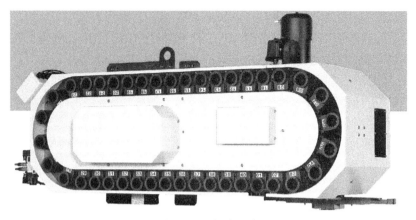

图 3-25 链式刀库

3.4.2 排屑装置

数控机床在单位时间内的金属切削量大大高于普通机床,因而切屑也特别多。这些切屑堆占在加工区域,一方面会向机床和工件散发热量,使机床和工件产生热变形;另一方面会覆盖或缠绕在工件和刀具上,影响加工。因此,迅速有效地排出切屑对数控加工来说是十分重要的。排屑装置的主要作用就是将切屑从加工区域排出数控机床之外。切屑中往往混合着切削液,排屑装置要能够将切削液收回到冷却液箱内,而将分离出的切屑送入切屑收集箱内。有的数控机床切屑不能直接落入排屑装置,常常需要用大流量冷却液冲入排屑槽中。

3.5 数控机床的伺服系统

3.5.1 伺服系统及数控机床对其的要求

数控机床的伺服系统是数控机床的数控系统与机床本体的联系环节。它是以机床运动部件的位置(或角度)和速度(或转速)为控制量的系统,包括主运动伺服系统和进给伺服系统。数控机床的主运动伺服系统通常不如进给伺服系统要求高,本章只讨论进给伺服系统。

伺服系统的主要功用是接受来自数控系统的指令信息,按其要求来驱动机床的移动部件运动,以加工出符合图样要求的零件。伺服系统一般由驱动控制单元、驱动元件、机械传动部件和末端执行件等组成。对于闭环控制系统还包括检测反馈环节。常用驱动元件主要是各种伺服电动机。目前,在小型和经济型数控机床上还使用步进电动机,中高档数控机床大多采用直流伺服电动机和交流伺服电动机。随着数控技术的发展,微处理器已开始应用于伺服系统中。高精度数控机床已采用交流数字伺服系统,伺服电动机的位置、速度等都以实现了数字化,并采用了新的控制理论,实现了不受机械负荷变动影响的高速响应伺服系统。而液压伺服系统由于发热大、效率低、不易维修等缺点,现已基本不采用。

伺服系统是数控机床的重要组成部分之一。其动态响应和伺服精度是影响数控机床加工精度、表面质量和生产率的主要因素。如果说数控系统决定了数控机床的功能与可靠性,那么伺服系统则决定了数控机床的加工精度与质量。因此,数控机床的伺服系统应满足以下基本要求:

（1）精度高。数控机床不可能像传统机床那样用手动操作来调整和补偿各种误差,因此它要求很高的定位精度和重复定位精度。所谓精度是指伺服系统的输出量跟随输入量的精确程度。数控系统每发出一个进给指令脉冲,伺服系统将其转化为相应的位移量,通常称为脉冲当量。脉冲当量越小,机床的精度越高。一般的脉冲当量为 0.01～0.001mm。

（2）快速响应特性好。快速响应是伺服系统动态品质的标志之一。它要求伺服系统跟随指令信号不仅跟随误差小,而且响应要快,稳定性要好。即系统在给定输入后,能在短暂的调节之后达到新的平衡或在受外界干扰作用下能迅速恢复原来的平衡状态。一般在 200ms 以内,甚至小于几十毫秒。

（3）调速范围要大。由于工件材料、刀具以及加工要求各不相同,要保证数控机床在任何情况下都能得到最佳切削条件,伺服系统就必须有足够的调速范围,既能满足高速加工要求,又能满足低速进给要求。调速范围一般大于 1∶10000。而且在低速切削时,还要求伺服系统能输出较大的转矩。

（4）系统可靠性要好。数控机床的使用率要求很高,常常是 24h 连续工作不停机。因而要求其工作可靠。系统的可靠性常用发生故障时间间隔的长短的平均值作为依据,即平均无故障时间。这个时间越长可靠性越好。

3.5.2　伺服系统的类型

1. 开环伺服系统

数控机床的伺服系统,通常按其控制方式进行分类,可分为开环伺服系统、闭环伺服系统和半闭环伺服系统。

图 3-26 为开环伺服系统构成原理图,它主要由步进电动机及其驱动线路构成。数控系统发出指令脉冲经过驱动线路变换与放大,传给步进电动机。步进电动机每接受一个指令脉冲,就旋转一个角度,再通过齿轮副和丝杠螺母带动机床工作台移动。步进电动机的转速和转过的角度取决于指令脉冲的频率和个数,反映到工作台上就是工作台的移动速度和位移大小。然而,由于系统中没有检测和反馈环节,工作台移动到位不到位,取决于步进电动机的步距角精度、齿轮传动间隙、丝杠螺母精度等,所以它的精度较低。但其结构简单,易于调整,工作可靠,价格低廉。该系统适用于精度要求不高的数控机床。

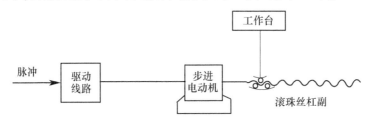

图 3-26　开环伺服系统

2. 闭环伺服系统

由于开环伺服系统只接受数控系统的指令脉冲,至于执行情况的好坏系统则无法控制。如果能对执行情况进行监控,其加工精度无疑会大大提高。图 3-27 为闭环伺服系统构成原理图。它由比较环节、驱动线路(包括位置控制和速度控制)、伺服电动机、检测反馈单元等组成。安装在机床工作台的位置检测装置,将工作台的实际位移量测出并转换成电信号,经反馈线路与指令信号进行比较,并将其差值经伺服放大,控制伺服电动机带动工作台移动,直至两者差值为零为止。

闭环伺服系统是直接以工作台的最终位移为目标,从而消除了进给传动系统的全部误差,所以精度很高(从理论上讲,其精度取决于检测装置的测量精度)。然而另一方面,正是由于各个环节都包括在反馈回路内,因此它们的摩擦特性、刚度和间隙等都直接影响伺服系统的调整参数。所以闭环伺服系统的结构复杂,其调试和维护都有较大的技术难度,价格也较贵,因此一般只在大型精密数控机床上采用。

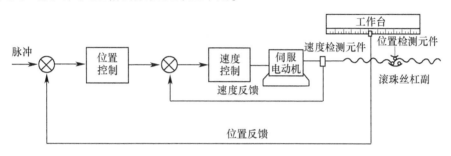

图 3-27 闭环伺服系统

3. 半闭环伺服系统

闭环伺服系统由于检测的是机床最末端件的位移量,其影响因素多而复杂,因此极易造成系统不稳定,且其安装调试都很复杂。而测量转角则容易得多。伺服电动机在制造时将测速发电机、旋转变压器等转角测量装置直接装在电动机轴端上。工作时将所测的转角折算成工作台的位移,再与指令值进行比较,进而控制机床运动。这种不在机床末端而在中间某一部位拾取反馈信号的伺服系统就称为半闭环伺服系统。图 3-28 为半闭环伺服系统构成原理图。由于这种系统抛开了一些诸如传动系统刚度和摩擦阻尼等非线性因素,所以这种系统比较容易调试,稳定性也好。尽管这种系统不反映反馈回路之外的误差,但由于采用高分辨率的检测元件,也可以获得比较满意的精度。这种系统被广泛应用于中小型数控机床上。

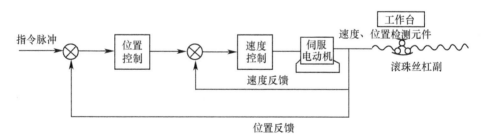

图 3-28 半闭环伺服系统

3.5.3 常用的驱动元件

驱动元件是伺服系统的关键部件,它对系统的特性有极大的影响。它的发展和进步是推动数控机床发展的重要因素。驱动元件的发展大致分为以下几个阶段:

20世纪50年代,采用步进电动机,目前只应用于经济型数控机床。

60至70年代,采用步进电动机和电液脉冲马达,现已基本不用。

70至80年代,采用直流伺服电动机,用于经济型数控机床。

80年代以后,开始采用交流伺服电动机,用于生成型数控机床。

90年代以,全数字交流伺服电动机用于现代型数控机床。

近年来,新型驱动元件——直线电动机用于多种新型数控机床。

1. 步进电动机

步进电动机是一种将电脉冲信号转换成机械角位移的特殊电动机。步进电动机的转子上无绕组且制有若干个均匀分布的齿,在定子上有励磁绕组。当有脉冲输入时,转子就转过一个固定的角度,其角位移量与输入脉冲个数严格地成正比。在时间上也与输入脉冲同步。当无脉冲时,在绕组电源的激励下,气隙磁场能使转子保持原有位置不变而处于定位状态。

步进电动机按其输出扭矩大小,可分为快速步进电动机和功率步进电动机。按其励磁相数可分为三相、四相、五相、六相甚至八相步进电动机等。按其工作原理又分为磁电式和反应式步进电动机。

由于步进电动机的角位移量和指令脉冲的个数成正比,旋转方向与通电相序有关,因此只要控制输入脉冲的数量、频率和电动机绕组的通电相序,即可获得所需的转角大小、转速和方向。其调速范围广,响应快,灵敏度高,控制系统简单,而且有一定的精度,所以被广泛应用于开环伺服系统中。

1) 步进电动机工作原理

尽管步进电动机种类很多,其基本原理实质都是一致的。现以三相反应式步进电动机为例,说明其工作原理(图3-29)。

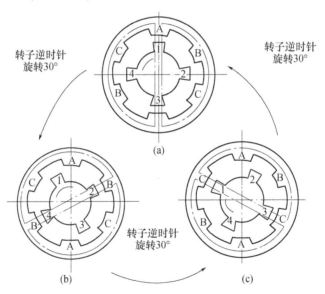

图3-29 步进电动机的工作原理

(a) A相通电;(b) B相通电;(c) C相通电。

在步进电动机定子上有三对磁极,上面绕有励磁绕组,分别称为A相、B相和C相。转子上带有等距小齿(图3-29中有四个齿),如果先将A相加上电脉冲,则转子1、3两齿被磁极A吸引而与该磁极对齐(图3-29(a))。而后再将B相加上电脉冲,则B相磁极将离它最近的2、4齿吸引过去,这样转子就沿逆时针方向转过30°(图3-29(b))。同样的道理,如将C相加上电脉冲,则转子又转过30°(图3-29(c))。之后再将A相加上电脉冲,转子继续转过30°。如此这样,按A→B→C→A…依次通电,步进电动机就按逆时针方向一步一步转动。如果按着A→C→B→A…的顺序通电,则步进电动机将按顺时针方向转动。

这种三相励磁绕组依次单独通电,切换三次为一个循环,称为三相单三拍通电方式。由于每次只有一相磁极通电,易在平衡位置附近发生振荡,而且在各相磁极通电切换的瞬间,电动机失去自锁力,容易造成失步。因此这种单三拍控制方式很少采用。为改善其工作性能,可采用三相六拍的通电方式,其通电方式及通电顺序为A→AB→B→BC→C→CA→A…或者A→AC→C→CB→B→BA→A…。这种通电方式当由A相通电转为AB相共同通电时,转子磁极将同时受到A相磁极与B相磁极的吸引,它只能停在AB两相磁极中间。这时它转过的角度是15°。这种通电方式在切换时,始终有一相磁极不断电,故其工作较稳定。而且在相同频率下,每相导通的时间增加,平均电流增加,从而提高了电磁转矩、启动频率以及连续运行频率等其他特性。因此三相步进电动机大多采用这种通电方式。很显然,通入脉冲频率越高,电动机的转速也就越高。步进电动机每步转过的角度越小,它所能达到的位置精度也就越高。

通常步进电动机转的最小角度是3°、1.5°或者更小。为此转子上的齿数要做得很多,并在定子磁极上也制成相同大小的齿。图3-30中的小齿数目

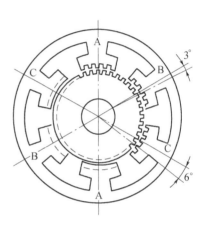

图3-30 步进电动机的步距角

为40个,当某一相定子磁极的小齿与转子的小齿对齐时,其他两相磁极的小齿便与转子的小齿错过一个角度,当另一磁极通电时,转子就会转过这个角度。

2) 步进电动机的主要特性参数

(1) 步距角:步进电动机每接受一个脉冲,转子所转过的角度,称为步距角。它是决定开环伺服系统脉冲当量的重要参数。

$$\alpha = \frac{360°}{mkz}$$

式中:α为步距角;m为定子励磁绕组的相数;z为转子齿数;k为通电方式系数,单拍时,$k=1$;双拍时,$k=2$。

(2) 最大启动转矩:步进电动机在启动时能带动的最大负载转矩,如步进电动机的负载转矩超过此值,则电动机不能启动。其值越大,则承载能力越强。

(3) 最高启动频率:步进电动机在启动时,从静止状态突然启动而不丢步的最高频率。它与负载惯量有关,一般它随负载的增加而减小。

(4) 连续运行最高频率:步进电动机启动之后,控制脉冲的频率可进一步提高。能够跟上控制脉冲的频率而不失步的最高频率,称为连续运行最高频率。它随负载的增加而下降。

它比最高启动频率大许多,因此不需克服惯性力矩。它代表着步进电动机的最高转速。目前世界最高值可达7000r/min。

3) 步进电动机的驱动

根据步进电动机的工作原理,可步进电动机的角位移量与指令脉冲的个数成正比。旋转方向与通电方向有关。因此步进电动机的驱动电路,必须能控制步进电动机各相励磁绕组电信号的通电断电变化频率、次数和通电顺序。这个工作由脉冲分配器和功率放大器来完成(图3-31)。

通过脉冲指令,按一定顺序导通或截止功率放大器,使电动机相应的励磁绕组通电或断电的装置叫脉冲分配器,也叫环形分配器。它由门电路、触发器等基本逻辑功能元件组成。步进电动机的正转与反转由方向指令控制,步进电动机的转角与转速分别由指令脉冲的频率与数量决定。

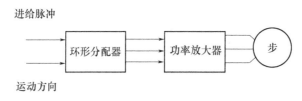

图3-31 步进电动机控制框图

脉冲分配可由硬件或软件来实现。作为硬件,目前市场上已有专用的分配器功能组件出售。采用专用集成电路有利于提高系统可靠性和降低系统成本。用微机控制步进电动机,采用汇编语言编制程序来分配脉冲,称为软件脉冲分配。这种方法的特点是控制灵活,可靠性高,制造成本低。当然它需编制复杂的程序,需占用大量内存单元和操作时间。

脉冲分配器输出的电流只有几毫安,而一般步进电动机的励磁电流需要几安至几十安。为了能驱动步进电动机必须有一个功率放大器,进行电流放大和功率放大。功率放大器一般有单电压型和高低电压切换两种。单电压型线路简单,具有控制方便、调试容易等优点。适用于小型步进电动机、且性能要求不高的场合。为了减小过渡时间常数,可以在电路中串联电阻,同时还可限制励磁电流不超过额定值。这就往往要提高控制电压。在电动机每相电流不大时,还是允许的。但当采用大功率步进电动机时,每相电流达十几安,这样在电阻上消耗的功率就太大了。这时常采用功率小、效率高又能加快过渡过程的高低电压切换型供电方式。这种线路开始时先接通高压,以保证电动机绕组中有较大的冲击电流通过。之后截断高压,改由低压供电,使电动机绕组中的稳定电流等于额定值。这样步进电动机绕组每次导通时,电流波形上升前沿很陡,有利于提高步进电动机的启动频率和动态特性,经过一定启动时间达到规定的高压导通时间(一般是100~600μs),改由低压供电,维持绕组所需的额定电流值,图3-32为这种供电方式的有关波形。由于额定电流是由低压维持的,只需要较小限流电阻,它的功耗也因此减小,因而在步进电动机的驱动线路中被广泛采用。

2. 直流伺服电动机

由于数控机床的自身特点,如位移精度高,调速范围广,承载能力强,运动稳定性好,响应速度快等,对伺服电动机的要求较高,特别是要具有较大的转矩-惯量比。直流伺服电动机具有较好的调速特性,尤其是他励直流电动机具有较硬的机械特性。因此直流电动机在

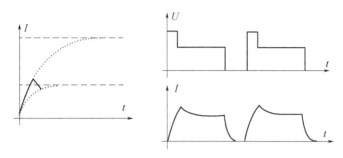

图 3-32 高低电压切换方式有关波形

数控机床中使用较广泛。然而一般的直流电动机因其转子转动惯量较大,其输出转矩相对小,动态特性不好,不能满足机械加工的要求。特别是在低速运转条件下更是如此。因此,直流电动机必须改进结构提高其特性,才能用于数控机床的伺服系统。

1) 小惯量直流伺服电动机

为使转子转动惯量尽可能小,这种电动机一般都做成细长形,转子光滑无槽。其特点是转动惯量比一般直流电动机小一个数量级,机械时间常数小,加减速能力强,响应快,动态特性好。再加上其气隙尺寸大,采用高磁能永久磁铁,励磁绕组在铁心表面,因而绕组自磁小,电枢电流可增大。所以其瞬时峰值转矩可为额定转矩的10倍以上,调速范围宽,低速运转平稳。

2) 调速直流电动机

小惯量直流电动机是从减小转子的转动惯量来改善电动机动态特性的,然而正是因其惯量小,热容量也小,过载时间不能过长。其另一特点是转速高,惯量小,而机床的惯量大。两者之间必须使用齿轮减速才能很好地匹配。这在客观上就需要一种大转矩、低转速的电动机。

宽调速直流伺服电动机是在维持一般直流电动机转动惯量不变的前提下,通过提高转矩来改善其特性,电动机定子采用矫顽力强的永磁材料。这种材料可使电动机电流过载10倍而不会去磁。因而提高了电动机的瞬时加速力矩,改善了动态响应,因此具有以下特性:

(1) 动态响应好。由于它有较大的转矩-惯量比,因而它的加速度大,响应快,动态特性好。

(2) 过载能力强。因它有较大的热容量,可承受较大的峰值电流和过载转矩。在转矩为额定值的三倍、连续工作30min的情况下,其电枢温度仍不至危险程度。

(3) 转矩大。在相同的转子外径和电枢电流的情况下,产生较大的转矩。低速时也能输出大转矩,可不经齿轮减速而直接与丝杠连接,使结构大大简化,精度提高。同时,由于其转动惯量大,外加负载的转动惯量对其影响小,易于和机床匹配,使工作平稳。

(4) 调速范围宽。由于电动机的机械特性和调节特性的线性度好,低速时能输出较大的转矩,所以调速范围宽。调速范围可达 0.1~2000r/min。

(5) 可直接接有高精度检测元件。一些测量转速和转角的检测元件(如测速发电机、旋转变压器、脉冲编码器等),可与之同轴安装,以利于精确定位。

3) 直流伺服电动机的调速

对于直流电动机的调速,在理论上有三种方法:①改变电枢回路电阻;②改变气隙磁通量;③改变外加电压。用于数控机床的电动机要求既能正转、反转,又能快速制动。因此数控机床的伺服系统一般都是可逆系统,但前两种方法不能满足数控机床的要求。因此,主要采用调整电枢电压的方法来调节直流伺服电动机的转速。它的供电系统能灵活地控制直流电压的大小和方向。目前主要用晶闸管控制方式(SCR—M)和脉宽调制方式(PWM—M)来提供可调的直流电源。

晶闸管控制方式,用 SCR 三相全控桥式整流,通过改变触发角来改变电压,从而达到调节直流伺服电动机的目的。此方法目前应用较广。但由于其电枢电流脉动频率低,波形差,使电动机的工作情况恶化,从而限制了调速范围的进一步扩大。近年来,随着大功率晶体管工艺的成熟和高电压大电流模块型功率晶体管的商品化,晶体管脉宽调制方式在世界上得到了广泛应用,并且逐步取代晶闸管控制方式。

图 3 - 33 为脉宽调制方式工作原理图。如将图中的开关 K 周期性地开关,开关的周期为 T,接通的时间是 τ,则断开时间为 $T-\tau$。如果外加电源电压 U 为常数,则加到电枢上的电压的波形将是一个高为 U、宽为 τ、周期为 T 的方波。它的平均值为

$$U_a = \frac{1}{T}\int_0^T U \mathrm{d}t = \frac{\tau}{T}U = \delta_T U$$

其中,$\delta_t = \frac{\tau}{T}$。

当 T 不变时,只要连续地改变 $\tau(0 \sim T)$ 就可使电枢电压平均值连续的由 0 变化到 U,从而改变电动机的转速。实际上的 PWM 系统用大功率三极管代替开关 K,其开关频率是 2000Hz,$T = 1/2000\mathrm{s} = 0.5\mathrm{ms}$。图 3 - 33 中二极管为续流二极管。当 K 断开时,由于电枢电感的存在,电动机电枢电流 I_a 可通过它形成回路而继续流通。图 3 - 33(a) 的电路图只能实现电动机单相速度调节,为使电动机实现双向调速,必须采用桥式电路。

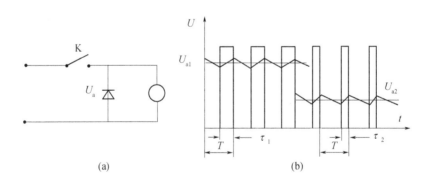

图 3 - 33 PWN 调速系统原理图
(a) 电路图;(b) 波形图。

晶体管脉宽调制系统,因晶体管的开关频率很高,其输出电流接近于纯直流,使电动机调速平稳,另一方面,转子也跟不上如此高的频率变化,避免了机械谐振,使机械工作平稳。这种方式还具有优良的动态硬度,电动机既能驱动负载,也能制动负载,因而响应很快。与晶闸管比较,在相同的输出转矩下(即平均电流相同),运行效率高,发热小,低速下限更小,调速范围更宽。

3. 交流伺服电动机

尽管直流伺服电动机具有优良的调速性能,其调速系统在应用中占主导地位,但直流电动机却存在着不可避免的缺点:它的电刷和换向器易磨损,换向时产生火花,使电动机的最高转速受到限制,也使应用环境受限制,其结构复杂,成本高。交流伺服系统是当前机床进给驱动系统的一个新动向,交流异步电动机由于结构简单,成本低廉,无直流伺服电动机的缺点,一向被认为是一种理想的伺服电动机。而且转子惯量较直流电动机的小,这意味着动态响应更好。交流电动机容量也比直流容量大,可达更高的电压和转速。一般在同样体积下,交流电动机的输出功率比直流电动机提高 10%~70%。

在交流伺服系统中可以采用交流异步电动机,也可采用交流同步电动机。交流异步电动机所采用的电流有三相和单相两种。交流同步电动机的磁势源可以是电磁式、永磁式和反应式等多种。在数控机床进给伺服系统中多采用永磁式同步电动机。它的特点是结构简单,运行可靠,效率高。在结构上采取措施如采用高剩磁感应、高矫顽力和稀土类磁铁,可比直流电动机在外形尺寸上减少约 50%,重量上减轻近 60%。转子惯量减至 20%。因而可得到比直流伺服电动机更硬的机械性能和更宽的调速范围。

对交流伺服电动机的调速,目前用得较多的是用计算机对交流电动机的磁场作矢量变换控制。它的基本原理是通过矢量变换,把交流电动机等效为直流电动机。其思路是按照产生同样的旋转磁场这一等效原则进行的。先将交流电动机的三相绕组等效成二相绕组,再进一步等效为两个正交的直流绕组,构成正交的坐标系的两个轴。一个相当于直流电动机的励磁绕组,一个相当于直流电动机的电枢绕组。在旋转的正交坐标系中,交流电动机的数学模型和直流电动机的数学模型是一样的,从而使交流电动机像直流电动机一样,能对其转矩进行有效控制。

4. 直线电(动)机

自 1993 年德国 Ex Cell – O 公司研发出世界上第一台直线电动机驱动工作台的加工中心以来,直线电动机已在不同种类的机床上得到应用,代替传统的伺服电动机 + 滚珠丝杠副的驱动系统,采用直线电动机的驱动系统取得了巨大的成功。

1) 工作原理

直线电动机是一种通过将封闭式磁场展开为开放式磁场,将电能直接转化为直线运动的机械能,而不需要任何中间转换机构的传动装置。

2) 直线电动机结构

直线电动机的结构可以看作是将一台旋转电动机沿径向剖开,并将电动机的圆周展开成直线而形成。其中,定子相当于直线电动机的初级,转子相当于直线电动机的次级,当初级通入电流后,在初、次级之间的气隙中产生行波磁场,在行波磁场与次级永磁体的作用下产生驱动力,从而实现运动部件的直线运动,如图 3 – 34、图 3 – 35 所示。

3) 直线电动机传统和旋转电动机 + 滚珠丝杠副传动的比较

在机床进给系统中,采用直线电动机直接驱动与原旋转电动机传动的最大区别是取消了从电动机到工作台(拖板)之间的机械传动环节,把机床进给传动链的长度缩短为零,因而这种传动方式又称为"零传动"。正是由于这种"零传动"方式,带来了原旋转电动机驱动方式无法达到的性能指标和优点。

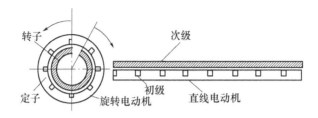

图 3-34　直线电动机展开原理图

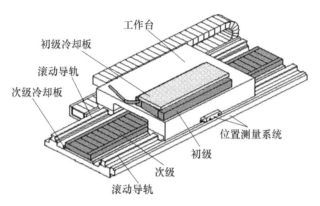

图 3-35　直线电动机结构图

（1）高速响应。由于系统中直接取消了一些响应时间常数较大的机械传动件（如丝杠等），使整个闭环控制系统动态响应性能大大提高，反应异常灵敏快捷。

（2）精度高。直线驱动系统取消了由于丝杠等机械机构产生的传动间隙和误差，减少了插补运动时因传动系统滞后带来的跟踪误差。通过直线位置检测反馈控制，即可大大提高机床的定位精度。

（3）动刚度高。由于"直接驱动"，避免了启动、变速和换向时因中间传动环节的弹性变形、摩擦磨损和反向间隙造成的运动滞后现象，同时也提高了其传动刚度。

（4）速度快、加减速过程短。由于直线电动机最早主要用于磁悬浮列车，所以用在机床进给驱动中，要满足其超高速切削的最大进给速度（现高达 500m/min 或更高）。也由于上述"零传动"的高速响应性，使其加、减速过程大大缩短，以实现启动时瞬间达到高速，高速运行时又能瞬间准停。可获得较高的加速度，一般可达 $(2\sim10)g$（$g = 9.8\text{m/s}^2$），而滚珠丝杠传动的最大加速度一般只有 $(0.1\sim0.5)g$。

（5）行程长度不受限制。在导轨上通过串联直线电动机，就可以无限延长其行程长度。

（6）运动动安静、噪声低。由于取消了传动丝杠等部件的机械摩擦，且导轨又可采用滚动导轨或磁垫悬浮导轨（无机械接触），其运动时噪声将大大降低。

（7）效率高。由于无中间传动环节，消除了机械摩擦时的能量损耗，传动效率大大提高。

3.6　伺服系统中的检测元件

在闭环与半闭环伺服系统中，是用反馈信号和指令信号的比较结果来进行速度和位置控制的。因此,检测及反馈单元是伺服系统的重要组成部分,检测元件的精度在很大程度上决定了数控机床的加工精度。数控机床的检测元件应具备:满足精度与速度要求,工作可靠性好,安装、使用和维护要方便。

由于数控机床的类型不同,工作条件和检测要求各异,所以,在数控机床上有各种各样的检测方式和系统。

(1) 速度反馈位置反馈:速度反馈用来测量和控制运动部件的速度。位置反馈用来测量和控制运动部件的位移量。

(2) 增量式和绝对式:增量式检测只测位移的增量,每移动一个测量单位就发一个测量信号。其特点是结构简单。任何一个对中点都可以作为测量的起点。然而,在运动过程中,一旦发生意外中断,则不能再找到中断前的位置,只能重新开始。绝对式检测则无此缺点,任何位置都由一个固定点算起,也就是说每一点都有一个相应值与之对应。这种方式要求分辨率越高,结构越复杂。

(3) 数字式和模拟式:数字式是将被测量进行单位量化后以数字的形式表示。其特点是被测量量化后转换成脉冲个数,便于处理。检测精度取决于测量单位。检测装置比较简单,脉冲信号抗干扰能力强。模拟式检测是将被测量用连续的变量来表示。其特点是被测量用连续的变量,如电压、相位或幅值来表示。可直接测量被测量,无需再量化,在小量程内可以实现高精度测量。

检测元件还可有旋转型和直线型,接触式和非接触式,电磁式、感应式、光电式和光栅式等不同分法。

3.6.1 测速发电机

测速发电机是一个速度检测元件,用以测量电动机的转速,它安装在伺服电动机轴的一端,与伺服电动机构成一体。

测速发电机也分为定子和转子两部分,定子上有铝镍钴永久磁铁。当转子由伺服电动机带着旋转时,由于永久磁铁的作用,在转子电枢中将产生感应电势。通过换向器和电刷获得的直流电压与转子的转速成正比,即 $U_g = K_g n$,可以拾取这个电压作为控制转速的电信号(图 3-36)。

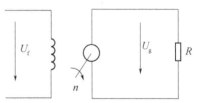

图 3-36 测速发电机原理

3.6.2 编码盘与光电盘

编码盘是一种直接编码式的测量元件。它可以直接把被测转角或位移转换成相应的代码。指示的是绝对位置而无绝对误差。在电源切断后不会失去位置信息,但其结构复杂,价格较贵,且不易做到高精度和高分辨率。编码盘是按一定的编码形式如二进制编码等,将圆盘分成若干等份,利用电子、光电或电磁元件把代表被测位移的各等份上的数码转换成电信号输出用于检测。图 3-37 是一个四位二进制编码盘,涂黑部分是导电的,其余是绝缘的。对应于各码道上装有电刷。当码盘随工作轴一起转动时,就可得到二进制输出。码盘的精度与码道数目有关,码道越多,码盘的容量越大。码盘一般是 9 位二进制。而光电式的码盘,单个码盘可做到 18 位二进制数。

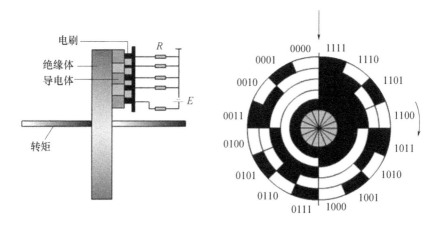

图 3-37 四位二进制编码盘

电磁式码盘用导磁性较好的材料做圆盘,在其上用腐蚀的方法做成凹凸条码。当有磁通穿过时,由于磁导不同,感应电动势也不同,从而可获得相应信号,达到测量的目的。

接触式编码盘的优点是简单,体积小,输出信号强。缺点是电刷易磨损,转速不能太高。

光电盘是一种光电式转角测量元件,可以说是增量式的编码盘,如图 3-38 所示。在一个圆盘周围分成相等的透明与不透明部分,其数量从几百到上千条不等。当圆盘与工作轴一起转动时,光电元件接受时断时续的光,产生近似的正弦信号。放大整形后成脉冲信号送到计数器,根据脉冲的数目和频率可测出工作轴的转角和转速。光电盘的优点是没有接触磨损,允许转速高,最外层每片宽度可以做得更小,因而精度较高;缺点是结构复杂,价格高,安装困难。

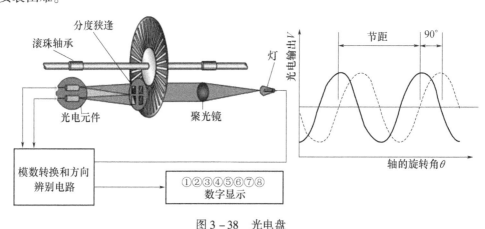

图 3-38 光电盘

3.6.3 旋转变压器

旋转变压器是一种角位移检测元件。在结构上与二相绕线式异步电动机相似,由定子和转子组成,定子绕组为变压器的一次绕组,转子绕组为二次绕组。激磁电压接到一次绕组,感应电动势由二次绕组输出。激磁频率常用的有 400Hz、500Hz、1000Hz、2000Hz 和 5000Hz 等。图 3-39 为旋转变压器工作原理图。旋转变压器在结构上保证了其定子和转子在圆周方向上分布的不同位置,而使其磁场分布符合正弦规律。当定子绕组通以交流电 $U_1 = U_m \sin(\omega t)$ 时,将在转子绕组产生感应电动势

$$U_2 = nU_1 \sin\theta = nU_m \sin(\omega t) \sin\theta$$

式中:n 为变压比;U_m 为激磁最大电压;ω 为激磁电压角频率;θ 为转子与定子相对角位移。当转子磁轴与定子磁轴垂直时,$\theta = 0$;当转子磁轴与定子磁轴平行时,$\theta = 90°$。

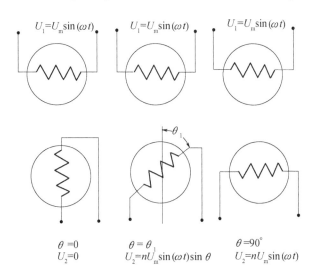

图 3 - 39　旋转变压器工作原理

因此,旋转变压器转子绕组输出电压的幅值,是严格按转子偏转角的正弦规律变化的。数控机床正是利用这个原理来检验伺服电动机轴或丝杠的角位移的。

通常应用的旋转变压器为二极旋转变压器,其定子和转子绕组中各有互相垂直的两个绕组,它的控制系统通常有两种控制方式,一种是鉴相控制,一种是鉴幅控制。

3.6.4　感应同步器

感应同步器与旋转变压器一样,是一种精密位移测量元件,它是根据电磁耦合原理将位移或转角转换成电信号的。根据用途和结构特点分为直线式和旋转式两类,分别用于测量直线位移和旋转角度。

直线式感应同步器由定尺和滑尺组成。一般定尺长 250mm。定尺上绕有单相连续绕组,节距为 2mm。如测量距离长,可将定尺一个一个地连接起来。滑尺长 100mm,绕有两相绕组,一个为正弦绕组,一个为余弦绕组,节距为 2mm。但两相绕组在空间上相对于定尺绕组错开 1/4 节距。使用时,定尺安装在机床固定件上,滑尺安装在移动部件上。两者表面间隙在全行程上通常应保持 2.25mm 的距离。其工作原理如下:当在滑尺上正弦、余弦绕组上加交流激励电压时,定尺上的连续绕组会有感应电压输出,感应电压的幅值和相位与激磁电压有关,也与滑尺与定尺的相对位置有关。

图 3 - 40 为滑尺在不同位置时的感应电压,当定尺与滑尺绕组重合时(A 点),感应电压为最大。当滑尺相对于定尺作平行移动时,感应电压逐渐减少,到两者刚好错开 1/4 节距时(B 点),感应电压为零,滑尺继续移动到 1/2 节距时(C 点),得到电压值与 A 点相同,但极

性相反。再继续移动到 3/4 节距时(D 点),感应电压又变为零。当移动到一个节距时(E 点),电压上升为最大值,这样,滑尺移动一个节距的过程中感应电压变化了一个余弦波形。如当在滑尺上的正弦绕组上加激磁电压

$$U_s = U_m \sin(\omega t)$$

那么在定尺绕组内产生感应电压为

$$U'_s = KU_m \sin(\omega t)\cos\theta$$

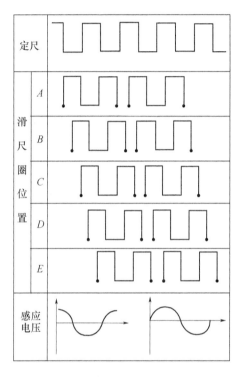

图 3-40 感应同步器的工作原理

同理,当在滑尺上的余弦绕组上加激磁电压

$$U_c = U_m \cos(\omega t)$$

则定尺绕组产生感应电压为

$$U'_c = KU_m \cos(\omega t)\cos(90° + \theta) = -KU_m \cos(\omega t)\sin\theta$$

当在滑尺的两绕组上分别激磁 U_s 和 U_c 时,则定尺上绕组产生的感应电压为二者的合成叠加

$$\begin{aligned} U' &= U'_s + U'_c \\ &= KU_m \sin(\omega t)\cos\theta - KU_m \cos(\omega t)\sin\theta \\ &= KU_m \sin(\omega t - \theta) \end{aligned}$$

只要测量出感应电压的幅值,便可求出滑尺与定尺的相对位置。根据不同的激磁方式,感应同步器的工作方式可分为相位工作状态和幅值工作状态。

感应同步器的特点如下:

(1) 精度高。感应同步器的输出信号是由滑尺和定尺之间相对运动直接产生的。中间不经任何机械传动装置,不受机械传动误差的影响。测量精度主要取决于感应同步器的制造精度。而且同时参与工作的绕组较多,对节距的误差有平均效应。

(2) 维护简单,寿命长。定滑尺之间有间隙,无磨损,寿命长。使用中即使灰尘油污和切削液侵入也不影响工作。主要避免的是切屑进入滑尺、定尺之间划伤绕组,造成短路。

(3) 受环境温度变化影响小。感应同步器基体的线膨胀系数与机床相差不多,受温度变化而引起的变形与机床的变形也差不多,所以误差小。

3.6.5 光栅

光栅是闭环伺服系统中使用较多的一种光学测量元件。它是在透明玻璃或金属镜面反光平面上刻制平行等间距条纹形成的,前者称为透射光栅,后者称为反射光栅。透射光栅信号幅值大,信噪比好,刻纹密度大。一般每毫米100、200、250条刻纹。反射光栅的线膨胀系数可以做到和机床一致,接长方便。线纹密度一般为每毫米4、10、25、40或50条。光栅也可以做成圆盘形、线纹是放射状的,用来测量转角。

根据光栅的工作原理,可分为透射直线式和莫尔条纹式两类。其中,莫尔条纹式又可分为纵向莫尔条纹式与横向莫尔条纹式。最常用的是横向莫尔条纹式。

光栅分标尺光栅和指示光栅。标尺光栅安装在机床移动部件上,光栅较长。其有效长度即为测量范围。指示光栅短,装在固定部件上。两块光栅刻线密度相同,当两光栅平行放置且保持一定间隙(0.05~0.1mm),并将指示光栅在其自身平面内转过一个很小角度(图3-41)时,由于光的衍射作用,就会产生明暗交替的干涉条纹,称为(横向)莫尔条纹,其方向与光栅刻线几乎垂直。如果将标尺光栅在光栅长度方向上移动,则可看到莫尔条纹也跟着移动,但方向与光栅移动方向垂直。当标尺光栅移动一个条纹时,莫尔条纹也正好移动一个条纹。通过测定莫尔条纹的数目,即可测出光栅移动距离。但这样得到的信号只能计数,不能分辨运动方向。如果安装两个相距 $W/4$ 的狭缝,光线通过狭缝分别为两个光电元件所接受。当光栅移动时,莫尔条纹通过两狭缝的时间不同,光电元件获得的电信号波形一样,但相位相差1/4周期。根据两信号的相位跃前与滞后的关系,即可以确定光栅的运动方向。

这种测量方式有如下特点:

1. 放大作用

光栅栅距 ω 和莫尔条纹节距 W 及两光栅的交角 θ 有如下关系(当 θ 很小时):

$$W = \frac{\omega}{2\sin\frac{\theta}{2}} \approx \frac{\omega}{\theta} \quad \text{或} \quad \frac{W}{\omega} = \frac{1}{\theta}$$

可见莫尔条纹的宽度将随 θ 的变化而变化。而且 θ 越小,莫尔条纹的 W 越大。如栅距为0.01mm,人眼难以分辨。此时,若取 $\theta = 3'$,则 W 大约为10mm,即条纹被放大了1000倍。这就大大减轻了电子线路的负担。

2. 平均效应

光电元件所接受的光信号,是进入指示光栅视场所有线纹的综合平均效应。因此,当光栅有局部或短期误差时,由于平均效应,使得这些缺陷的影响大大削弱。然而这个作用只能

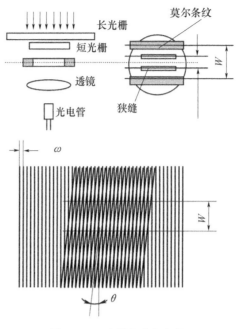

图 3-41 光栅和莫尔条纹

消除短周期误差,而不能消除长周期的累积误差。

3.6.6 磁尺

磁尺又称磁栅,也有直线式和回转式两种。其工作原理与普通录音机录磁、拾磁的原理是一样的,如图 3-42 所示。

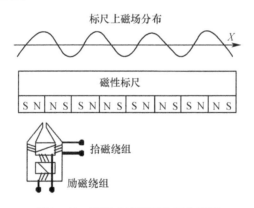

图 3-42 磁通响应型磁头工作原理

将一定波长(节距)的矩形波或正弦波电信号用录磁磁头记录在磁性标尺上,作为测量基准尺。测量时,用拾磁磁头读取记录在磁性标尺上的磁信号,通过检测电路将磁头对应的位置或位移,用数字显示装置显示出来或送到位置控制系统中去。位移测量的精度取决于磁性标尺的等距录磁精度。为此,需要在高精度的录磁设备上对磁尺进行录磁。当磁尺与拾磁磁头之间的相对运动速度很低或处在静止状态时,也能够进行位置测量。因此要求特殊的磁通响应磁头。这也是与普通录音机的不同之处。

磁性标尺是在非导磁材料(如铜、不锈钢或其他合金)的基体上,涂敷或电镀上一层很薄(10~30μm)的磁性材料(镍钴合金),然后用录磁磁头录上等节距的周期性的磁化信号,一般节距有 0.05mm、0.1mm、0.2mm、1mm 等几种。

磁头是进行磁电转换的变换器,它把反映空间位置变化的磁化信号检测出来,转换成电信号输送给检测电路。使用单磁头输出的信号小。实际使用中都用多磁头,而且为了辨别磁头与磁尺的相对移动方向,还配备了辨向磁头。

第4章 数控铣床编程

4.1 数控机床的编程方法

4.1.1 数控编程的基本概念

数控编程是从零件图样到获得数控加工程序的全过程。它的主要任务是计算加工走刀中的刀位点(cutter location point,简称 CL 点)。刀位点一般取刀具轴线与刀具表面的交点,多轴加工中还要给出刀轴矢量。

4.1.2 数控机床编程的分类方法

1. 在线编程与离线编程

由于微电子技术的发展,一些编程软件可以很方便地直接存入 CNC 系统内,实现所谓的在线编程,使得编程和控制一体化,操作者可以在机床操作台上直接通过键盘进行编程,并利用 CRT 显示实现人机对话,还可以实现刀具轨迹动态显示,便于检查和修改程序,对调试和加工带来极大方便。

离线编程则需要另一台电子计算机采用专用的数控语言进行编程,得到源程序后,再通过计算机内的主信息处理软件和后置处理软件处理后,制成控制介质 - 程序纸带,由程序纸带再来实时控制机床加工。所以这种离线编程给程序修改、加工调试带来许多不便,但是现在的计算机辅助编程也属于离线编程。它与以前硬线连接的系统只能用离线编程方法有本质的区别。现代计算机辅助编程可采用一台专用的数控编程系统为多台机床编制程序,编程时不会占用各台数控机床的工作时间,并且专用编程系统的功能可以作为数控培训的实验教学设备。

2. 手工编程和自动编程

(1) 手工编程。手工编程是指编制加工程序的各个步骤,即零件图样分析、工艺处理、数字计算、确定加工路线和工艺参数,编写加工程序清单,适合程序段不多、程序编制易于实现的场合。

但对于几何形状复杂,特别是需要三轴以上联动加工的工件、曲面组成的零件,手工编程时数值计算繁琐又费时,且容易出错,程序检验困难,用手工编程难以完成,同时影响数控机床的开动率。此时,为了缩短生产周期,提高数控机床的利用率,有效地解决各种模具、复杂零件的加工问题,必须解决编制程序的自动化问题。

(2) 早期的自动编程。自动编程又称为计算机辅助编程,系统使用数控语言描述切削加工时的刀具和工件的相对运动轨迹及一些加工工艺过程,程序员只需使用规定的数控语言编写成一个简单的工件源程序,然后输入计算机,由计算机进行编译(也称前置处理),计算刀具轨迹,最后再由数控机床相对应的后置处理程序处理后,自动生成相应的数控加工程序,并同时制作程序纸带或打印出程序清单。

自动编程与手工编程相比,编程工作量减轻,编程时间缩短,编程的准确性提高,对于较为复杂零件的编程,其编程效率则明显提高,自动编程逐步被 CAD/CAM 软件编程所替代,故现多将自动编程与 CAD/CAM 软件编程统称自动编程技术。

(3) CAD/CAM 软件编程。利用 CAD/CAM 集成软件进行零件设计、分析及加工编程,适用于制造业中的大型 CAD/CAM 集成系统。如各类柔性制造系统(FMS)和集成制造系统(CIMS)。

使用 CAD/CAM 软件编程实现了图形交互式自动编程,即以计算机辅助设计(CAD)软件为基础,利用 CAD 软件的图形编辑功能,利用计算机绘制零件的几何图形,形成零件的图形文件,然后调用数控编程模块,采用人机交互的方式在计算机屏幕上指定被加工的部位,再输入相应的加工工艺参数,便可以自动进行必要的数学处理并编制出数控加工程序,同时在计算机屏幕上动态地显示出刀具的加工轨迹,或者直接调用由 CAD 系统完成的产品设计图形文件,然后再直接调用计算机内相应的后置处理程序型的软件,自动生成数控加工程序,CAD/CAM 软件编程是当前流行的编程方法,详细内容见本书第 8 章。

本节中主要介绍手工编程,零件的加工程序组成形式随着数控机床的机型和系统的不同而略有差异。

4.1.3 程序结构

加工程序是由若干程序段组成,而程序段是由一个或若干个指令字组成,指令字代表某一信息单元;每个指令字由地址符和数字组成,它代表机床的一个位置或一个动作;每个程序段结束处应有"EOB"或"CR",表示该程序段结束转入下一个程序段。地址符由字母组成,每一个字母、数字和符号都称为字符,常用地址符的含义如表 4-1 所列。

表 4-1 常用地址符的含义

功 能	代 码	备 注
程序号	O	程序号
程序段序号	N	顺序号
准备功能	G	定义运动方式
坐标地址	X、Y、Z A、B、C、U、V、W R I、J、K	轴向运动指令 附加轴运动指令 圆弧半径 圆心坐标
进给速度	F	定义进给速度
主轴转速	S	定义主轴转速
刀具功能	T	定义刀具号
辅助功能	M	机床的辅助动作
偏置号	H、D	偏置号
子程序号	P	子程序号
重复次数	L	子程序的循环次数
参数	P、Q、R	固定循环参数
暂停	P、X	暂停时间

程序段格式是指令字在程序段中排列的顺序,不同数控系统有不同的程序段格式。若格式不符合数控装置标准,则会发生报警情况。

4.2 程序编程的基本指令

4.2.1 坐标系指令

1. 设定工件坐标系 G92 指令

指令格式　G92 X __ Y __ Z __ ;

指令功能:设定工件坐标系。

指令说明:

(1) 在机床上建立工件坐标系(也称编程坐标系)。

(2) G92 指令将加工原点设定在相对于刀具起始点的某一空间点上,则将加工原点设定到距刀具起始点距离为 $X=-a,Y=-b,Z=-c$ 的位置上。

例:G92 X20.0 Y10.0 Z10.0 ;

其确立的加工原点在距离刀具起始点 $X=-20,Y=-10,Z=-10$ 的位置上,如图 4-1(a)所示。

例:G92 X0. Y0. Z100. ;

刀具起始点在 $X=0,Y=0,Z=100.$ 的位置上,如图 4-1(b)所示。

(3) 操作者必须于工件安装后检查或调整刀具刀位点,以确保机床上设定的工件坐标系与编程时在零件上所规定的工件坐标系在位置上重合一致。

(4) 对于尺寸较复杂的工件,为了计算简单,在编程中可以任意改变工件坐标系的程序零点。

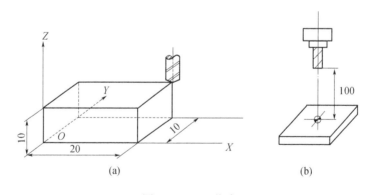

图 4-1　G92 指令

(a) G92 工件坐标值设定;(b) G92 工件坐标起刀点设定。

(5) 在数控铣床中有两种设定工件坐标系的方法,一种方法如图 4-1 所示,先确定刀具的换刀点位置,然后由 G92 指令根据换刀点位置设定工件坐标系的原点,G92 指令中 X、Y、Z 坐标表示换刀点在工件坐标系中的坐标值;另一种方法,通过与机床坐标系 XYZ 的相对位置建立工件坐标系,如有的数控系统用 G54 指令的 X、Y、Z 坐标表示工件坐标系原点在机床坐标系中的坐标值。

2. 绝对坐标 G90 指令和增量坐标 G91 指令

指令格式　G90　X__　Y__　Z__；
　　　　　G91　X__　Y__　Z__；

指令说明：

(1) G90 指令建立绝对坐标输入方式，移动指令目标点的坐标值 X、Y、Z 表示刀具离开工件坐标系原点的距离；

(2) G91 指令建立增量坐标输入方式，移动指令目标点的坐标值 X、Y、Z 表示刀具离开当前点的坐标增量。

如图 4-2 所示，刀尖由 A 点移动到 B 点，两种编程方式如下：

G90　X60.0　Y100.0；
G91　X-90.0　Y50.0；

3. 选择机床(械)坐标系 G53 指令

指令格式　G53　G90　X__　Y__　Z__；

指令功能：使刀具快速定位到机床坐标系中的指定位置上。

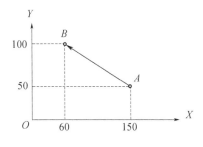

图 4-2　绝对坐标和增量
坐标指令的区别

指令说明：式中 X、Y、Z 后的值为机床坐标系中的坐标值，其尺寸均为负值。

例：G53 G90 X-100. Y-100. Z-20.；

执行指令后刀具在机床坐标系中的位置如图 4-3 所示。

4. 工作坐标系的选取指令(G54~G59)

一般数控机床可以预先设定 6 个(G54~G59)工作坐标系，这些坐标系存储在机床存储器内，在机床重开机时仍然存在，在程序中可以分别选取其中之一使用。

G54：可以确定工作坐标系 1；
G55：可以确定工作坐标系 2；
G56：可以确定工作坐标系 3；
G57：可以确定工作坐标系 4；
G58：可以确定工作坐标系 5；
G59：可以确定工作坐标系 6。

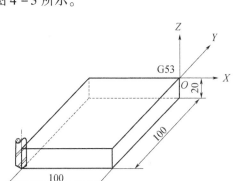

图 4-3　机床坐标系图

6 个工作坐标系皆以机床原点为参考点，分别以各自与机床原点的偏移量表示，需要提前输入机床内部，如图 4-4 所示。

指令格式　G5__　G90　G00　X__　Y__　Z__；

指令功能可以分别用来选择相应的工作坐标系指令说明该指令执行后，所有坐标值指定的坐标尺寸都是选定的工件加工坐标系中的位置。1~6 号工件加工坐标系是通过 CRT/MDI 方式设置的。

5. 小结

(1) G54 与 G55~G59 的区别。G54~G59 设置工作坐标系的方法是一样的，但在实际

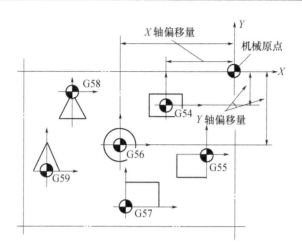

图 4-4 工作坐标与机械坐标的关系

情况下,机床厂家为了用户的不同需要,在使用中有以下区别:利用 G54 设置机床原点的情况下,进行回参考点操作时机床坐标值显示为 G54 的设定值,且符号均为正;利用 G55~G59 设置加工坐标系的情况下,进行回参考点操作时机床坐标值显示零值。

(2) G92 与 G54~G59 的区别。G92 指令与 G54~G59 指令都是用于设定工件加工坐标系的,但在使用中是有区别的。G92 指令是通过程序来设定、选用加工坐标系的,它所设定的加工坐标系原点与当前刀具所在的位置有关,这一加工原点在机床坐标系中的位置是随当前刀具位置的不同而改变的。

(3) G54~G59 的修改。G54~G59 指令是通过 MDI 在设置参数方式下设定工件的工作坐标系的。一旦设定,加工原点在机床坐标系中的位置是不变的,它与刀具的当前位置无关,除非再通过 MDI 方式修改。

(4) G54~G59 指令程序段可以和 G00、G01 指令组合,如 G54 G90 X10.0 Y10.0;时,运动部件在选定的加工坐标系中进行移动。程序段运行后,无论刀具当前点在哪里,它都会移动到加工坐标系中的 X10.0 Y10.0 点上。

(5) G92 设定工件坐标系与 G54 工作坐标系的区别,如表 4-2 所列。

表 4-2 G92 设定工件坐标系与工作坐标系的区别

	G92	G54~G59
设置方法	通过 MDI 方式	手工输入或用 G10 命令
程序例	O1; G92 X0 Y0 Z100.0; ~(轴不移动) M30;	O1; G90 G54 X0 Y0; ~(轴可能会移动) M30;
优点	容易使用 旧系统中比较多	即使电源关断,坐标系数值也能保存下来,能够使用 G52
缺点	电源断后,基准点将消失	

4.2.2 坐标平面选择指令

平面选择 G17、G18、G19 指令。

指令格式　G17 X__ Y__;
　　　　　G18 X__ Z__;
　　　　　G19 Y__ Z__;

指令说明：

（1）G17 表示选择 XY 平面。

（2）G18 表示选择 ZX 平面。

（3）G19 表示选择 YZ 平面。

（4）坐标平面选择指令是用来选择圆弧插补的平面和刀具补偿平面的。

指令小结：G17、G18、G19 为模态功能，开机后数控装置自动将机床设置成 G17 状态，所以 G17 指令在使用时可以省略。

4.2.3 快速点定位及插补指令

1. 快速点定位 G00 指令

指令格式　G00　X__　Y__　Z__;

指令功能：快速点定位。

例：G90 G00 X40.0 Y20.0；如图 4-5 所示。

G00 指令要求刀具以点位控制方式从刀具所在位置用最快的速度移到指定的位置，并保证在指定的位置停止。在移动时，G00 对运动轨迹和运动速度并没有严格的精度要求，其轨迹因具体的控制系统不同而异，轨迹可能是一条斜线，运动轨迹也可能是折线。如图 4-5 所示。进给速度 F 对 G00 指令无效，快速移动的速度由系统内部的参数确定。

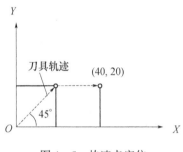

图 4-5　快速点定位

例 4-1　如图 4-6 所示，刀具从 A 点快速移动至 C 点，使用绝对坐标与增量坐标方式编程。

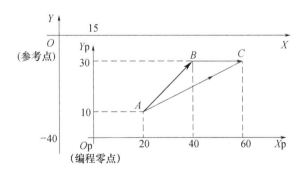

图 4-6　刀具路线图

绝对坐标编程：

G92 X0 Y0 Z0；　　　　　　　设定工件坐标系 X0,Y0,Z0
G90 G00 X15. Y-40.；　　　　移动到绝对坐标 X15. Y-40.
G92 X0 Y0；　　　　　　　　设定工件坐标系 X0,Y0
G00 X20. Y10.；　　　　　　快速移动到绝对坐标 X20. Y10.
X60. Y30.；　　　　　　　　快速移动到绝对坐标 X60. Y30.

用增量坐标方式编程：

G92 X0 Y0；
G91 G00 X15. Y-40.；
G92 X0 Y0；
G00 X20. Y10.；
X40. Y20.；

在例 4-1 中，刀具将从 A 点移动至 C 点，则刀具实际运动轨迹为折线，即刀具从始点 A 按 X 轴与 Y 轴的合成速度移动至 B 点，然后再沿 X 轴移动至终点 C。

2. 直线插补 G01 指令

指令格式　G01 X__ Y__ Z__ F__；

指令功能：直线插补运动。

指令说明：

（1）刀具按照 F 指令所规定的进给速度直线插补至目标点。

（2）F 代码是模态代码，即在没有新的 F 指令替代前一直有效。

（3）各轴实际的进给速度是 F 速度在该轴方向上的投影分量。

（4）用 G90 或 G91 可以分别按绝对坐标方式或增量坐标方式编程。

例 4-2　如图 4-7 所示，刀具从 A 点直线插补至 B 点，使用绝对坐标与增量坐标方式编程。

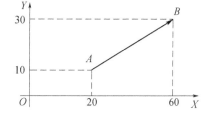

图 4-7　刀具运动轨迹图

G90 G01 X60. Y30. F100；
G91 G01 X40. Y20. F100；

3. 顺时针圆弧插补 G02 指令和逆时针圆弧插补 G03 指令

指令格式

$G17 \begin{Bmatrix} G02 \\ G03 \end{Bmatrix} X\_\_\_\_ Y\_\_\_\_ \begin{Bmatrix} R\_ \\ I\_J\_ \end{Bmatrix} F\_\_；$

$G18 \begin{Bmatrix} G02 \\ G03 \end{Bmatrix} X\_\_\_\_ Z\_\_\_\_ \begin{Bmatrix} R\_ \\ I\_K\_ \end{Bmatrix} F\_\_；$

$G19 \begin{Bmatrix} G02 \\ G03 \end{Bmatrix} Y\_\_\_\_ Z\_\_\_\_ \begin{Bmatrix} R\_ \\ J\_K\_ \end{Bmatrix} F\_\_；$

指令功能：在指定平面内做圆弧插补运动。

指令说明：

(1) 圆弧的顺逆时针方向如图 4-8 所示,从圆弧所在平面的垂直坐标轴的负方向看去,顺时针方向为 G02,逆时针方向为 G03。

(2) F 规定了沿圆弧切向的进给速度。

(3) X、Y、Z 为圆弧终点坐标值,如果采用增量坐标方式 G91,X、Y、Z 表示圆弧终点相对于圆弧起点在各坐标轴方向上的增量。

(4) I、J、K 表示圆弧圆心相对于圆弧起点分别在 X、Y、Z 坐标轴方向上的增量,与 G90 或 G91 的定义无关,I、J、K 含义如图 4-9 所示。

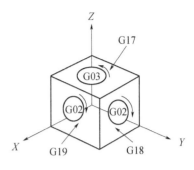

图 4-8 圆弧时针方向

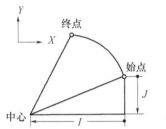 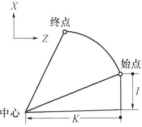 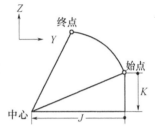

图 4-9 圆心相对圆弧起点的坐标关系

(5) R 是圆弧半径,当圆弧所对应的圆心角为 0°~180°时,R 取正值;圆心角为 180°,或 180°~360°时,R 取负值。

(6) I、J、K 的值为零时可以省略。

(7) 在同一程序段中,如果 I、J、K 与 R 同时出现,则仅 R 有效。

例 4-3 如图 4-10 所示,设起刀点在坐标原点 O,刀具沿 A—B—C 路线切削加工,使用绝对坐标与增量坐标方式编程。

绝对坐标编程:
G90　G54　X0　Y0　;
G90　G00　X200. Y40. ;
G03　X140. Y100. I-60. F100 ;
G02　X120. Y60. I-50. ;

增量坐标编程:
G90　G54　X0　Y0　;
G91　G00　X200. Y40. ;
G03　X-60. Y60. I-60. F100 ;
G02　X-20. Y-40. I-50. ;

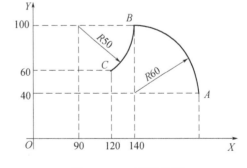

图 4-10 刀具路线图

例 4-4 如图 4-11 所示,起刀点在坐标原点 O,从 O 点快速移动至 A 点,逆时针加工整圆,最后回到 O 点,使用绝对坐标与增量坐标方式编程。

绝对坐标编程:
G90　G54　X0　Y0　;

```
G00  X30.Y0;
G03  I-30.J0  F100;
G00  X0.Y0;
```
增量坐标编程：
```
G90  G54  X0  Y0；     先回到绝对坐标原点
G91  G00  X30.Y0；     开始增量坐标编程
G03  I-30.J0  F100；
G00  X-30.Y0；
```

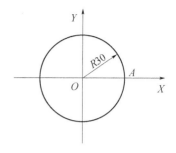

图 4-11 刀具路线图

4．插补指令复合使用

例 4-5 如图 4-12 所示为点定位、直线插补复合运动，进给速度设为 $F=100\text{mm/min}$，主轴转数 $S=800\text{r/min}$，其程序如下：

（1）G90 方式：
```
O1；
N1 G90 G54 G00 X20.0 Y20.0 S800 M03；
N2 G01 Y50.0 F100；
N3 X50.0；
N4 Y20.0；
N5 X20.0；
N6 G00 X0 Y0 M05；
N7 M30；
```
（2）G91 方式：
```
O1；
N1 G91 G00 X20.0 Y20.0 S800 M03；
N2 G01 Y30.0 F100；
N3 X30.0；
N4 Y-30.0；
N5 X-30.0；
N6 G00 X-20.0 Y-20.0 M05；
N7 M30；
```

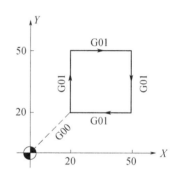

图 4-12 点定位、直线插补

例 4-6 G02 G03 复合运动，如图 4-13 所示，设定主轴转数 S1000，进给速度 F100，A 为起点，B 为终点，程序如下：
```
O1；
N1 G90 G54 S1000 M03；
N2 G02 I20.0 F100；
N3 G03 X-20.0 Y20.0 I-20.0；或者(R20.0)
N4 G03 X-10.0 Y10.0 J-10.0；或者(R-10.0)
N5 M30；
```

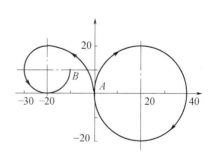

图 4-13 圆弧插补

4.2.4 暂停、英制输入、公制输入指令

1. 暂停 G04 指令

指令格式：

G04 $\begin{cases} X\underline{\quad}; \\ P\underline{\quad}; \end{cases}$

指令功能：刀具作短暂的无进给光整加工。

指令说明：

(1) 地址码 X 可用小数，单位为 s；
(2) 地址码 P 只能用整数，单位为 ms。

2. 英制输入 G20 指令和公制输入 G21 指令

指令格式　G20；
　　　　　　G21；

指令功能：设定输入数据的量纲。

指令说明：

(1) G20、G21 是两个互相取代的 G 代码。
(2) G20 设定数据为英制量纲。
(3) G21 设定数据为公制量纲。

4.2.5 参考点控制指令

1. 自动返回参考点 G28 指令

指令格式：G28　X __ Y __ Z __；

指令功能：刀具经指定的中间点快速返回参考点。

指令说明：

(1) 坐标值 X __ Y __ Z __ 为中间点坐标。
(2) 刀具返回参考点时避免与工件或夹具发生干涉。
(3) 通常 G28 指令用于返回参考点后自动换刀，执行该指令前必须取消刀具半径补偿和刀具长度补偿。
(4) G28 指令的功能是刀具经过中间点快速返回参考点，指令中参考点的含义，如果没有设定换刀点，那么参考点指的是回零点，即刀具返回至机床的极限位置；如果设定了换刀点，那么参考点指的是换刀点，通过返回参考点能消除刀具在运行过程中的插补累积误差。指令中设置中间点的意义是设定刀具返回参考点的走刀路线。
(5) G91 G28 Z0 指出了刀具要经过距当前点为 Z0 的点移动至机床 Z 轴原点，相当于直接运动至机床原点。
(6) 若为 G91 G28 X0 则刀具直接返回机床 X 轴原点；若为 G91 G28 X0 Y0 Z0 则直接返回机床 X、Y、Z 原点。

2. 从参考点移动至目标点 G29 指令

指令格式　G29　X __ Y __ Z __；

指令功能：刀具从参考点经过指定的中间点快速移动到目标点。

指令说明：

（1）返回参考点后执行该指令，刀具从参考点出发，以快速点定位的方式，经过由 G28 所指定的中间点到达由坐标值 X__ Y__ Z__ 所指定的目标点位置。

（2）X__ Y__ Z__ 表示目标点坐标值，G90 指令表示目标点为绝对值坐标方式，G91 指令表示目标点为增量值坐标方式，则表示目标点相对于 G28 中间点的增量。

（3）如果在 G29 指令前，没有 G28 指令设定中间点，执行 G29 指令时，则以工件坐标系零点作为中间点。

4.2.6 Z 轴移动编程

在实际工作中刀具不能只在一个平面内移动，否则刀具平行移动时将会与工件、夹具发生干涉，切削型腔时刀具也不能直接快速运动到所需切深，所以必须对 Z 轴移动有所控制。如图 4-14 所示，刀具从 Z100.0 高度快速移动至工件上方 2mm 处后以进给速度切至所需深度，避免了工件毛坯尺寸不同和残留切屑带来的危险。但由于切削进给的速度慢，此接近高度不能大到影响加工效率。

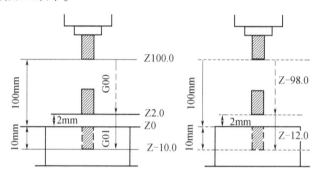

图 4-14 绝对方式与增量方式

例 4-7 如图 4-15 所示，程序从原点上方 100mm 开始，快速运动到 A 点，Z 轴降至 2mm 高处开始切削进给至 -10mm 深（B 点），沿顺时针方向切削，在 B 点快速运动到 A 点，最后返回原点。

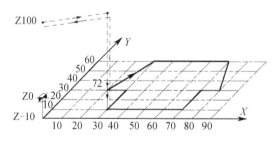

图 4-15 加工中 Z 轴移动轨迹

G90 方式：

```
O0001;
G90 G54 G00 X30.0 Y10.0 S1000 M03;
        Z2.0;
```

```
    G01 Z-10.0 F10；
        Y30.0 F100；
        X20.0；
        X30.0 Y60.0；
        X70.0；
        X80.0 Y30.0；
        X70.0；
        Y10.0；
        X30.0；
    G00 Z100.0 M05；
        X0 Y0；
        M30；
```

G91 方式：

```
O0001；
G91 G00 X30.0 Y10.0 S1000 M03；
        Z-98.0；
    G01 Z-12.0 F100；
        Y20.0；
        X-10.0；
        X10.0 Y30.0；
        X40.0；
        X10.0 Y-30.0；
        X-10.0；
        Y-20.0；
        X-40.0；
    G00 Z110.0 M05；
        X-30.0  Y-10.0；
        M30；
```

以上编程方法适合于铣削轮廓零件加工，一次走刀完成加工工件全部轮廓，工件加工部位最终尺寸取决于刀具直径尺寸，未考虑刀具半径尺寸的影响。

4.2.7 刀具半径补偿指令

1. 刀具半径左补偿 G41、右补偿 G42 指令

指令格式：

G41　X__ Y__ D__；
G42　X__ Y__ D__；

指令功能：数控系统根据工件轮廓和刀具半径自动计算刀具中心轨迹，控制刀具沿刀具中心轨迹移动，加工出所需要的工件轮廓，编程时避免计算复杂的刀心轨迹。

指令说明：

(1) X__ Y__ 表示刀具移动至工件轮廓上点的坐标值；

(2) D __为刀具半径补偿寄存器地址符,寄存器存储刀具半径补偿值;

(3) 如图 4-16(a)所示,沿刀具进刀方向看,刀具中心在零件轮廓左侧,则为刀具半径左补偿,用 G41 指令。

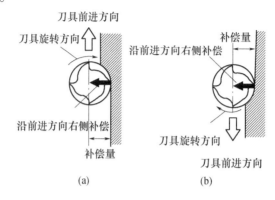

图 4-16 G41 顺铣与 G42 逆铣的区别
(a) G41;(b) G42。

(4) 如图 4-16(b)所示,沿刀具进刀方向看,刀具中心在零件轮廓右侧,则为刀具半径右补偿,用 G42 指令。

(5) 通过 G00 或 G01 运动指令建立刀具半径补偿。

(6) 刀具半径补偿用 G17、G18、G19 命令,在被选择的工作平面内进行补偿。比如当 G17 命令执行后,刀具半径补偿仅影响 X、Y 移动,而对 Z 轴没有作用。

(7) 当主轴顺时针旋转时,左补偿 G41 为顺铣。顺铣工件表面加工质量高,刀具寿命长,故在数控铣削时常采用顺铣切削。

(8) 当主轴顺时针旋转时,G42 为逆铣,数控铣削较少采用逆铣切削。

(9) G41 和 G42 是模态指令,皆有续效功能,刀具半径补偿功能可用 G40 指令取消。

例 4-8 在 X-Y 平面内使用半径补偿(没有 Z 轴移动)进行图 4-17 轮廓铣削,图示虚线为刀具快速移动轨迹。

```
O0001;
N1 G90 G54 [G17] G00 X0 Y0 S1000 M03;
N2 [G41]X20.0 Y10.0 [D01];   建立补偿(1)
N3 G01 Y50.0 F100;
N4 X50.0;
N5 Y20.0;                    补偿模式(2)
N6 X10.0;
N7 [G40]G00 X0 Y0 M05;       补偿取消(3)
N8 M30;
```

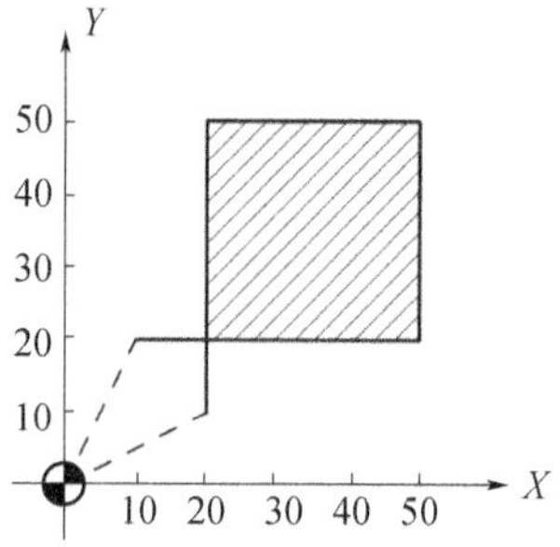

图 4-17 G41 与工件轮廓

例注:(1) 程序中有[ ]标记的地方是与没有刀具半径补偿的程序的不同之处。

(2) 刀具半径补偿必须在程序结束前取消,否则刀具中心将不能回到程序原点上。

(3) D01 是刀具补偿号,其具体数值在加工或试运行前已设定在补偿存储器中。

(4) D 代码是续效(模式)指令。

2. 刀具半径补偿过程详细描述

参考例 4-8,同时如图 4-18 所示。

1) 开始补偿

当以下条件成立时,机床以移动坐标轴的形式开始补偿动作:①有 G41 或 G42 被指定;②在补偿平面内有轴的移动;③指定了一个补偿号或已经指定一个补偿号但不能是 D00;④偏置(补偿)平面被指定或已经被指定;⑤G00 或者 G01 模式有效(若用 G02 或 G03 机床会报警,现在有些机床可以用 G02 或 G03)。

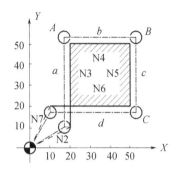

图 4-18 半径补偿刀轨图

在例 4-8 中,当 G41 被指定时,包含 G41 句子的下边两句被预读(N3,N4)。N2 指令执行完成后机床的坐标位置由以下方法确定:将含有 G41 语句的坐标点与下边两句中最近的、在选定平面内有坐标移动语句的坐标点相连,其连线垂直方向为偏置方向,G41 为左偏,G42 为右偏,偏置大小为指定的偏置号(D01)地址中的数值。在这里 N2 坐标点与 N3 坐标点连线垂直于 X 轴,所以刀具中心位置应在 X20.0 Y10.0 左边刀具半径处,即 {X(20-刀具半径),Y10} 处。

2) 补偿模式

在补偿开始以后,进入补偿模式,此时半径补偿在 G01、G02、G03、G00 情况下均有效。

在补偿模式下,机床同样要预读两句程序以确定目的点的位置,如图 4-18 所示。执行 N3 语句时刀具沿 Y 轴正向运动,但运动点不再是 Y50.0 而是现在的刀轨与下一句偏置刀轨的交点,以确保机床把下一个工件轮廓向外补偿一个偏置量。以此类推,其结果相当于把整个工件轮廓向外偏置一个补偿量,得到刀心轨迹,当前轨迹与下一轨迹的交点即为此语句的目的点。如图 4-18 所示,A 为 a 与 b 的交点,B 为 b 与 c 的交点,C 为 c 与 d 的交点。

3) 取消补偿

当以下两种情况之一发生时补偿模式被取消,这个过程叫取消补偿。

(1) 给出 G40,与 G40 同时要有补偿平面内坐标轴移动。

(2) 刀具补偿号为 D00。

注:必须在 G00、G01 模式下取消补偿(用 G02、G03 机床将会报警)。

见图 4-18 及例 4-8,当执行 N6 语句时,由于 N7 中有 G40,N6 目的点位置不再受下一句的影响而是行进到 X10.0 处,然后执行 N7 语句,刀具中心回到原点。

以下例 4-9 为过切编程,应引以为戒。

例 4-9 如图 4-19 所示为过切编程,起始点在 X0 Y0 高度为 100mm 处,若刀具半径补偿在起始点处开始,由于接近工件及切削工件时要有 Z 轴移动,这时容易出现过切现象。

```
O0003 ;
N1 G90 G54 G17 G00 X0 Y0 S1000 M03 ;
N2 Z100.0 ;
N3 G41 X20.0 Y10.0 D01 ;
N4 [ Z2.0];
N5 G01 [ Z-10.0]F100 ;        连续两句 Z 轴移动
```

```
N6 Y50.0 ;
N7 X50.0 ;
N8 Y20.0 ;
N9 X10.0 ;
N10 G00 Z100.0 ;
N11 G40 X0 Y0 M05 ;
N12 M30 ;
```

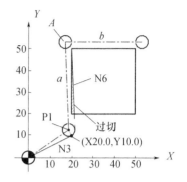

图 4-19 半径补偿的过切现象

当补偿从 N3 开始建立的时候机床只能预读两句,而 N4、N5 都为 Z 轴移动没有 XY 轴移动,机床没法判断下一步补偿的矢量方向,这时机床不会报警,补偿照常进行,只是 N3 目的点发生变化。刀具中心将会运动到 P1 点,其位置是 N3 目的点与原点连线垂直方向左偏 D01 值,于是发生过切。

刀具半径补偿除方便编程外还可以用改变刀补大小的方法实现同一程序进行粗、精加工,如图 4-20 所示。D__刀具半径补偿序号中输入的数值为:

粗加工刀补值 = 刀具半径 + 精加工余量(如: D10.20 = R10.0 + Δ0.2);

精加工刀补值 = 刀具半径 + 修正量。

若刀具尺寸准确或零件上下偏差相等,修正量可为 0。

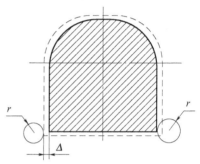

图 4-20 粗加工刀具半径图

4.2.8 刀具长度补偿类指令

刀具长度补偿 G43、G44、G49 指令。

指令格式:

G43　Z__ H__ ;

G44　Z__ H__ ;

G49;

指令功能:对刀具的长度进行补偿。

指令说明:

(1) G43 指令为刀具长度正补偿(常用)。

(2) G44 指令为刀具长度负补偿(不常用)。

(3) G49 指令为取消刀具长度补偿。

(4) 刀具长度补偿指刀具在 Z 方向的实际位移比程序给定值增加或减少一个偏置值。

(5) 格式中的 Z 值是指程序中的指令值。

(6) H 为刀具长度补偿代码,后面两位数字是刀具长度补偿寄存器的地址符。

H01 指 01 号寄存器,在该寄存器中存放对应刀具长度的补偿值。H00 寄存器必须设置刀具长度补偿值为 0,调用时起取消刀具长度补偿的作用,其余寄存器存放刀具长度补偿值;

执行 G43 时，Z1 = Z + H __ 中的偏置值；

执行 G44 时，Z1 = Z – H __ 中的偏置值。

图 4-21 为不同命令下刀具的实际位置。其中，G90 G54 G0 Z0;语句在有长度补偿的情况下没有 G43 命令，将造成严重事故。

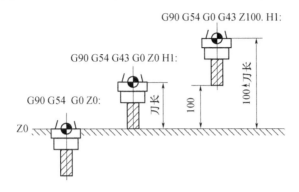

图 4-21 正向补偿方法

准备功能 G 指令的有关规定和含义如表 4-3 所列。

表 4-3 准备功能 G 代码

代码	功能	代码	功能
G00	点定位	G50	刀具偏置 0/-
G01	直线插补	G51	刀具偏置 +/0
G02	顺时针方向圆弧插补	G52	刀具位置 -/0
G03	逆时针方向圆弧插补	G53	直线偏移，注销
G04	暂停(非模态代码)	G54	工件坐标系 1
G05	不指定	G55	工件坐标系 2
G06	抛物线插补	G56	工件坐标系 3
G07	不指定	G57	工件坐标系 4
G08	加速	G58	工件坐标系 5
G09	减速	G59	工件坐标系 6
G10~G16	不指定	G60	准确定位 1(精)
G17	XY 平面选择	G61	准确定位 2(中)
G18	XZ 平面选择	G62	快速定位(粗)
G19	YZ 平面选择	G63	攻丝
G20~G32	不指定	G64~G67	不指定
G33	螺纹切削，等螺距	G68	坐标系旋转建立
G34	螺纹切削，增螺距	G69	坐标系旋转取消

(续)

代码	功能	代码	功能
G35	螺纹切削,减螺距	G70～G79	不指定
G36～G39	永不指定	G80	固定循环注销
G40	刀具补偿/刀具偏置注销	G81～G89	固定循环
G41	刀具补偿－左	G90	绝对坐标
G42	刀具补偿－右	G91	增量坐标
G43	刀具长度补偿－正	G92	工作坐标系变更
G44	刀具长度补偿－负	G93	时间倒数,进给率
G45	刀具位置补偿伸长	G94	每分钟进给
G46	刀具位置补偿缩短	G95	主轴每转进给
G47	刀具位置补偿2倍伸长	G96	恒线速度
G48	刀具位置补偿2倍缩短	G97	每分钟转数
G49	刀具长度补偿取消	G98～G99	返回固定循环初始点/R点

注:1. 模态代码(续效代码)表示一经应用,直到出现同组其他任一G代码时失效,否则保留其续效功能,而且在以后的程序段中使用时可省略不写;
2. 在同一程序段中,出现非同组的几个模态代码时,并不影响G代码的续效;
3. 非模态码只在本程序段有效。

4.2.9 常用辅助功能 M 指令

M指令是用来控制机床各种辅助动作及开关状态的,如主轴的转与停、冷却液的开与关等。程序的每一个语句中M代码只能出现一次,辅助功能M指令的有关规定和含义见下面的介绍和表4-4。

表 4-4 辅助功能 M 代码

代码	功能	代码	功能
M00	程序停止	M32～M35	不指定
M01	计划停止	M36	进给范围1
M02	程序结束	M37	进给范围2
M03	主轴顺时针方向	M38	主轴速度范围1
M04	主轴逆时针方向	M39	主轴速度范围2
M05	主轴停止	M40～M45	如有需要作为齿轮换挡,此外不指定
M06	换刀	M46～M47	不指定
M07	2号冷却液开	M48	注销 M49
M08	1号冷却液开	M49	进给率修正旁路
M09	冷却液关	M50	3号冷却液开
M10	夹紧	M51	4号冷却液开

(续)

代码	功能	代码	功能
M11	松开	M52~M54	不指定
M12	不指定	M55	刀具直线位移,位置1
M13	主轴顺时针方向,冷却液开	M56	刀具直线位移,位置2
M14	主轴逆时针方向,冷却液开	M57~M59	不指定
M15	正运动	M60	更换工件
M16	负运动	M61	工件直线位移,位置1
M17~M18	不指定	M62	工件直线位移,位置2
M19	主轴定向停止	M63~M70	不指定
M20~M29	永不指定	M71	工件角度位移,位置1
M30	纸带结束	M72	工件角度位移,位置2
M31	互锁旁路	M73~M89	不指定
		M90~M99	永不指定

1. M00:程序停止

执行含有 M00 指令的语句后,机床自动停止。如编程者想要在加工中使机床暂停(检验工件、调整、排屑等),使用 M00 指令,重新启动后,才能继续执行后续程序。

2. M01:选择停止

执行含有 M01 的语句时,如同 M00 一样会使机床暂时停止,但是,只有在机床控制盘上的"选择停止"键处在"ON"状态时此功能才有效,否则,该指令无效,常用于关键尺寸的检验或临时暂停。

3. M02:程序结束

该指令表明主程序结束,机床的数控单元复位,如主轴、进给、冷却停止,表示加工结束,但该指令并不返回程序起始位置。

4. M03:主轴正转

主轴正转是从主轴 +Z 方向看(从主轴头向工作台方向看),主轴顺时针方向旋转。

5. M04:主轴反转

主轴逆时针旋转是反转,当主轴转向开关 M03 转换为 M04 时,不需要用 M05 先使主轴停转。一般用 M03,因为刀具一般都是右刃切削。可用 S 指定主轴转速,执行 M03 代码或 M04 后,主轴转速并不是立即达到指令 S 设定的转速。

6. M05:主轴停转

主轴停止是在该程序段其他指令执行完成后才停止。

7. M06:换刀指令

常用于加工中心刀库的自动换刀时使用。

8. M07:冷却液开

执行 M07 后,冷却液、雾状冷却液打开。

9. M08:冷却液开

执行 G08 后,液状冷却液打开。

10. M09：冷却液关

略。

11. M19：主轴定向停止

主轴准停在预定的角度位置上。

12. M21：X 轴镜像

使 X 轴运动指令的正负号相反,这时 X 轴的实际运动是程序指定方向的反方向。

13. M22：Y 轴镜像

使 Y 轴运动指令的正负号相反,这时 Y 轴的实际运动是程序指定方向的反方向。

14. M23：取消镜像

略。

15. M30：程序结束

与 M02 一样,表示主程序结束,区别是 M30 执行后使程序返回到开始状态。

16. M98：调用子程序

如：M98 P__ L__；其中,P 为程序号,L 为调用次数。

17. M99：子程序结束指令

略。

4.3 数控铣床的基本操作

4.3.1 FANUC 0i 数控系统简介

数控铣床主要是由操作面板控制及控制装置、伺服系统和机床本体三大部分组成,图 4-22 为立式数控铣床外形结构。

图 4-22 大连机床集团 XD40A 立式数控铣床

4.3.2 控制面板与操作

数控铣床的操作面板由 CRT/MDI 面板、机械操作面板两大部分组成。

1. CRT/MDI 面板

其中,CRT 是阴极射线管显示器的英文缩写(Cathode Radiation Tube,CRT),MDI 是手动数据输入的英文缩写(Manual Date Input,MDI)。CRT/MDI 面板是由一个 9 英寸①显示器和一个 MDI 键盘组成的(图 4 - 23)。按任何一个功能按钮和"CAN",画面的显示就会消失,这时系统内部照常工作。之后再按其中任何一个功能键,画面会再一次显示,CRT/MDI 功能和含义如表 4 - 5 所列。

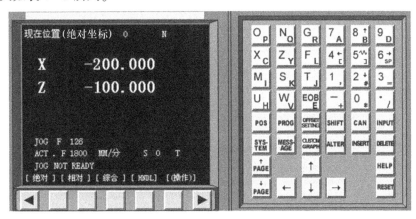

图 4 - 23 FANUC 0i 显示器和数据编辑面板

表 4 - 5 CRT/MDI 面板上键的详细说明表

键	名 称	功能详细说明
RESET	复位键	按下此键可以使 CNC 复位或者取消报警、主轴故障复位、中途退出自动运行操作等
HELP	帮助键	当对 MDI 键的操作不明白时,按下此键可以获得帮助功能
Op	地址和数字键	按下这些键,可以输入字母、数字或者其他字符
SHIFT	换挡键	按下此键可以在地址和数字键上进行字符切换。同时在屏幕上显示一个特殊的字符"∧",此时就可输入键右下角的字符
INPUT	输入键	要将输入缓存里的数据(参数)拷入到编置寄存器中,按下此键才能输入到 CNC 内
CAN	取消键	按下此键,删除最后一个进入输入缓存里的字符或符号
ALTER	替换键	在编程时用于替换已在程序中的字符
INSERT	插入键	按下此键将输入在缓存里的字符输入在 CNC 程序中
DELETE	删除键	按下此键,删除已输入的字符及删除在 CNC 中的程序

---

① 1 英寸 = 25.4mm。

(续)

键	名 称	功能详细说明
POS	位置显示键	按下此键,屏幕显示铣床的工作坐标位置
PROG	程序显示键	按下此键,显示内存中的信息和程序。在 MDI 方式,输入和显示 MDI 数据
OFFSET SETTING	偏置/设置键	按下此键显示刀具偏置量数值、工作坐标系设定和主程序变量等参数的设定与显示
SYSTEM	系统显示键	按下此键显示和设定参数表及自诊断表的内容
MESSAGE	报警显示键	按下此键显示报警信息
CUSTOM GRAPH	图形显示键	按下此键显示图形加工的刀具轨迹和参数
↔	光标移动键	用于在 CRT 屏幕页面上,按这些光标移动键,使光标向上、下、左、右等方向移动
↕	换页键	按下此键用于 CRT 屏幕选择不同的页面(前后翻页)

2. 机械(床)操作面板

配备 FANUC 系统的不同数控铣床,机床控制面板的操作基本上大同小异,除了部分按钮的位置不相同外,操作方法和顺序基本是一样的。机械操作控制面板如图 4-24 所示,操作面板上各按钮的功能及含义说明如表 4-6 所列。

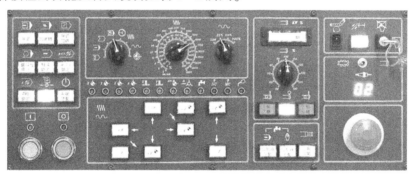

图 4-24 机械操作面板

表 4-6 机床操作面板上各按钮的说明

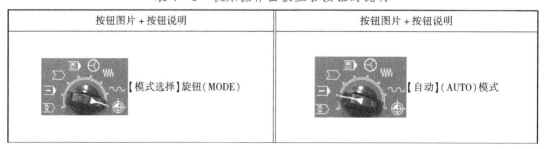

按钮图片 + 按钮说明	按钮图片 + 按钮说明
【模式选择】旋钮(MODE)	【自动】(AUTO)模式

（续）

按钮图片 + 按钮说明	按钮图片 + 按钮说明
【快速机动】(RAPID)模式	【编辑】(EDIT)模式
【切削进给机动】(JOG)	【进给速率】(FEEDRATE)
【手轮】(HANDLE)模式	【快速速率】(RAPID OVERRIDE)
【手动数据输入】(MDI)	【主轴转速】(SPINDLE)
【在线加工】(DNC)	【主轴负载表】
【主轴旋转】按钮	【单步运行】模式(SINGLE BLOCK)
【程序保护锁】	【试运行】模式(DRY)
【超行程释放】按钮	【单节忽略】模式
【急停】(EMEERGENCY STOP)	【选择停止】(OPTION STOP)

(续)

按钮图片 + 按钮说明	按钮图片 + 按钮说明
【切削液控制开关】	【辅助功能锁定】键(M.S.T.LOCK)
【程序启动】按钮(CYCLE START)	【机械锁定】键
【程序暂停】按钮(LED)	【Z轴运动锁定】键
【防护门互锁灯】	【防护门互锁灯】
【NC系统就绪】键(READY)	【NC系统就绪】键(READY)
【原点指示灯】	【原点指示灯】
【镜像功能指示灯】	【镜像功能指示灯】
【程序报警指示灯】	手轮(手摇脉冲发生器)控制轴和速度比率选择
【机械装置报警指示灯】	
【润滑油缺油指示灯】	

4.3.3 FANUC 0i 数控铣床操作步骤

1. 开机

机床开机之前应先接通 380V 三相交流电源,然后按下 CNC 启动按钮后等待系统正常后即可进行操作。

在机床通电后,CNC 装置尚未出现位置显示或报警画面之前,不得操控 MDI 面板上的任何按键。如按下这其中的任何键,可能使 CNC 装置处于非正常状态或有可能引起机床误动作。

2. 手动操作

启动机床执行具体运行之前,都必须进行手动返回参考点。这是为了使机床系统能够进行复位,找到机床坐标(即机械坐标)的坐标值全部为零点位置。

手动返回参考点之前,一定要将机械坐标(即综合坐标系)画面调出,并使机械坐标上 X、Y 和 Z 的各轴坐标值都必须是负值(即 -100.0mm 以上),只有在这种情况下才可进行返回参考点的操作。

具体操作步骤:

(1) 将方式选择旋转到手动回零。
(2) 按点动按钮 + 方向之前旋转选择返回的坐标轴(一般先选择 Z 轴)。
(3) 持续按下 + 方向按钮,直到该选择返回轴的回零结束灯亮。
(4) 其他各轴按上述同样步骤操作即可。

在 JOG 方式中,持续按下操作面板上的进给轴及其方向选择按键,会使刀具沿着该轴的所选方向连续移动,调整快速进给旋钮使刀具沿着所选轴以快速移动速度移动。在手轮进给方式中,刀具可以通过旋转机床操作面板上的手摇脉冲发生器与电子倍率修调进行微量移动,在设定工件坐标系时,可使用手轮盒上的进给轴选择开关,选择要移动的轴进行精确定位。

主轴手动操作:在利用机床手动铣削时,需对机床主轴进行手动操作。在此之前应在 MDI 操作画面上,将机床主轴转速值存入在机床系统外的存储器中,如"S500M03;",按下机械操作面板上的程序启动按钮进行主轴正、反转操作。

在进行手动铣削时,需要手动启动机床冷却泵开关,在 JOG 状态下开启或关闭冷却液。

3. 自动运行操作

用已编制的数控程序运行 CNC 机床称为自动运行操作。

1) 内存运行

程序事先存储到存储器中。当选择了这些程序中的一个并按下机床操作面板上的循环启动按钮后,启动自动运行功能。在自动运行中,按下机床操作面板上的程序暂停按钮后,自动运行被临时中止。当再次按下循环启动按钮后,自动运行状况将继续进行。当 MDI 面板上的复位键被按下后,程序自动运行状态则会被中止。

2) MDI 运行

在 MDI 方式中,编辑程序格式与通常数控程序一样。MDI 方式适用于简单的数控动作,所编制的程序将不保留在存储器内,运行一次后将自动消失。

操作步骤：

（1）将方式选择按钮旋转在"MDI"的位置。

（2）按下"PRDG"程序显示键，使屏幕显示"MDI"程序画面。

（3）输入简单测试程序。

（4）按下循环启动按键，即进入MDI运行。

4. 程序的输入、编辑

在编制零件加工程序之后，将加工程序输入到机床系统内存储器中进行编辑，编辑操作包括插入、修改、删除和字的替换及程序号的检索、字检索、地址检索等，这是在程序编辑中的常规操作，该步骤仅在EDIT方式中进行。

（1）将方式选择开关旋转到编辑位置。

（2）按下程序键，使屏幕显示程序画面。

（3）按下DIR软键，显示程序目录。

（4）输入地址O，并接着输入程序号（4位数字），按下插入键，此时程序号码被输入到程序目录上，屏幕显示则转换成程序画面。

（5）按下EOB（程序段号），插入后即可将编制好的程序输入到系统的内存储器中进行编辑，如O1程序、O2程序等。

5. 工件坐标系的设定

数控铣床的系统中设置有G54～G59六个可供操作者选择的工件坐标系的工件原点偏值。操作者可根据需要选用其中一个或同时选用几个来确定一个或几个工件坐标系，这样就可以对应加工一个或同时加工几个工件。N0.00（EXT）为外部工件原点偏移量，一般情况下不写入任何数值（即设为零点），通常在N0.01（G54）～N0.06（G59）中选择设定。同时在设定工件坐标系原点时，应先通过手动操作将各轴从工件移到某点上。设定的坐标系与机床零点的距离等于工件零点偏移量。

（1）寻边器的使用方法：

① 将装有寻边器的刀柄放入主轴中。

② 设定主轴转速为500r/min。

③ 摇动手轮缓慢接近工件，寻边器的变化为"Ⅰ开始""Ⅱ中间"，当变为"Ⅲ结果"时，手动立即停止，即找到一侧位置，如图4-25所示。

图4-25 机械式寻边器的三种状态

（2）安装及找正精密液压平口钳，找正误差需小于0.01mm。

（3）用寻边器测量工件左右两侧，测出X向中心坐标。用寻边器测量工件前后两侧，再测出Y向中心坐标，如图4-26所示。

（4）将机床移动到测量的X、Y方向工件中心坐标处。

（5）屏幕上显示"机床"坐标系X、Y值（如X-352.17，Y-283.192）输入到G54设定画面的 X、Y 坐标中。

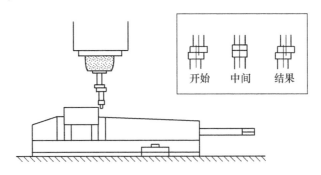

图 4-26　X、Y 坐标值的测量

(6) 刀具 Z 向补偿值的测量：

① 用量块测量 Z 坐标值方法，缓慢摇动 Z 向手轮，刀具渐渐接近工件。注意：刀具移动与量块测量动作一定要分别进行，避免发生撞刀事故，如图 4-27 所示。

② 当感觉与量块（对刀块、量块长度为 100mm）的上、下两接触面具有一定的摩擦力时，停止摇动手轮。

③ 将当前机床坐标系 Z 值（如 Z-357.669）输入到 G54 设定画面的 Z 坐标中。

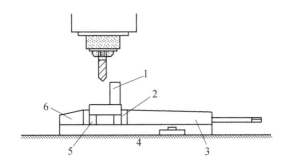

图 4-27　Z 坐标值测量方法
1—对刀块；2—滑台；3—活动钳口；4—工作台；5—平行块；6—固定钳口。

6. 刀具半径补偿

数控铣床进行零件加工时，编程是以主轴的中心线，而实际刀具是有半径的，所以在铣削零件时必须使用刀具半径补偿功能，补偿功能指令是 D01，01 为刀具半径补偿代码号。

刀具补偿操作步骤：

(1) 方式选择开关在任何位置均可。

(2) 按下键 OFFSET 或软键，使屏幕显示刀具补偿画面。

(3) 将光标移到要设定或改变补偿的位置上。

(4) 输入设定的补偿值。

(5) 按下输入键，可进行刀具补偿值输入或修改。

7. 程序模拟检测或试运行操作

在零件程序编辑完成后，并运行人为目测检查认定无编辑错误后，利用机床的"图形显示"键模拟刀具轨迹图形检测程序。

也可利用"试运行"功能键模拟运动轨迹做最后的检测,如图 4-28 所示。

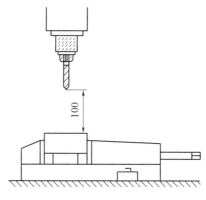

图 4-28 加工试运行

(1) 将 G54 中 Z 坐标或附加(EXT)坐标系提高 +100.0mm 以上,在试运行中,通过调节快速倍率旋钮及切削倍率旋钮来控制加工速度。

(2) 程序启动前刀具距工件 200.0mm 以上。

(3) 调出主程序,光标放在主程序头。

(4) 启动程序时,一只手按开始按钮,另一只手按程序暂停按钮上方。

在程序试运行启动前,检查机床各功能键的位置是否正确;在程序试运行中,观察主轴加工轨迹与图形轨迹是否一致;目测判断 Z 方向移动空间是否充分,切勿发生刀具与工件干涉事故。

8. 自动加工操作

当工件程序经编辑存入 CNC 中,并经模拟或试运行检测无编辑语法错误时,将机床锁定放开和单段运行开关断开,并进行机床回零操作后,按下循环启动按钮,开始进行工件程序的自动运行,进行工件的真实加工。

(1) 按下编辑 EDIT 键,调出运行程序。

(2) 先按下自动 AUTO 键,再按下程序启动按钮,机床开始加工。

(3) 首件加工时,执行程序最好采用单步运行方式。

(4) 通过调整快速倍率 RAPID 旋钮来调整机床快速移动 G00 的速度。

(5) 通过调整切削倍率旋钮来控制加工速度。

(6) 可调节主轴倍率来控制主轴转速。

需要注意的是,当零件程序进入自动运行前,应进行回零操作,以消除机械位置与系统内的数值的误差。在进入自动运行加工过程中,不得进行其他操作,以免出现机床与系统故障或机床加工事故。

9. 加工完毕

加工完毕后,清理机床及周围环境,检查电、气、液及机械部件是否处于正常位置。

4.4 子程序的编制

在编程时,为了简化程序的编制,当一个工件上有相同加工部位时,常用调用子程序的方法进行编程。

4.4.1 子程序的格式

子程序格式 M98 P__ L__;

P 后面的数字为子程序号码,L 后面的数字为调用次数,当被省略时默认为调用一次,从子程序返回到主程序用 M99,应用形式如图 4-29 所示。

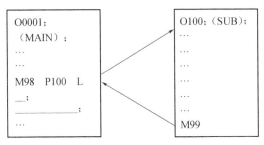

图 4-29 子程序应用形式

使用子程序时,主程序可以调用子程序,子程序也可以调用其他子程序,最多不能超过四级,如图 4-30 所示。

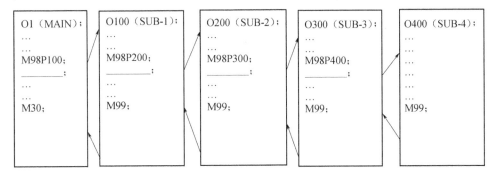

图 4-30 子程序四级嵌套

4.4.2 子程序样例

例 4-10 Z 轴起点 100mm,铣刀直径 4mm,切深 1mm,图中圆角为 R8mm,如图 4-31 所示。

(1) 主程序:
O1(MAIN);
G90 G54 G17 G00 X0 Y0 S500 M03;
M08;
Z100.0;
M98 P10;
G90 G54 X50.0 Y0;
M98 P10;
G90 G54 X0 Y30.0;

M98 P10；
G90 G54 X50.0 Y30.0；
M98 P10；
G90 G54 X0 Y0；
M05；
M09；
M30；

（2）子程序：
O10(SUB)
G91 G00 Z-98.0；
G41 X20.0 Y7.0 D01；
G01 Z-3.0 F10；
Y15.0 F100；
G02 X8.0 Y8.0 R8.0；
G01 X12.0；
Y-20.0；
X-23.0；
G00 Z101.0；
G40 X-17.0 Y-10.0；
M99；

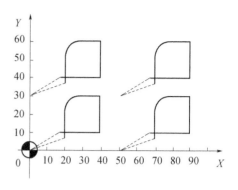

图4-31 子程序调用实例

例4-11 Z轴起点100mm，切深2mm，铣刀直径6mm，图中圆角为R10mm，如图4-32所示。

（1）主程序：
O0002(MAIN)；
G90 G54 G17 G00 X0 Y0 S100 M03；
Z100.0；
M08；
M98 P100 L3；
G90 G54 X0 Y30.0；
M98 P100 L3；
G90 G54 X0 Y0；
M05；
M09；
M30；

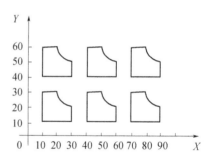

图4-32 子程序调用实例

（2）子程序：
O100(SUB)；
G91 Z-95.0；
G01 G41 X10.0 Y5.0 D01 F200；
G01 Z-7.0 F10；
Y25.0 F100；
X10.0；
G03 X10.0 Y-10.0 R10.0；

```
Y-10.0;
X-25.0;
G00  Z102.0;
G40  X-5.0  Y-10.0;
X30.0;
M99;
```

4.4.3 镜像指令

1. 镜像功能指令

（1）M21：相对 X 轴的镜像。
（2）M22：相对 Y 轴的镜像。
（3）M23：取消镜像。

2. 关于镜像的使用注意事项

（1）当只对 X 轴或 Y 轴进行镜像时，刀具的实际切削顺序将与源程序相反，刀补矢量方向相反，圆弧插补转向相反。当同时对 X 轴和 Y 轴进行镜像时，刀具切削顺序、刀补方向、圆弧时针方向均不变。

（2）使用镜像功能后，必须用 M23 取消镜像。

（3）在 G90 模式下，镜像功能必须在工作坐标系坐标原点开始使用，取消镜像也要回到该点。

3. 镜像实例

例 4-12 如图 4-33 所示，Z 轴起始高度 100mm，切深 10mm，铣刀直径 6mm，工件为铝材，使用镜像功能。

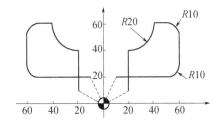

图 4-33 使用镜像功能实例

```
O0002;
G90 G54 G00 X0 Y0 S1000 M03;
Z100.0;
M98 P100;
M21;
M98 P100;
M23;
M30;
O100;
G90 Z2.0;
G41 X20.0 Y10.0 D01;
G01 Z-10.0 F10;
Y40.0 F100;
G03 X40.0 Y60.0 R20.0;
G01 X50.0;
G02 X60.0 Y50.0 R10.0;
G01 Y30.0;
G02 X50.0 Y20.0 R10.0;
G01 X10.0;
```

```
G00 Z100.0;
G40 X0 Y0;
M99;
```

例 4-13 如图 4-34 所示,编制外廓铣削加工程序。首先加工第一象限图形,再加工第二象限图形、第三象限图形、第四象限图形。工件材料为 45 钢,铣刀 $D=10.0$ mm,铣削深度 10.0mm,起止坐标:X0、Y0、Z100.0。

(1) 主程序:
```
O100;
G90 G54 G00 X0 Y0 S500 M03;
Z100.0 M08;
M98 P1;
M21;
M98 P1;
M23;
M21;
M22;
M98 P1;
M23;
M22;
M98 P1;
M23;
M30;
```

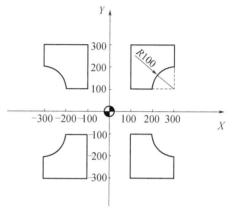

图 4-34 使用镜像功能实例

(2) 子程序:
```
O1;
G91 Z-95.0;
G41 X100.0 Y50.0 D01;
G01 Z-15.0 F10;
X0 Y50.0 F50;
X0 Y200.0;
X200.0 Y0;
X0 Y-100.0;
G03 X-100.0 Y-100.0 R100.0;
G01 X-100.0 Y0;
X-50.0 Y0;
G00 Z110.0;
G40 X-50.0 Y-100.0;
M99;
```

4.5 孔加工固定循环

4.5.1 钻削孔固定循环

钻孔、攻螺纹、镗孔、深孔钻削、拉镗等加工工序所需完成的顺序动作十分典型,并且在同一个面上完成数个相同的加工顺序动作每个孔加工过程相同。快速进给、工进钻孔和快速退出,然后在新的位置定位后重复同样的动作。在编写程序时,为了简化程序的编制,可以使用固定循环功能。

1. 孔加工固定循环的动作

孔加工固定循环通常由6个动作组成,如图4-35所示。

动作①:X、Y轴定位,使刀具快速定位到孔加工位置。

动作②:快速移到R点,刀具自初始点快速进给到R点。

动作③:孔加工,以切削进给的方式执行孔加工的动作。

动作④:在孔底的动作,包括暂停、主轴暂停、刀具移位等动作。

动作⑤:返回R点,继续孔的加工而又可以安全移动刀具到R点。

动作⑥:快速返回初始点,孔加工完成后一般应选择返回初始点。

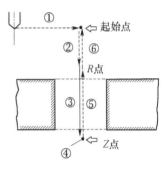

注:R点所在平面又叫R点参考面,这个平面是刀具下刀时从快进转为工进的高度平面,距工件的距离主要考虑工件表面尺寸的变化,一般为2~5mm,使用G99时,刀具将回到该参考面上。

图4-35 固定循环的动作

2. 固定循环的格式

$$\begin{Bmatrix} G98 \\ G99 \end{Bmatrix} G\_\_ \quad X\_\_ \quad Y\_\_ \quad R\_\_ \quad Z\_\_ \quad P\_\_ \quad Q\_\_ \quad F\_\_ \quad L\_\_;$$

G98:返回平面为初始平面;

G99:返回平面为安全平面(R平面);

X,Y:平面定点坐标值,可以是绝对值,也可以用增量值;

R:安全平面高度(接近高度);

Z:孔深;

P:在孔底停留时间(ms);

Q:每步切削深度;

F:指定切削进给速度;

L:固定循环的重复次数。

注:初始平面是为安全下刀而规定的一个平面。初始平面到零件表面的距离可以任意设定在一个安全的高度上,当使用同一把刀具加工若干孔时,若孔之间存在障碍需要跳跃加工时,使用G98功能更为安全,使刀具返回到初始平面上的初始点,G98指令可默认。若为节省空间运动路径,提高加工效率,也可使用G99返回R点,如图4-36所示。

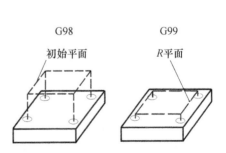

图4-36 G98与G99刀具轨迹图

例 4-14 如图 4-37 所示。

```
O1;
G90 G54 G00 X0 Y0 S1000 M03;
Z100.0; 初始平面
G98 G81 X50.0 Y25.0 R5.0 Z-10.0 F100;
X-50.0; 在各个指定位置循环
Y-25.0;
X50.0;
G80 X0 Y0 M05;取消循环
M30;
```

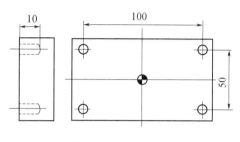

图 4-37 钻孔实例

例 4-15 如图 4-38 所示，Z 轴开始高度为 100mm，钻深 20mm，使用 L 控制循环次数。

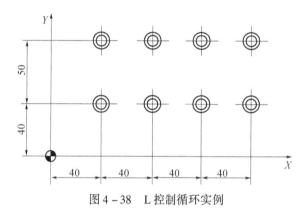

图 4-38 L 控制循环实例

```
O0001;
G90 G54 G00 X0 Y0 S800 M03;
Z100.0;
G98 G83 X0 Y40.0 R2.0 Z-20.0 Q1.0 F100 L0;
G91 X40.0 L4;
X-160.0 Y50.0 L0;
X40.0 L4;
G80;
G90 G54 X0 Y0 M05;
M30;
```

(1) L0 表示机床运动到当前句坐标点，但并不执行循环动作。

(2) L 命令需要用 G91 方式。

(3) 前面介绍的程序为 G90 与 G91 的混合应用，即 Z 轴动作为 G90 方式（包括初始平面高度 R、Z、Q 值），而 XY 平面内移动为 G91 方式。

(4) L 命令仅在当前句有作用。

(5) 允许在主程序中指定固定循环参数，在子程序中指定坐标位置。

3. 常用钻孔固定循环指令 G73、G81、G83

(1) 高效深孔钻削指令 G73，用于高速深孔钻削加工，动作如图 4-39 所示，该固定循环用于 Z 轴方向的间歇进给，深孔加工时可以较容易实现断屑与排屑，减少退刀量，进行高效率的加工。Q值为每次的背吃刀量（增量值且用正值表示）必须保证$Q>d$，退刀量"d"由参数设定。

其格式为：G73 X__Y__Z__R__Q__F__;

（2）G81孔钻削指令，用于中心钻加工定位孔和一般浅孔加工，该指令的动作循环为包括X、Y坐标定位、快进、工进和快速返回等动作，其加工动作如图4-40所示。

其格式为：G81 X__Y__Z__R__F__;

（3）G83主要适用于深孔加工，其加工动作如图4-39所示，与G73略有不同的是每次刀具间歇进给后退到R点平面，此处的"d"表示刀具间歇进给，每次下降时由快进转为工进的那一点到前一次切削进给下降的点之间的距离，距离由参数来设定。

其格式为：G83 X__Y__Z__R__Q__F__;

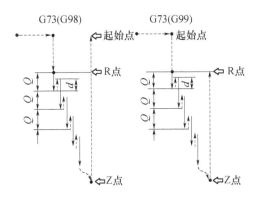

图4-39 深孔的加工动作

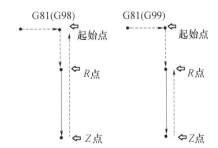

图4-40 孔的加工动作

4.5.2 其他孔加工固定循环指令

1. 攻丝循环指令 G74（攻左旋螺纹）、G84（攻右旋螺纹）

G74在主轴攻螺纹时逆时针旋转，到孔底时正转返回到R点。其格式为：

$\begin{Bmatrix} G98 \\ G99 \end{Bmatrix}$ G74 X __ Y __ R __ Z __ P __ F __;

G84使主轴从R点至Z点时，刀具正向进给，主轴顺时针旋转，到孔底时主轴反转，返回到R点平面后主轴恢复正转。

$\begin{Bmatrix} G98 \\ G99 \end{Bmatrix}$ G84 X __ Y __ R __ Z __ F __;

R：不小于7mm；

P：丝锥在螺纹孔底暂停时间（ms）；

F：进给速度，$F=$转数（r/min）×螺距（mm）。

2. 镗孔循环指令 G76、G81、G82

G76是精镗孔循环，退刀时主轴停、定向并有让刀动作，避免擦伤孔壁，让刀值由Q设定（mm），动作如图4-41所示。

$\begin{Bmatrix} G98 \\ G99 \end{Bmatrix}$ G76 X __ Y __ R __ Z __ Q __ F __;

G82 适用于盲孔、台阶孔的加工,镗刀在孔底停止进给一段时间后退刀,暂停时间由 P 设定(ms)。

$$\begin{Bmatrix} G98 \\ G99 \end{Bmatrix} G82\ X\_\_Y\_\_R\_\_Z\_\_P\_\_F\_\_;$$

3. 取消固定循环 G80

该指令能取消固定循环,同时 R 点和 Z 点也被取消。

G73 ~ G89、Z、R、P、Q 都是模态代码。

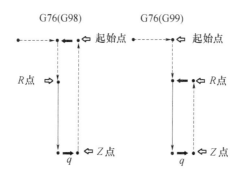

图 4 - 41　精镗孔循环

4.6　二维轮廓件铣削编程

4.6.1　二维外形轮廓铣削编程

平面上的外形轮廓加工属于二维(一般为 X - Y 平面)联动轨迹编程,其刀具中心轨迹为工件外形轮廓线的等距线。

例 4 - 16　外轮廓铣削编程,未加切入、切出工艺线,见图 4 - 42 为例,起点(0,0,100),切深 5mm。

O1;绝对坐标系编程
G90 G54 G17 G00 X0 Y0 S500 M03;
Z100.0;
Z2.0;
G41 X30.0 Y10.0 D01;
G01 Z -5.0 F20;
Y40.0 F100;
X20.0 Y40.0;
Y70.0;
X35.0;
G03 X65.0 Y70.0 I15.0;
G01 X80.0;
Y40.0;
X70.0;
Y10.0;

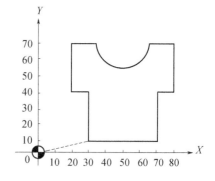

图 4 - 42　轮廓铣削实例

```
X30.0;
G00 Z100.0;
G40 X0 Y0;
M05;
M30;
O001;增量坐标系编程
G90 G54 G17 G00 X0 Y0 S500 M03;
Z100.0;
G91 Z-98.0
G41 X30.0 Y10.0 D01;
G01 Z-7.0 F20;
Y30.0 F100;
X-10.0;
Y30.0;
X15.0;
G03 X30.0 Y0 I15.0;
G01 X15.0;
Y-30.0;
X-10.0;
Y-30.0;
X-40.0;
G00 Z105.0;
G40 X-30.0 Y-10.0;
M05;
M30;
```

4.6.2 二维内轮廓铣削编程

例4-17 内轮廓铣削编程,加圆弧切入、切出工艺线如图4-43所示,Z轴起点从工件表面100mm,切深5mm。

```
O0002;
G90 G54 G17 G00 X0 Y0 S500 M03;
Z100.0;
Z2.0;
G41 X-40.0 Y20.0 D01;
G01 Z-5.0 F20;
G03 X-60.0 Y0 R20.0 F100;
G01 Y-30.0;
X60.0;
Y30.0;
X-60.0;
Y0;
G03 X-40.0 Y-20.0 R20.0;
G00 Z100.0;
```

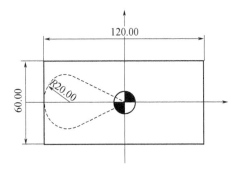

图4-43 内轮廓铣削实例

G40 X0 Y0 M05;
M30;

4.6.3 带岛型腔加工

例 4-18 加工 φ20mm 圆外廓,加工 φ50mm 圆内廓,切深 15mm,如图 4-44 所示。

O0004;
G90 G54 G00 X0 Y0 S800 M03;
Z100.0;
M08;
Z2.0;
G41 X-15.0 Y10.0 D01;
G01 Z-15.0 F10;
G03 X-25.0 Y0 R10.0 F100;
G03 I25.0 J0;
G03 X-15.0 Y-10.0 R10.0;
G40 Z100.0;
Z2.0;
G41 X-10.0 Y-10.0 D01;
G01 Z-15.0 F10;
Y0 F100;
G02 I10.0 J0;
G01 Y10.0;
G00 Z2.0;
G00 G40 Z100.0;
M05;
M30;

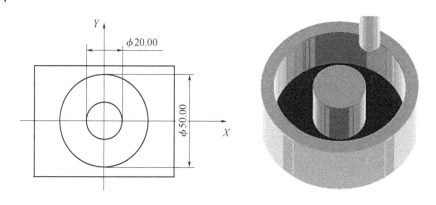

图 4-44 带岛屿铣削

第5章 加工中心机床编程

5.1 加工中心机床结构

5.1.1 加工中心机床的组成

加工中心(Machining Center,MC)是专门用于连续、高速、高精度加工的数控机床。工件只需一次装夹即可完成多种工序的加工,如铣削加工、镗削加工、钻削加工和螺纹加工等。立式加工中心主要由以下几部分组成:自动换刀装置(ATC)、床身、机床控制器(MTC)、主轴控制器、液压系统、自动主轴温控器、数字控制器(CNC)等,如图5-1所示;也可参见图5-2所示立式加工中心简化模块结构。

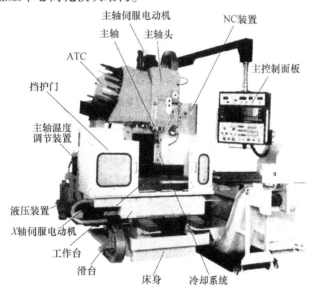

图5-1 牧野立式加工中心外形

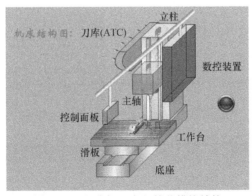

图5-2 立式加工中心简化模块结构

5.1.2 机床规格

1. 坐标轴的规定

坐标和方向命名的原则:永远假定刀具相对于静止的工件坐标系运动。

一个标准立式加工中心有三个坐标轴:X、Y、Z。X轴是工作台向左方向或向右方向移动,Y轴是工作台的前后方向移动,Z轴是主轴的上下移动。对于这些轴的运动方向符合笛卡儿右手坐标系的"+"和"-"规定。

2. 机械原点

立式加工中心机床每个独立轴有一个原点,机床原点设定在三个轴X、Y、Z的正行程端处,牧野立式加工中心机床三方向的行程空间为 $X \cdot Y \cdot Z = 850\text{mm} \times 600\text{mm} \times 560\text{mm}$。

3. 工作台尺寸

图 5 – 3 为工作台详细尺寸,长×宽 = 1200mm × 600mm。

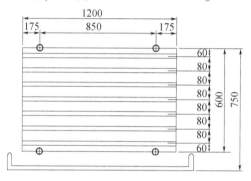

图 5 – 3 工作台详细尺寸

4. 主轴头尺寸

当用多种刀具连续和自动地实行加工的过程中,如果使用不当,有可能出现刀具与夹具发生干涉的情况,图 5 – 4 为主轴头的有关尺寸。

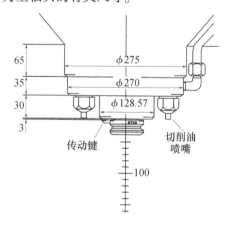

图 5 – 4 主轴头尺寸

5. 换刀机械手

如果工件毛坯或夹具比较大、高,那么就需注意在进行换刀时,刀具的长度应避免刀具与工件或夹具发生干涉,图 5-5 为空间机械手移动尺寸。

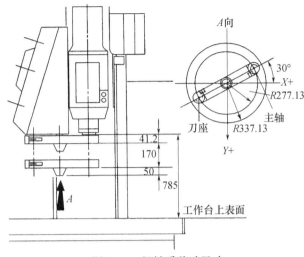

图 5-5 机械手移动尺寸

5.2 加工中心机床的刀具系统

加工中心所用的切削工具由两部分组成,即切削刀具和通用刀柄,如图 5-6 所示。

图 5-6 切削刀具的组成
1—拉钉;2—刀柄;3—联接器;4—刀具。

5.2.1 刀柄

目前刀柄主要标准有 BT、SK、CAPTO、BBT、HSK 等几种规格,BT、BBT 均为日本标准,SK 为德国标准,BT 刀柄是现普遍使用的一种标准刀柄,分别有 BT30、BT40、BT50 系列。

在 MC 上一般采用 7:24 锥度的刀柄,这是因为这种锥柄不自锁,换刀比较方便,并且与直柄相比有高的定心精度和刚性,刀柄和拉钉已经标准化,各部分尺寸如图 5-7 和表 5-1 所示。

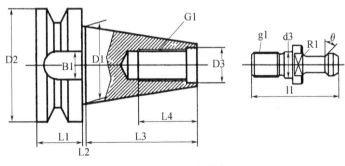

图 5-7 刀柄与拉钉

131

表 5-1 刀柄及拉钉尺寸 (单位:mm)

刀柄	D1	D2 (H8)	L1	L2 (±0.4)	L3 (±0.2)	L4	D3 (H8)	G1	B1 (H12)
40T	φ44.45	φ63.0	25.0	2.0	65.4	30.0	φ17.0	M16	16.1
50T	φ69.85	φ100.0	35.0	3.0	101.8	45.0	φ25.0	M24	25.7
拉钉	L1	g1	d3 (h7)	R1	θ 形式1	θ 形式2			
40P	60.0	M16	17.0	3.0	45°	30°			
50P	85.0	M24	25.0	5.0	45°	30°			

在加工中心上加工的部位繁多使刀具种类很多,造成与锥柄相连的装夹刀具的工具多种多样,把通用性较强的装夹工具标准化、系列化就成为工具系统,如图5-8所示。

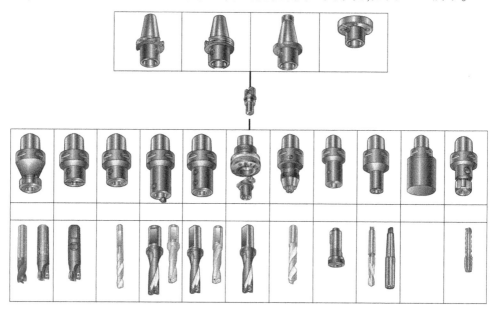

图 5-8 加工中心用刀柄及刀具

镗铣工具系统可分为整体式与模块式两类。整体式工具系统针对不同刀具都要求配有一个刀柄,这样工具系统规格、品种繁多,给生产、管理带来不便,成本上升。为了克服上述缺点,国内、外相继开发出多种多样的模块式工具系统。

有些场合,通用的刀柄和刃具系统不能满足加工要求,为进一步提高效率和满足特殊要求,近来已开发出多种特殊刀柄。

(1) 增速刀柄:现在的增速头能够支持 ATC。日本 NIKKEN 公司的 NXSE 型增速头,在主轴 4000r/min 时,刀具转数可在 0.8s 内达到 20000r/min。其结构特点主要有行星齿轮增速机构,储油腔润滑方式,无接触密封方式,气体冷却方式。气体可从出气口排出,同时从无接触密封处吹出,避免脏物进入增速头。

(2) 内冷却刀柄:加工深孔时最好的冷却办法是切削液直接浇在切削部位,但这是不易达到的,尤其在卧式加工中心上。针对这种情况,国、内外研制了内部通切削液的麻花钻及扩孔钻。其配以专用的冷却油供给系统,工作时,高压切削液通过刀具芯部从钻头两个后面浇注至切削部位,起到冷却润滑的作用,并把切屑排出。

(3) 转角刀柄:后面将介绍的五轴加工中心,因其价格昂贵,而配备转角刀柄则以最少的花费达到相近的效果。如 NIKKEN 公司的高刚性五面加工转角刀柄,其型号有 30°、45°、60°、90°转角,非常适合于多品种少量生产,除使立式加工中心具有卧式的功能外,使用转角刀柄的原因还有对深型腔的底部清角工作。

(4) 多轴刀柄:能同时加工多个孔,多轴及增速刀柄的混合应用就成为多轴增速刀柄。

(5) 双面接触刀柄:双面接触式刀柄是一种新型的大振动衰减比的工具系统,其代表性特征有:① 1:10 锥度的短刀柄;②端面与锥部同时严密配合;③在端面配合处,刀柄与主轴除刚性接触外还有碟簧接触,增大振动减衰比,增强工具系统的安定性。使用此种刀柄后,硬质合金刀具生产能力提高至 110%,刀具寿命提高 250%,高速钢刀具生产能力提高 35%,刀具寿命提高 80%。

(6) 触式测头刀柄:此刀柄使接触式测头固定在主轴上,实现传感器与机床的无接触信号联系,并支持 ATC。

加工中心多工序集中,尤其在自动线上,连续工作时间更长。刀具只有具有高的切削性能才能充分发挥加工中心的优势。

5.2.2 刀具系统

现代数控机床不停地向高速、高刚性和大功率方向发展。现最高主轴转数为 50000 r/min。高速高精度加工正成为主流,而刀具必须适应这种需要。硬质合金刀具车削和铣削低碳钢的最高线速度将由原 500~800m/min,提高到 600~3000m/min,陶瓷刀具切削灰铸铁的切削速度将由现在的 600~800m/min 提高到 1000~5000/min。当前在加工中心上越来越多地使用涂层硬质合金、涂层高速钢和陶瓷刀具。

加工中心上的刀具系统一般由钻削系统、端面铣刀系统、立铣刀系统、螺纹、槽加工刀具组成。

1. 钻削系统

这里叙述一些钻头(麻花钻)在加工中心上的应用,表 5-2 以钻削工具为例介绍了几种钻头。

表 5-2 加工中心钻头

型号直径	示意图	用途	特点
MZE $\phi2.8~\phi20$		·钢、铸铁 ·自动机、加工中心、各种机床	直线切削刃,刀尖强度高,重磨容易,通用性好,排屑性能好
MZS $\phi5~\phi16$		·钢、铸铁、不锈钢、难加工材料 ·自动机、加工中心、各种机床	直线型切削刃,刀尖强度高,重磨容易,排屑槽采用宽深槽,内部冷却式,寿命长、效率高

(续)

型号直径	示意图	用途	特点
新尖点钻 $\phi8 \sim \phi40$		·钢、铸铁、难加工材料 ·加工中心、NC车床、通用铣床等	无横刃,加工精度是高速钢钻头的5倍以上,可以高效率加工,重磨容易
高速钻 $\phi16 \sim \phi70$		钢、铸铁 加工中心、NC车床、通用铣床等	使用范围广,从一般进给到大进给,碳钢、合金钢能大进给加工
加工中心用枪钻 $\phi6 \sim \phi20$		铸铁、轻合金专用	用加工中心进行深孔加工可以无导套加工深孔,最大长径比 $L/D=20$

为适应自动化生产,加工中心用钻头有其特殊处理。

(1) 钻头的表面处理如表5-3所列。

表5-3 钻头的表面处理

种类	特点	目的	用途
氧化处理 (高压蒸气处理)	Fe_3O_4 氧化被 $1\sim3\mu m$ 防粘结,对加工非金属不适用	抗粘结	用于加工普通不锈钢、软钢,不适合加工铝等
氮化处理	处理层 $30\sim50\mu m$,表面硬度 $1000\sim1300HV$	耐磨损	用于加工对刀具磨损性大的切削材料、铸铁、热硬化性树脂等
TiN涂层	处理层 $2\sim3\mu m$,表面硬度2000以上,摩擦系数小,防粘结	耐磨损	用于加工难切削材料、硬度高的合金钢、不锈钢、耐热钢等
TiCN涂层	处理层 $5\sim6\mu m$,表面硬度2700HV以上,耐磨性好,摩擦系数小	抗粘结 耐磨损	用于干式切削、高速切削及对刀具使用寿命要求高的切削

注:这些方法也适用于其他刀具。

(2) 钻头横刃的处理。为了减小轴向切削力,除了修磨横刃外,使用新尖点钻是比较理想的选择,其无横刃结构使轴向切削力大幅降低。

(3) 切屑处理。钻头工作时切屑的形状对钻头的切削性能非常重要,形状不合适时,将引起细微的切屑阻塞刃沟(粉状屑、扇形屑)、长的切屑缠绕钻头(螺旋屑、带状屑)、长切屑阻碍切削液进入(螺旋屑、带状屑)等现象。为此可采用增大进给、断续进给、装断屑器等断屑方法,但都有其缺点。而R形横刃修磨很好地达到了断屑要求。图5-9为双面接触刀柄、R形横刃内冷涂层钻头的切削效果。

2. 铣削系统

加工中心上常用的铣刀有端铣刀、立铣刀两种,特殊情况下也可安装锯片铣刀等。端铣刀主要用来加工平面,而立铣刀则使用灵活,具有多种加工方式。

3. 镗削系统

加工中心的镗削系统普遍采用模块式刀柄及复合刀具。图5-9为复合镗刀的应用,图5-9(a)用于粗、精加工及倒角一次完成,图5-9(b)用于阶台孔同轴度要求高的场合,减少了ATC动作次数。另外,镗刀刀杆内部可通切削液,使切削油直接冲入切削区,带走切屑及温度。

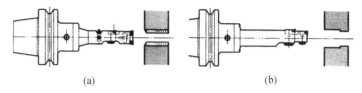

图5-9 复合镗刀的应用

4. 攻丝系统

丝锥装在丝锥夹头上进行攻丝,为了避免丝锥折断,丝锥夹头有3~5mm浮动距离,有的攻丝夹头能在攻到盲孔底时保护丝锥不会折断。在螺纹加工刀具中,内冷丝锥、加工中心丝锥、螺旋铣刀是专门为加工中心设计的。

螺纹铣刀利用加工中心的3轴联动功能,使螺纹铣刀做行星运动,切削加工出内螺纹,只要一把螺纹铣刀就可加工出同螺距的各种直径的内螺纹。

5.3 刀具长度测量

5.3.1 刀具长度人工测量

1. 刀具测量仪

刀具安装于刀柄上后,刀具直径和长度必须要测量,测量所使用的设备称为刀具测量仪。

刀具测量仪能测量出比较精确的刀具直径和长度。测量时,由于使用方法错误等原因会产生误差,这就要求在测量时不能少于1次测量。

2. 测量仪和精度检查

在测量刀具直径、长度之前,首先要对千分尺进行校对,方法是在测量仪上插入一个标准验棒,如图5-10和图5-11所示。

图5-10 长度校准

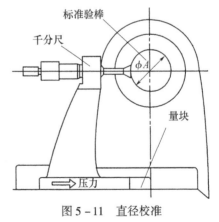

图5-11 直径校准

在测量仪平台放上千分尺并测量验棒的半径。同时,调整千分尺的误差。

3. 刀具长度测量

刀具长度的测量方法如图 5 – 12 所示,由图中可以看出,通过量块及千分尺的读数就可以计算出刀具的长度。

刀具长度计算如下:

$$L(刀具长度) = 100 + 50 + 25 + 5.67 = 180.670 \text{mm}$$

如果刀具上有两个或两个以上的刀刃,那么就要找出它们当中最高的一个刃进行测量。

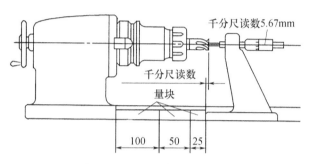

图 5 – 12 刀具长度的测量

4. 刀具直径测量

刀具直径测量方法与刀具长度测量方法一样,如图 5 – 13 和图 5 – 14 所示。

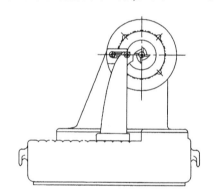

图 5 – 13 刀具直径测量左视图

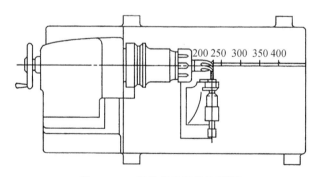

图 5 – 14 刀具直径测量俯视图

在图 5-13 中,把刀刃的一个刃口放在千分尺侧边一个水平面上,其主要目的是把刀刃放水平。

在图 5-14 中,就是测量刀刃的半径,半径值可以直接从千分尺上读出。

数显式刀具测量仪如图 5-15 所示。

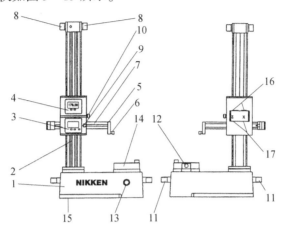

图 5-15 数显式刀具测量仪

1—基座;2—支柱;3—X 轴;4—Z 轴 LCD 显示窗;5—探针头;6—可换测量头;7—测量臂;
8—上限位块;9—X 轴;10—Z 轴锁定钮;11—移动手柄;12—主轴保持块;
13—主轴位置锁定钮;14—主轴;15—固定部分;16—电池;17—RS 数据输出。

5.3.2 刀具长度自动化测量

1. 刀具长度自动测量装置

在单台立式、卧式加工中心上,一般配备刀具长度自动测量装置,如图 5-16 所示。其工作过程是把刀库中刀具依次调出,测出刀长,并按刀具号存入系统的记忆装置中。此种功能特别适合于无刀具中心仓库的 FMC 及单台加工中心使用,其价格便宜、使用方便灵活。因为它是在机床内部直接对刀具进行测量,所以能补偿机床的热变形和刀具的磨损,从而实现高精度加工。另外利用适当的程序还可以测出刀具是否破损、掉落。

图 5-16 刀具长度自动测量

2. 工件自动测量机能

测出工件的对称中心、基准孔中心、基准角、基准边的坐标值,自动补偿工件坐标系的坐标值,去除安装误差。在加工过程中,能测量孔径、阶台高度差、孔距、面距等,如图 5-17 所示。测量结果可以通过打印机打印出来。根据测定结果,用适当的程序可自动补偿刀具的补偿量,然后进行再加工。以上两种功能都是用宏程序来实现,宏程序是具有变量的程序,可对变量进行读取和赋值,在编程中将以 FNC 系统为例进行介绍。

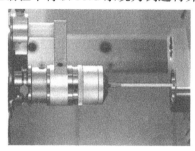

图 5-17 工件在线检测

3. 自适应控制功能

在粗加工时,机床可根据主轴负荷电流来控制进给速度,当切削负荷大时进给慢,反之进给快,当主轴负荷超过允许值时机床停止运转并报警。国内的蓝天等数控系统已能完成此工作,效果颇佳。

4. 工具寿命监视及刀具破损检验功能

刀具寿命以分钟来衡量,通过工具寿命管理机能,机床可以在某刀具达到寿命极限时报警。在某工序或某工件加工前,可对刀具进行破损检验,若刀具破损或掉落则要进行替换。在加工中若刀具折断,机床刀可以根据切削力突变或超声波或光电方法测出事故。

5. 预备刀具交换功能

当刀具达到寿命极限或破损时,机床可自动用预备好的"姊妹"刀替换并自动测长度,达到不间断作业的目的。另外有些加工中心配备工作台交换功能,当刀具在加工中突然断裂时机床并不停止,而是把工件吐出工作机,吞入下一工件进行加工,达到不间断物流的目的。

5.4 加工中心编程案例

5.4.1 加工中心加工的基本操作

加工中心进行零件加工的基本操作步骤如下:

1 读图→2 编制加工工艺→3 工件的装夹及原点参数输入→4 装夹刀具进入刀具库→5 测量刀具参数→6 编制加工程序→7 输入程序→8 程序试运行→9 加工工件→10 尺寸检验→11 拆卸工件→12 整理机床。

FNC86-A 立式加工中心(数控系统为 FANUC Series 16MEA-B-4)其操作面板如图 5-18 所示。加工中心增加了换刀功能,除有关换编制刀程序外,其他加工程序的编制方法同数控铣削编程编制过程基本相同,故编程部分可参阅本书第 4 章有关内容;操作面板的各功能也可参考数控铣床的操作面板上的各功能介绍。

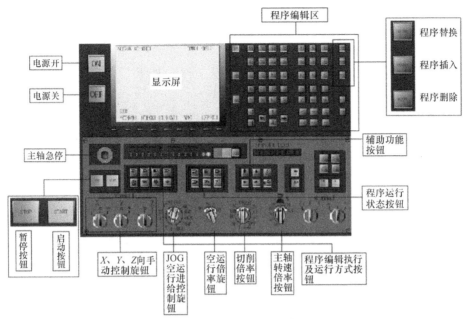

图 5-18 MAKINO-FNC86 控制面板

5.4.2 加工中心编程案例一

例 5-1 加工图 5-19 和图 5-20 所示的孔系零件。

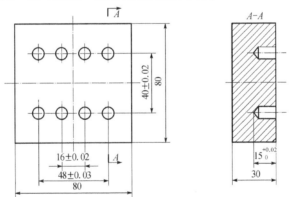

图 5-19 孔系零件的加工

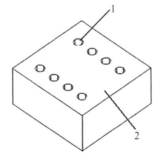

图 5-20 孔系零件加工的立体图
1—所要加工的孔;2—加工工件。

步骤 1　读图

(1) 加工部位是:8×φ8mm 孔。
(2) 按图示尺寸公差及技术要求加工。
(3) 确定编程原点:X0,Y0 为工件中心,Z0 为工件上表面。

步骤 2　编制加工工艺

加工顺序:中心钻点窝、钻削 φ7.8mm 孔、铰 φ8mm 孔,如表 5-4 所列。

表 5-4　孔系件加工工艺表

序号	加工内容	刀具名称	刀号	长度补偿 H	主轴转速 S	进给速度 F
1	中心钻点窝	φ3mm 中心钻	T1	H01	1800	100
2	钻孔	φ7.8mm 麻花钻	T2	H02	600	100
3	铰孔	φ8mm 铰刀	T3	H03	200	100

特别提示:
(1) 因孔精度要求较高,故钻削后须铰削。
(2) 现工件材料为铝,若改为 45 钢,则主轴转速及进给速度降根据表 1-3 选取。
(3) 铰孔深度应小于钻孔深度。

步骤 3　工件的装夹及原点参数输入

(1) 安装及找正精密液压平口钳,找正误差小于 0.01mm,如图 5-21、图 5-22 所示。
(2) 用寻边器测量工件左右两侧,测出 X 向中心坐标。
(3) 再用寻边器测量工件前后两侧,测出 Y 向中心坐标。
(4) 按下偏置键,将当前机床坐标系输入到 G54 设定画面的 X、Y 坐标值中。
(5) 用对刀块测量各刀具(长度)Z 向坐标值,记下各刀具 H01、H02 等刀长值。

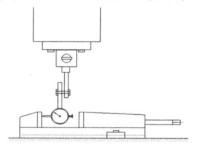

图 5-21　精密平口钳安装找正

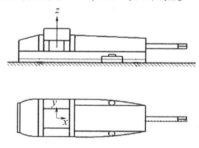

图 5-22　四孔件装夹方法

特别提示:
(1) 工件装夹时要放在钳口的中间部位。
(2) 工件的被加工部分要高出钳口,避免刀具与钳口发生干涉。
(3) 安装工件时,注意工件上浮及变形。
(4) 两平行垫块应合理地放置工件下方。

步骤 4　装夹刀具入刀库

(1) 依据加工工艺卡按顺序将 3 把刀具分别装入刀柄中,手动操控刀库,如图 5-23 所示。

(2) 将3把刀具依次放入刀库对应的刀座中。

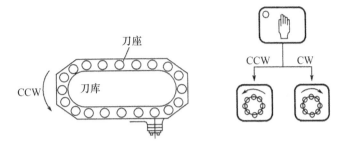

图 5-23 手动操控刀库方法

步骤5 刀具测量及参数输入

(1) 用刀具预调仪或在机内测量的方法,将各把刀具的长度值测量出来。

(2) 按下刀具长度偏置键,将刀长值输入到对应的补正号中。

如:H01 = -357.669　　H03 = -289.211

　　H02 = -317.892

(3) 刀具长度补正画图如下,输入值(对刀块长度为100mm)。

　　　　001　　-457.669
　　　　002　　-417.892
　　　　003　　-389.211
　　　　004

特别提示:

(1) 刀具应锁紧到极限位置,防止加工时刀具松动。

(2) 刀具长度测量值误差应小于0.01mm。

(3) 刀具号与刀座号应对应,刀长值与刀具号应一致。

步骤6 手工编制加工程序

(1) 主程序:

```
%
O100;
N1010  T01;(D3.0)     (中心钻点窝)
N1020  M98 P8999;
N1030  M98 P1;
N1040  T02;(D7.8)     (φ8mm 麻花钻钻孔)
N1050  M98 P8999;
N1060  M98 P2;
N1070  T03;(D8.0)     (φ8mm 铰刀铰孔)
N1080  M98 P8999;
N1090  M98 P3;
N1100  M30;
```

%
(2) 子程序：
%
O8999； （换刀子程序）
N0001　M9；
N0002　G91 G28 Z0 M05；
N0003　G91 G28 Y0；
N0004　G40 G49；
N0005　G80；
N0006　M6； （换刀）
N0007　M99；
%
%
O1； （中心钻点窝子程序）
N0100　G90 G54 G00 X0 Y0 S1800 M03；
N0110　G43 H1 Z100.0；
N0120　M08；
N0130　G99 G81 X-24.0 Y-20.0 R5.0 Z-1.0 F100；
N0140　G91 X16.0 L3；
N0150　Y40.0；
N0160　X-16.0　L3；
N0170　G80；
N0180　M99；
%
%
O2； （钻孔子程序）
N0001　G90 G54 G00 X0 Y0 S600 M03；
N0002　G43 H2 Z100.0；
N0003　M08；
N0004　G99 G83 X-24.0 Y-20.0 R5.0 Z-15.0 Q1.0 F100；（也可采用G99，下同）
N0005　G91 X16.0 L3；
N0006　Y40.0；
N0007　X-16.0 L3；
N0008　G80；
N0009　M99；
%
%
O3； （铰孔子程序）
N0010　G90 G54 G00 X0 Y0 S100 M03；
N0020　G43 H3 Z100.0；

```
N0030    M08;
N0040    G99 G81 X-24.0 Y-20.0 R5.0 Z-10.0 F100;
N0050    G91 X16.0 L3;
N0060    Y40.0;
N0070    X-16.0 L3;
N0080    G80;
N0090    M99;
%
```

步骤7 输入程序

(1) 按下编辑 EDITOR 键,再按程序 PROG 键,进入程序输入模式,如图5-18所示。按 INSERT 键输入程序。

当输入有误时,可用 DELETE 键删除。

当程序需要修改时,可用 ALTER 键替换。

(2) 通过操作面板手工将程序清单内容输入到内存中。

步骤8 程序试运行

(1) 将 G54 中 Z 坐标或附加(EXT)坐标系提高 +100.0mm 以上,如图5-24所示。

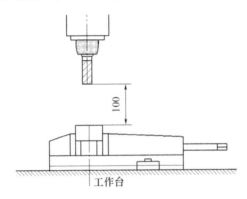

图5-24 加工试运行

(2) 在试运行中,通过调节快速倍率旋钮及切削倍率旋钮控制加工速度。

(3) 程序启动前刀具距工件200.0mm以上。

(4) 调出主程序,光标放在主程序头。

(5) 检查机床各功能键的位置是否正确。

(6) 启动程序时一只手按开始按钮,另一只手放在停止按钮上方。

特别提示:

(1) 目测判断 Z 方向对刀的量值是否正确。

(3) 在程序试运行的过程中,观察主轴加工轨迹与图形轨迹是否一致。

步骤9 加工工件

(1) 按下编辑 EDIT 键,调出 0100 号主程序。

(2) 先按下自动 MEMORY 键,再按下开始 START 键,机床开始加工。

(3) 通过调节快速倍率 RAPID 旋钮控制 G00 速度。

(4) 通过调节切削倍率旋钮控制加工速度,如图 5-25 所示。

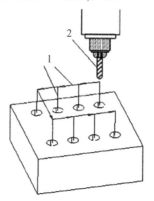

图 5-25 φ7.8mm 麻花钻加工轨迹

步骤 10 尺寸检验
(1) 使用游标卡尺测量工件的孔间距长度。
(2) 使用内径千分尺测量工件内径尺寸。
特别提示:
测量过程中为了得到准确数值,进行多次测量。

步骤 11 拆卸工件
略。

步骤 12 整理机床
(1) 完毕后,清理机床及周围环境。
(2) 关机前,检查电、气、液及机械部件是否处于正常位置。

5.4.3 加工中心编程案例二

例 5-2 加工图 5-26 所示的二维凸台件。

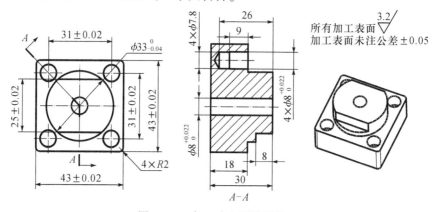

图 5-26 加工中心训练零件二

(1) 零件的加工工艺安排。加工工艺路线是:钻中心孔→钻 φ7.8 的孔→粗铣 φ33 的圆台→粗铣 25 的台阶→精铣 25 的台阶→精铣 φ33 的圆台→铰 φ8H7 孔。
(2) 参考程序如下:

主程序内容	程序注释(加工时不需要输入)
%	传输程序时的起始符号
G91 G28 Z0	主轴直接回到换刀参考点
T3 M6	换 3 号刀，ϕ3mm 的中心钻
G90 G54 G0 X0 Y0 S1500 M3	刀具初始化，选择用户坐标系为 G54
G43 H3 Z100.0 M08	3 号刀的长度补偿
G99 G81 X15.5 Y15.5 Z-5.0 R5.0 F80	G81 钻孔循环指令钻中心孔(第 1 点 X15.5 Y15.5)
Y-15.5	(第 2 点 X15.5 Y-15.5)
X-15.5	(第 3 点 X-15.5 Y-15.5)
Y15.5	(第 4 点 X-15.5 Y15.5)
G80 M09	
M05	
G91 G28 Z0	
T4 M6	
G90 G54 G0 X0 Y0 S800 M3	换 4 号刀，ϕ7.8mm 钻头
G43 H4 Z100.0 M08	
G99 G73 X15.5 Y15.5 Z-29.0 Q2.0 R5.0 F60	
Y-15.5	G73 钻孔循环指令钻孔(第 1 点 X15.5 Y15.5)
X-15.5	(第 2 点 X15.5 Y-15.5)
Y15.5	(第 3 点 X-15.5 Y-15.5)
G80 M09	(第 4 点 X-15.5 Y15.5)
M05	
G91 G28 Z0	
T1 M6	
G90 G54 G0 X0 Y0 S600 M3	换 1 号刀，ϕ12mm 平铣刀
G43 H1 Z100.0	刀具初始化
X41.5 Y0	1 号刀的长度补偿
Z5.0 M08	加工起始点(X41.5 Y0 Z100)
G01 Z-5.5 F50	
D1 M98 P100 F120(D1=14)	用不同的刀具半径补偿值重复调用子程序
D2 M98 P100 F120(D2=6.2)	去除工件的余量
G01 Z-11.0 F50	
D1 M98 P100 F120(D1=14)	
D2 M98 P100 F120(D2=6.2)	半径补偿值和切削速度传入子程序
G01 Z-8.0 F50	
D2 M98 P200 F120(D2=6.2)	
G0 Z100.0 M09	
M05	
G91 G28 Z0	
T2 M6	

(续)

主程序内容	程序注释(加工时不需要输入)
G90 G54 G0 X0 Y0 S1100 M3 G43 H2 Z100.0 X41.5 Y0 Z5.0 M08 G01 Z-8.0 F90 D3 M98 P200 F130(D3=4) D3 M98 P200 F130(D3=4) G01 Z-11.0 F90 D4 M98 P100 F130(D4=3.99) D4 M98 P100 F130(D4=3.99) G0 Z100.0 M09 M05 G91 G28 Z0 T5 M6 G90 G54 G0 X0 Y0 S200 M3 G43 H5 Z100.0 G98 G81 X15.5 Y15.5 R10.0 Z-21.0 F50 Y-15.5 X-15.5 Y15.5 G80 M09 M05 M30 %	换2号刀,ϕ8mm端铣刀 加工起始点(X41.5,Y0,Z100) 用合适的刀具半径补偿,通过调用子程序完成精加工 重复铣削一次,减小刀具弹性变形的影响 用合适的刀具半径补偿,通过调用子程序完成精加工 重复铣削一次,减小刀具弹性变形的影响 换5号刀,ϕ8mm铰刀 刀具初始化 G81循环指令铰孔 程序结束 传输程序时的结束符号
% O100 X41.5 Y0 G01 G41 Y25.0 G03 X16.5 Y0 R25.0 G02 I-16.5 J0 G03 X36.5 Y-20.0 R20.0 G01 G40 Y0 M99 %	 O100子程序(铣削ϕ33mm的圆台) 起始点 刀具半径补偿有效,补偿值由主程序传入 圆弧切入 加工轨迹的描述,铣削整圆 圆弧切出 刀具半径补偿取消 返回主程序

(续)

主程序内容	程序注释(加工时不需要输入)
% O200 X41.5 Y0 G01 G41 Y-12.5 X-20.0 Y12.5 X41.5 G01 G40 Y0 M99 %	O200子程序(铣削和(25 ± 0.02)mm的台阶) 起始点 刀具半径补偿有效,补偿值由主程序传入 直线切入 加工轨迹的描述,铣削整圆 直线切出 刀具半径补偿取消 返回主程序
% G91 G28 Z0 T1 M6 G90 G54 G0 X0 Y0 S600 M3 G43 H1 Z100.0 X40.0 Y-40.0 Z5.0 M08 G01 Z0. F80 G01 X-35.0 F130 Y-30.0 X35.0 Y-20.0 X-35.0 Y-10.0 X35.0 Y0 X-35.0 Y10.0 X35.0 Y20.0 X-35.0 Y30.0 X35.0 Y40.0 X-40.0 G0 Z100. M09 M05 M30 %	铣工件上表面的程序,单独使用(走方形轨迹) 起始点(X40.0 Y-40.0 Z100.0) 铣削深度,可根据实际情况,调整Z值 走方形轨迹 刀具横向移动距离,刀具直径的0.7~0.9倍 程序结束 传输程序时的结束符号

例 5-3 图 5-27 为加工中心训练零件三(四方台件)。

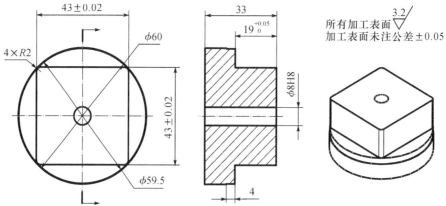

技术要求：
零件毛坯为φ60mm的棒料，长度为35mm，材料为硬铝。

图 5-27 加工中心训练零件三

例 5-4 图 5-28 为加工中心训练零件四。

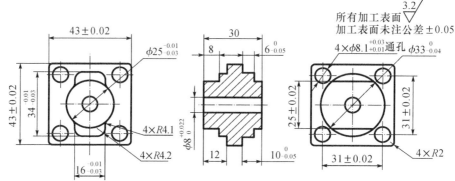

技术要求：
零件毛坯为φ60mm的棒料，长度为35mm，材料为铝材。

图 5-28 加工中心训练零件四

例 5-5 图 5-29 为加工中心训练零件五。

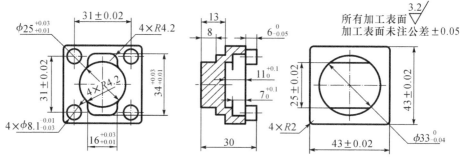

技术要求：
零件毛坯为φ60mm×35mm，材料为硬铝。

图 5-29 加工中心训练零件五

例 5-6 图 5-30 为加工中心训练零件六。

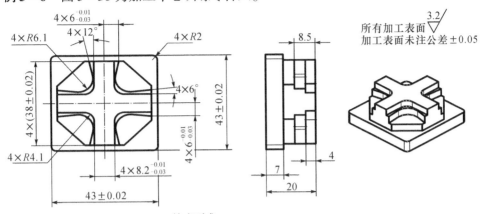

技术要求：
零件毛坯为φ60mm的棒料，长度为30mm，材料为铝材。

图 5-30 加工中心训练零件六

例 5-7 图 5-31 为加工中心训练零件七。

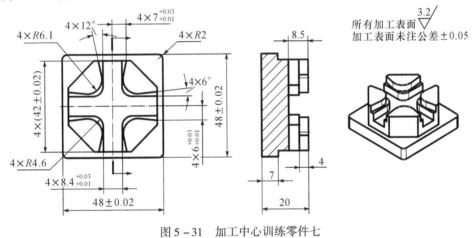

图 5-31 加工中心训练零件七

5.5 加工中心机床的维护和保养

加工中心是一种自动化程度高、结构复杂且又昂贵的先进加工设备，为了充分发挥数控机床的效益，重要的是要做好预防性维护，使数控系统少出故障，即设法提高系统的平均无故障时间。预防性维护的关键是加强日常的维护、保养。主要的维护工作有下列内容：

（1）加工中心操作人员应熟悉所用设备的机械、数控装置液压、气动等部分以及规定的使用环境(加工条件)等，并要严格按机床及数控系统使用说明手册的要求正确、合理地使用，尽量避免因操作不当而引起故障。例如，对操作人员，必须了解机床的行程大小、主轴转数范围、主轴驱动电动机功率、工作台面大小、工作台承载能力大小、机动进给时的速率、ATC 所允许最大刀具尺寸、最大刀具重量等。在液压系统中要了解最大工作压力、流量、油箱容量，电器方面了解各个油泵、电动机的功率等。

(2) 在操作前必须确认(主轴)润滑油与导轨润滑油是否符合要求。如果润滑油不足,要加入合适的润滑油(如牌号、型号等)。确认气压压力是否正常。

(3) 空气过滤器的清扫。如数控柜后门底部的空气过滤器灰尘过多,会使柜内冷却空气通道不畅,引起柜内温度过高而使系统不能可靠工作。因此,应针对周围环境状况,检查清扫一次。电气柜内电路板和电器件上有灰尘、油污时,也得清扫。

(4) 加工中心的维护保养(表 5-5～表 5-9)。

表 5-5 日检

	项目		正常情况	解决方法
1	液压系统	油标	在两根红线之间	加满油
		压力	4MPa	调节压力螺钉
		油温	>15℃	在控制面板上打开加热开关
		过滤器	绿色显示	清洗
2	主轴润滑系统	过程检测	电源灯亮油压泵正常运转	保持主轴停止状态,和机械工程师联系
		油标	油显示油标的1/2以上	加满油
3	导轨润滑系统	油标	在两根红线之间	加满油
4	冷却系统	油标	油垢面超过油标的2/3以上	加满油
5	气压系统	压力	0.5MPa	调节减少阀
		润滑油油标	大约中间	注满油

表 5-6 周检

	项目		正常情况	解决方法
1	机床零件	移动零件	—	清除铁屑及外部杂物
		其他细节	—	
2	主轴润滑系统	散热片	—	—
		空气过滤器		

表 5-7 月检

	项目		正常情况	解决方法
1	电源	电源电压	50Hz 180～220V	测量、调整
2	空气干燥器	过滤器	—	拆开、清洗、装配

表 5-8 季检

	项目		正常情况	解决方法
1	机床床身	机床精度	符合手册中图表	和机械工程师联系
		机床水平		
2	液压系统	液压油	—	更换新油(60L)
		油箱	—	仅仅在交货后	清洗
3	主轴润滑系统	润滑油	—	仅仅在交货后	更换新油(20L)

表 5-9 半年检

	项目		正常情况	解决方法
1	液压系统	液压油	—	更换新油(60L)
		油箱	—	清洗
2	主轴润滑系统	润滑油	—	更换新油(20L)
3	X轴	滚珠丝杠	—	注满润滑脂

（5）油压系统异常现象的原因与处理(表5-10~表5-12)。

表 5-10 油泵不喷油

异常现象	原 因	解决方法
油泵不喷油	油箱内液面低	注满油
	油泵反转	确认标牌油泵转向,当反转时,变更过来
	转速过低	确认是否按规定转速放置旋转,如果低,调整过来
	油黏度过高,油温低	用温度计确认是否低,如果低,升温
	过滤器堵塞	清洗过滤器
	吸油管配管容积过大	从出油口节口处把空气排出,反启动油泵
	进油口处吸入空气	垫圈是否损伤,立即更换垫圈
	轴和转子有破损处	更换轴或转子
	叶轮从转子槽中出来	拆下转子,清洗毛边尘土

表 5-11 压力不正常

异常现象	原 因	解决方法
压力过高或过低	"油泵不喷油中的任何一个原因"	参考1
	压力设定不适当	按规定压力设置
	压力调节阀线圈动作不良	拆开,清洗
	压力调节控制提开阀动作不良	拆开,清洗
	压力表不正常	换一个正常压力表
	油压系统有漏	按各系统依次检查
	配管中有空气	排除系统内空气,检查配管是否在油中
	油中混入异物	清洗油箱,换新油
	压力调节控制提开阀片位置不当	拆开它,换一个新片
	使用流量超出阀的额定范围	调整流量

表 5-12 有噪声

异常现象	原 因	解决方法
油泵有噪声	油的黏度高(油温低)	升油温
	油泵和吸油管的结合处入空气	在油泵和吸油管结合处盖上黄油或其他的油来确认噪声的变化 如有变化,交换结合处垫圈
	过滤网太小,吸油管堵	清洗过滤网和吸油管
	油泵轴与电动机轴不同心	同轴度小于 0.25mm
	油中有气泡	放出系统中的空气
	与其他控制阀发生共振	设定合适的压力
阀有噪声	流量超过额定流量	适当调整流量

第6章 数控车床编程

6.1 数控车床编程知识

6.1.1 数控车床的坐标系和运动方向

1. 机床坐标系和运动方向

数控车床的坐标系是以径向为 X 轴方向,纵向为 Z 轴方向,指向主轴箱的方向为 Z 轴的负方向,指向尾架方向是 Z 轴的正方向,而 X 轴是以操作者面向的方向为 X 轴正方向。因此,根据右手法则,Y 轴的正方向指向地面(编程中不涉及 Y 坐标)。如图 6-1 所示为数控车床的坐标系。

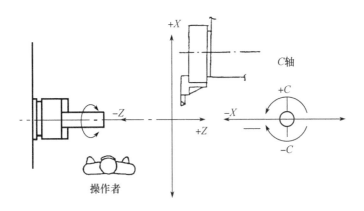

图 6-1 数控车床坐标系

X 坐标和 Z 坐标指令,在按绝对坐标编程时,使用代码 X 和 Z;按增量坐标(相对坐标)编程时,使用代码 U 和 W。

2. 程序原点

程序原点是指程序中的坐标原点,即在数控加工时,刀具相对于工件运动的起点,所以也称为"对刀点"。

在编制数控车削程序时,首先要确定作为基准的程序原点。对于某一加工零件,程序原点的设定通常是将主轴中心设为 X 轴方向的原点,将加工零件精切后的右端面或精切后的夹紧定位面设定为 Z 轴方向的原点,如图 6-2(a)、(b)所示。

3. 机械原点(或称机床原点)

机械原点是由数控车床的结构决定的,与程序原点是两个不同的概念,将机床的机械原点设定以后,它就是一个固定的坐标点。每次操作数控车床的时候,启动机床之后,必须首先进行原点复归操作,使刀架返回机床的机械原点。以 LJ—10MC 数控车铣中心

为例:

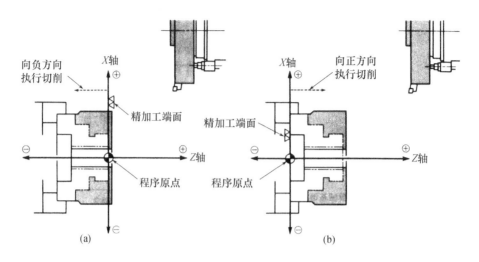

图 6-2 程序原点

(1) X 轴机械原点。X 轴的机械原点被设定在刀盘中心距离主轴中心 500mm 的位置。X 轴极限开关装在刀架上,当刀架返回 X 轴的机械原点时,挡块就会触到横向滑板,如图 6-3 所示。

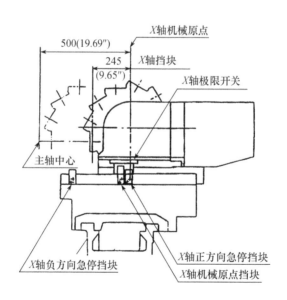

图 6-3 X 轴机械原点

(2) Z 轴机械原点。Z 轴的机械原点可以通过改变挡块的安装位置来改变,如图 6-4 所示刀架返回 Z 轴机械原点时的后视图。Z 轴机械原点挡块可以安装在 A、B、C 或 D 四个不同的位置上,同时,Z 轴的正方向的急停挡块也随之移动。图 6-4 中,四种状态下距离 a 的值如表 6-1 所列。

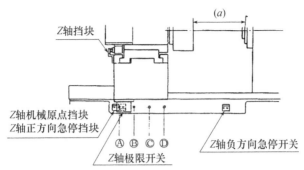

图 6-4　Z 轴机械原点

表 6-1　不同状态下 a 的值

挡块的位置	距离(a)的位置	挡块的位置	距离(a)的位置
A	1120mm(44.09 英寸)	C	800mm(31.50 英寸)
B	960mm(37.80 英寸)	D	640mm(25.20 英寸)

6.1.2　数控车床手工编程的方法

与其他数控机床相同,数控车床程序编制的方法也有两种:手工程序编制与自动程序编制。使用上述两种方法编制数控程序的步骤,请参考第 2 章的有关内容。本章主要介绍数控车床编程的特点,并结合实例介绍数控车床手动编程的方法。

1. 数控车床的编程知识

1）程序段的构成

N__ G__ X(U)__ Z(W)__ F__ M__ S__ T__ ;

程序段顺序号	准备机能	X 轴移动指令	Z 轴移动指令	进给机能	辅助机能	主轴机能	工具机能
N4	G1	X(U)±4.3	Z(W)±4.3	F3.4	M8	S4	T2

(1) N4：代表第 4 个程序段。

(2) X(U)±4.3：坐标可以用正负小数表示,小数点以前 4 位数,小数点以后 3 位数。

(3) F3.4：进给速度可以用小数表示,小数点以前 3 位数,小数点以后 4 位数。

(4) 小数点输入的情况,用小数点形式输入的数据有特殊意义,需要特别注意。

例如：X3.——数据表示 3mm。

　　　X3——数据表示 0.003mm。

　　　X1.32——数据表示 1.320mm。

此外,4.32mm 的表示方法可以是 X4.32 或 X4320。

(5) 几种等效的表示方法：

2) 数控车床指令的种类和意义

数控车床编程指令的种类和意义与加工中心相比有不同的地方,详见表6-2。

表6-2 数控车床编程指令的种类和意义

机能	指令符号	意义
程序号码	O(EIA)	数控程序的编号
程序段序号	N	程序段序号
准备功能	G	指定数控机床的运动方式
	X、Z、U、W	在各个坐标轴上的移动指令
	R	圆弧半径、倒圆角
	C	倒角量
	I、K	圆弧中心的坐标
进给机能	F	指定进给速度、指定螺纹的螺距
主轴机能	S	指定主轴的回转速度
工具机能	T	指定刀具编号,指定刀具补偿编号
辅助机能	M	指定辅助机能的开关控制
	P、U、X	停刀的时间
指定程序号	P	指定程序执行的编号
指定程序段序号	P、Q	指定程序开始执行和返回的程序段序号
	P	子程序的重复操作次数

3) 程序的构成

在 NC 装置中,程序的记录是靠程序号来辨别的,调用某个程序可通过程序号来调出,编辑程序也要首先调出程序号。

程序编号的结构如下:

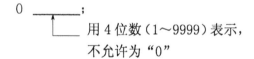

用 4 位数(1~9999)表示,
不允许为"0"

程序编号例子:
O3;
O03;
O103;
O1003;
O1234;

可以在程序编号的后面注上程序的名字并用括号括起。程序名可用 16 位字符表示,要求有利于理解。程序编号要单独使用一个程序段。

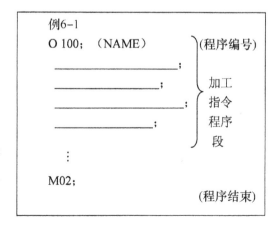

4) 程序段顺序号

为了区分和识别程序段,可以在程序段的前面加上顺序号。

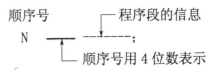

(1~9999),不可使用"0"

顺序号,能够代表程序段执行的先后,也可以是特定程序段的代号,某个程序段可以有顺序号,也可以没有,加工时不以顺序号的大小来为各个程序段排序,如下面的例子:

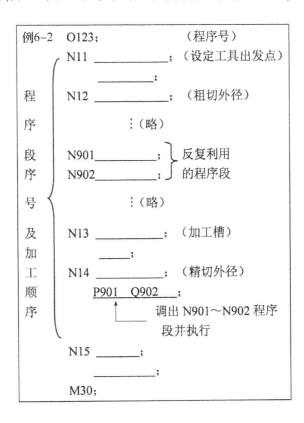

2. 数控车床编程的特点

1) 坐标的选取及坐标指令

数控车床有它特定的坐标系,前面 6.1.1 节已经介绍过。编程时可以按绝对坐标系或增量坐标系编程,也常采用混合坐标系编程。

U 及 X 坐标值,在数控车床的编程中是以直径方式输入的,即按绝对坐标系编程时,X 输入的是直径值,按增量坐标编程时,U 输入的是径向实际位移值的二倍,并附上方向符号(正向省略)。

2) 车削固定循环功能

数控车床具备各种不同形式的固定切削循环功能,如内(外)圆柱面固定循环、内(外)

锥面固定循环、端面固定循环、切槽循环、内(外)螺纹固定循环及组合面切削循环等,用这些固定循环指令可以简化编程。

3) 刀具位置补偿

现代数控车床具有刀具位置补偿功能,可以完成刀具磨损和刀尖圆弧半径补偿以及安装刀具时产生的误差的补偿。

6.1.3 数控车床常用各种指令

1. 快速点定位(G00)

该指令命令刀具以点位控制方式从刀具所在点快速移动到目标位置,无运动轨迹要求,不需特别规定进给速度。

输入格式:

G00 IP＿;

(1) "IP"代表目标点的坐标,可以用X、Z、U、W或H表示(下同)。

(2) X(U)坐标按直径值输入。

(3) ";"表示一个程序段的结束。

例 6-3 快速进刀(G00)。

程序: G00 X50.0 Z6.0;

　　或 G00 U-70.0 W-84.0;

如图6-5所示。

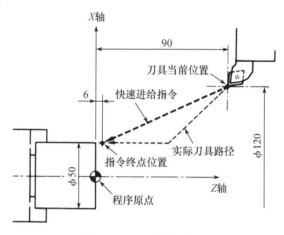

图6-5 G00快速进刀

(1) 符号⊕代表程序原点。

(2) 本章所有示例均采用公制输入。

(3) 在某一轴上相对位置不变时,可以省略该轴的移动指令。

(4) 移动速度为:X轴方向8000mm/min,Z轴方向12000mm/min,C轴22.2r/min(FANUC 0T/15T系统)。

(5) 在同一程序段中,绝对坐标指令和增量坐标指令可以混用。

(6) 刀具移动的轨迹不是标准的直线插补(图6-5)。

2. 直线插补（G01）

该指令用于直线或斜线运动。可使数控车床沿 X 轴、Z 轴方向执行单轴运动，也可以沿 X、Z 平面内任意斜率的直线运动。

输入格式：

G01 IP__ F__;

例6-4 外圆柱切削（图6-6）。

程序：G01 X60.0 Z-80.0 F0.3;

或 G01 U0 W-80.0 F0.3;

（1）X、U指令可以省略。

（2）X、Z指令与U、W指令可在一个程序段内混用，程序可写为：

G01 U0 Z-80.0 F0.3;

或 G01 X60.0 W-80.0 F0.3;

例6-5 外圆锥切削（图6-7）。

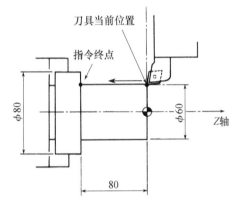

图6-6 G01指令切外圆柱

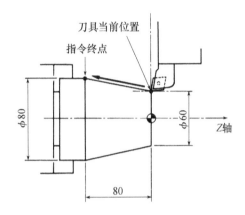

图6-7 G01指令切外圆锥

程序：G01 X80.0 Z-80.0 F0.3;

或 G01 U20.0 W-80.0 F0.3;

直线插补指令G01在数控车床编程中还有一种特殊的用法：倒角及倒圆角，在表6-3中列出的各种情况中，可以用一个程序段来代替两个程序段倒角或倒圆，如例6-6、例6-7。

例6-6 倒角（图6-8）。

（绝对坐标指令）

N001 G01 Z-20.C4.F0.4;
N002   X50. C-2.;
N003   Z-40.;

（相对坐标指令）

N001 G01 W-22.C4.F0.4;
N002   U20.C-2.;
N003   W-20.;

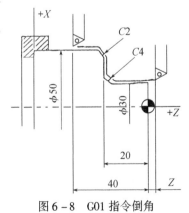

图6-8 G01指令倒角

表 6－3　在直角处倒角倒圆可应用的命令

<table>
<tr><th>类 别</th><th>命 令</th><th>刀具的运动</th></tr>
<tr><td>倒角
Z→X</td><td>G01 Z(W) bc ±i;(0T)
G01 Z (W) b1 ±i;(15T)
(在右图中,到 b 点的运动可以通过绝对值或增量值定义)</td><td>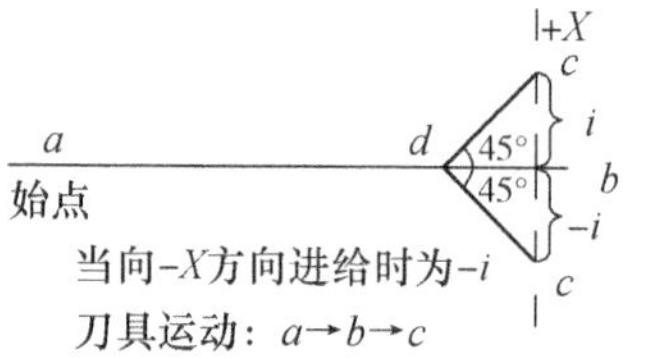
+X
c
a
d
45°
45°
i
b
−i
始点
当向−X方向进给时为−i
c
刀具运动：a→b→c</td></tr>
<tr><td>倒角
X→Z</td><td>G01 X (U) bc ±k;(0T)
G01 X (U) b1 ±k;(15T)
(在右图中,到 b 点的运动可以通过绝对值或增量值定义)</td><td>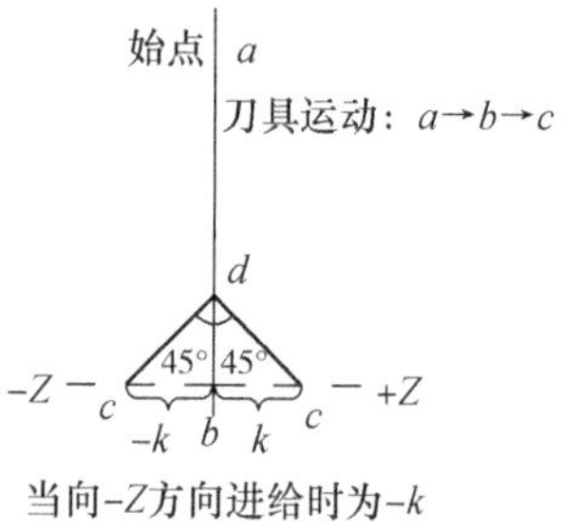
始点 a
刀具运动：a→b→c
d
45° 45°
−Z
c
−k b k
c
+Z
当向−Z方向进给时为−k</td></tr>
<tr><td>Z→X</td><td>G01 Z (W) bR ±r;
(在右图中,到 b 点的运动可以通过绝对值或增量值定义)</td><td>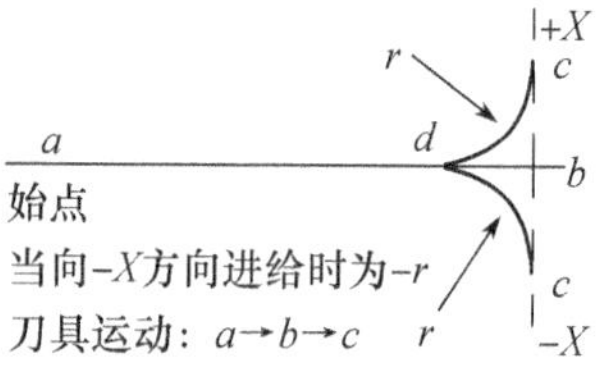
+X
r
c
a
d
b
始点
当向−X方向进给时为−r
c
刀具运动：a→b→c
r
−X</td></tr>
<tr><td>倒角
X→Z</td><td>G01 X (U) bR ±r;
(在右图中,到 b 点的运动可以通过绝对值或增量值定义)</td><td>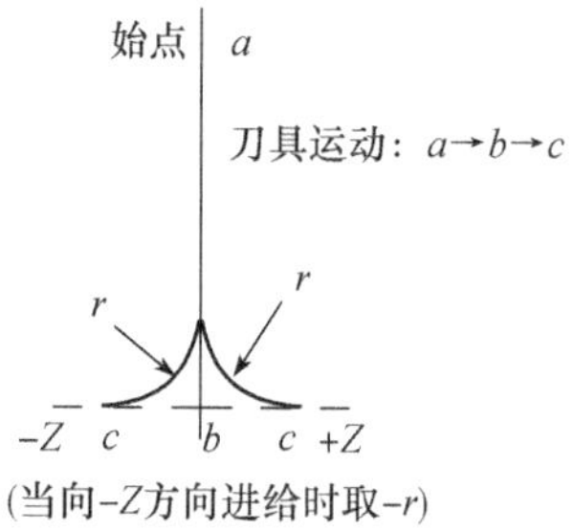
始点 a
刀具运动：a→b→c
r
r
−Z c
b
c +Z
(当向−Z方向进给时取−r)</td></tr>
</table>

例 6－7　倒圆(图 6－9)。

(绝对坐标指令)

```
N001  G01 Z-20. R4. F0.4;
N002      X50. R-2.;
N003      Z-40.;
```

(相对坐标指令)

```
N001  G01 W-22. C4. F0.4;
```

```
N002      U20.R-2.;
N003      W-20.;
```

N002、N003 中的 G01、F0.4 及类似的指令具有续效性,可以省略。

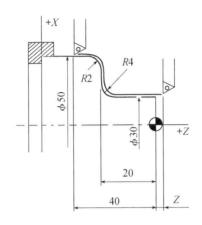

图 6-9 G01 指令倒圆

3. 圆弧插补(G02,G03)

该指令能使刀具沿着圆弧运动,切出圆弧轮廓。G02 为顺时针圆弧插补指令,G03 为逆时针圆弧插补指令(表 6-4)。

输入格式:

G02 X__Z__I__K__F__; 或 G02X__Z__R__F__;
G03 X__Z__I__K__F__; 或 G03X__Z__R__F__;

(1)用增量坐标 U、W 也可以;
(2)C 轴不能执行圆弧插补指令。

表 6-4 G02、G03 程序段的含义

	考虑的因素	指 令	含 义
1	回转方向	G02	刀具轨迹顺时针回转
		G03	刀具轨迹逆时针回转
2	终点位置	X、Z(U、W)	加工坐标系中圆弧终点的 X、Z(U、W)值
3	从圆弧起点到圆弧中心的距离	I,K	从圆弧起点到圆心的距离(经常用半径 R 指定)
	圆弧半径	R	指圆弧的半径,取小于 180°的圆弧部分

例 6-8 顺时针圆弧插补(图 6-10)。

(I,K)指令:

```
G02   X50.Z-10.I20.K17 F0.3;
G02   U30.W-10.I20.K17.F0.3;
```

(R)指令:

```
G02   X50.Z-10.R27.F0.3;
G02   U30.W-10.R27.F0.3;
```

例 6-9 逆时针圆弧插补(图 6-11)。

(I,K)指令:
    G03 X50.Z-24.I-20.K-29.F0.3;
    G03 U30.W-24.I-20.K-29.F0.3;

(R)指令:
    G03 X50.Z-24.R35.F0.3;
    G03 U30.W-24.R35.F0.3;

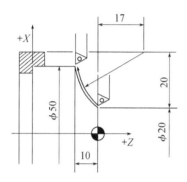

图 6-10 G02 顺时针圆弧插补

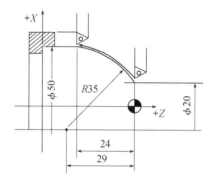

图 6-11 G03 逆时针圆弧插补

执行圆弧插补需要注意的事项如下:
(1) I、K(圆弧中心)的指定也可以用半径指定。
(2) 当 I、K 值均为零时,该代码可以省略。
(3) 圆弧在多个象限时,该指令可连续执行。
(4) 在圆弧插补程序段内不能有刀具机能(T)指令。
(5) 进给速度 F 指令指定切削进给速度,并且,进给速度 F 控制沿圆弧方向的线速度。
(6) 使用圆弧半径 R 值时,指定小于 180°。
(7) 指定比始点到终点的距离的 1/2 还小的 R 值时,按 180°圆弧计算。
(8) 当 I、K 和 R 同时被指定时,R 指令优先,I、K 值无效。

4. 螺纹切削指令(G32)

G32 指令能够切削圆柱螺纹、圆锥螺纹、端面螺纹(涡形螺纹)。
输入格式:
G32 IP__ F __;
注:"F __"为螺纹的螺距。

例 6-10 圆柱螺纹切削(图 6-12)。
   (绝对坐标指令)
G32 Z-40.F3.5;
   (相对坐标指令)
G32 W-45.F3.5;

(1) δ_1 和 δ_2 表示由于伺服系统的延迟而产生的不完全螺纹。这些不完全螺纹部分的螺距也不均匀,应该考虑这一因素来决定螺纹的长度。请参考有关手册来计算 δ_1 和 δ_2。
(2) 主轴转速与螺距是相关联并相互制约的。

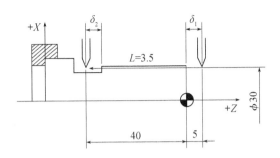

图 6-12 G32 圆柱螺纹切削

(3) Dry run 可以演示螺纹切削。
(4) 改变主轴转速的百分率,将切出不规则的螺纹。
(5) 在 G32 指令切削螺纹过程中不能执行循环暂停。

经验公式:

$$\delta_1 = \frac{R \cdot L}{1800} \times 3.605, \delta_2 = \frac{R \cdot L}{1800}$$

式中: R 为主轴转速(r/min); L 为螺纹导程。

(1) 螺纹公差假定为 0.01mm。
(2) 这是一种简化计算法。

例 6-11 锥螺纹切削。

(绝对坐标指令)
G32 X50.Z-35.F2;
(相对坐标指令)
G32 U30.Z-40.F2;

锥螺纹螺距的确定方法如图 6-13 所示。

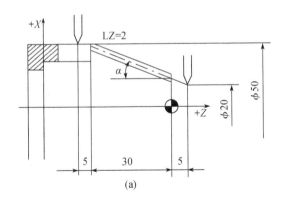
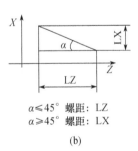

图 6-13 锥螺纹螺距的确定方法
(a) G32 锥螺纹切;(b) 螺距。

5. 每转进给量(G99)、每分钟进给量(G98)

指定进给机能的指令方法有两种:

(1) 每转进给量(G99)(图6-14)。

输入格式：

   G99 __(F __);
      ↑
   主轴每转进给量
   (进给速度 mm/r)

(2) 每分钟进给量(G98)(图6-15)。

输入格式：

   G98 __(F __);
      ↑
   每分钟进给量
   (进给速度 mm/min)

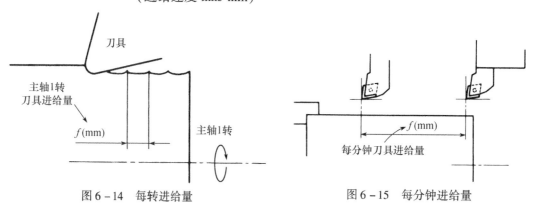

图6-14 每转进给量　　　　　　图6-15 每分钟进给量

使用每转进给量(G99)设定进给速度以后，地址F后面的数值，都以主轴每转一周刀具进给量来计算。进给速度的单位为：mm/r。

使用每分钟进给量(G98)设定进给速度以后，地址F后面的数值，都以每分钟刀具进给量来计算，进给速度的单位为 mm/min。

特别地，当接入电源时，机床进给方式的默认方式为G99，即每转进给量方式。只要不出现G98指令，进给机能一直是按G99方式以每转进给量来设定。

6. 暂停指令(G04)

该指令可以使刀具作短时间(几秒钟)无进给光整加工，主要用于车削环槽、不通孔以及自动加工螺纹等场合，如图6-16所示。

输入格式：

G04 $\begin{cases} U\_\_; \\ P\_\_; \end{cases}$

(G99)G04 U(P)____;(指令暂停进刀的主轴回转数)

(G98)G04 U(P)____;(指令暂停进刀的时间)

(1) 在G98进给模式中，指令中输入的时间即为停止进给时间。

(2) 在暂停指令同一语句段内不能指令进给速度。

(3) 使用P的形式输入时，不能用小数点输入。

(4) 在没有出现G98时，数控车床程序默认G99进给方式，指令形式如下：

例 6-12 (G99)G04 1.0;(主轴转一转后执行下一个程序段)

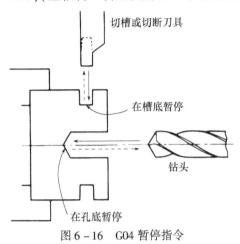

图 6-16　G04 暂停指令

例 6-13 (G98)G04 1.0;(1s 钟之后执行下一个程序段)

7. 自动原点复归指令(G28)

该指令使刀具自动返回机械原点或经过某一中间位置,再回到机械原点,如图 6-17、图 6-18 所示。

输入格式:

G28　X(U)____ Z(W)____ T00;
　　　　　　中间点的坐标

(1) T00(刀具复位)指令必须写在 G28 指令的同一程序段或该程序段之前。

(2) X(U)指令必须按直径值输入。

(3) 该指令用快速进给方式。

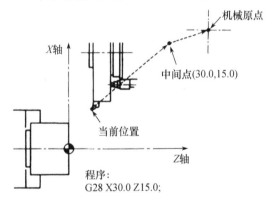

图 6-17　经过中间点返回机械原点

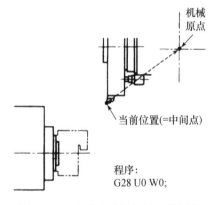

图 6-18　从当前位置返回机械原点

例 6-14 自动原点复归。

图 6-19 中的程序有三种格式:

① G28　U0　W0　T00;

② T0　0;

　G28　U0　W0;

③ G28 U0 T00;
　G28 W0;

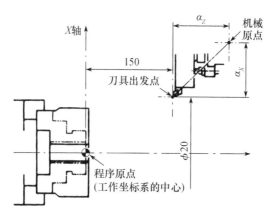

图 6-19　G50 设定工作坐标系

8. 工作坐标系设定指令(G50)

该指令以程序原点为工作坐标系的中心(原点),指令刀具出发点的坐标值。

输入格式:G50　X____　Z____;
　　　　　　　　　$\underbrace{\qquad\qquad\qquad}_{\text{刀具出发点的坐标}}$

例 6-15　设定工作坐标系(G50)。

程序:G50 X200.0 Z150.0;

(1)设定工作坐标系之后,刀具的出发点到程序原点之间的距离就是一个确定的绝对坐标值,这与刀具从机械原点出发相比,生产效率提高了。

(2)刀具出发点的坐标以参考刀具(外径、端面精加工车刀)的刀尖位置来设定。

(3)确认在刀具出发点换刀时,刀具、刀库与工件及夹具之间没有干涉。

(4)在加工工件时,也要测量一下机械原点和刀具出发点之间的距离(α_X, α_Z)及其他刀具与参考刀具刀尖位置间的距离。

9. 主轴机能(S 指令)和主轴转速控制指令(G96、G97、G50)

主轴机能(S 指令)是设定主轴转数的指令。

(1)主轴最高转速的设定(G50)。

　　(G50)__ S __;
　　　　　　　↑
　　　　　主轴最高转速

(2)直接设定主轴转数指令(G97):主轴速度用转数设定,单位为 r/min

　　(G97)___ S ___ (M38 或 M39);
　　　↑　　　　↑
取消主轴线速度　设定主轴转数(r/min)
　恒定机能　　　指令范围:0～9999

(3)设定主轴线速度恒定指令(G96):主轴速度用线速度(m/min)值输入,并且主轴线速度恒定。

（G96）___ S ___（M38 或 M39）；

主轴线速度恒定　设定主轴线速度,即切削速度（m/min）

例 6 – 16　设定主轴速度。

G97 ___ S600(M38)；（取消线速度恒定机能。主轴转数 600r/min）

⋮　⎰ G97
　　⎱ 模式

G96 ___ S150(M39)；（线速度恒定,切削速度为 150m/min）

G50 ___ S1200；（用 G50 指令设定主轴最高转速为 1200r/min）

⋮　⎰ G96
　　⎱ 模式

G97 ___ S300(M38)；（取消线速度恒定机能。主轴转数 300r/min）

(1) G96（控制线速度一定指令）：当工件直径变化时主轴每分钟转数也随之变化,这样就可保证切削速度不变,从而提高了切削质量。

(2) 主轴转速连续变化,M38 设定主轴在低速范围变化（粗加工）,M39 设定主轴在高速范围变化（精加工）。

10. 工具机能（T 指令）

该指令可指定刀具及刀具补偿。地址符号为"T"。

输入格式：　T □□ □□

(1) 刀具的序号可以与刀盘上的刀位号相对应；

(2) 刀具补偿包括形状补偿和磨损补偿；

(3) 刀具序号和刀具补偿序号不必相同,但为了方便通常使它们一致,如图 6 – 20 所示。

(4) 取消刀具补偿,T 指令格式为：

T□□或 T□□00；

例 6 – 17　程序。

G00 X20.0 Z20.0 T0303；（参考刀具快速移动到 A 点）

G00 X20.0 Z20.0 T0505；（镗孔刀具快速移动到 A 点,如图 6 – 21 所示）

11. 进给机能（F 指令）

该指令指定刀具的进给速度,有三种形式（图 6 – 22 ~ 图 6 – 24）：

(1) 每转进给量（mm/r）：

（G99）___ F ___；

主轴每转刀具进给量

167

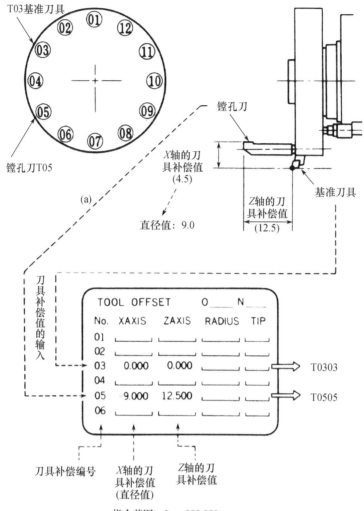

图 6-20 刀具补偿设定画面

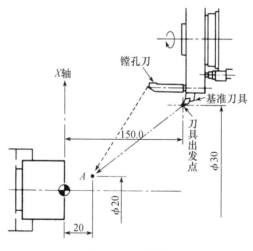

图 6-21 换刀

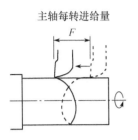
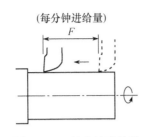
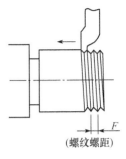

图 6-22　每转进给量　　　图 6-23　每分钟进给量　　　图 6-24　螺纹切削

小数点输入指令范围:0.0001~500.0000mm/r

(2) 每分钟进给量(mm/min):

(G98)__ F __;
　　　　　↑
　　每分钟刀具进给量

指令范围:1~15000mm/min

(3) 螺纹切削进给速度:

(G32)
(G76) } IP __ F __;
(G92)
　　　　　　　↑
　　　指定螺纹的螺距

指令范围:0.0001~500.0000mm/r

① 每转进给量切螺纹时,快速进给速度没有指定界限。
② 接入电源时,系统默认 G99 模式(每转进给量)。

12. 辅助机能(M 指令)

M 指令设定各种辅助动作及其状态,表 6-5 是数控车床及车铣中心的辅助机能(M 指令)的说明。

表 6-5　辅助机能指令

M 指令	功能	M 指令	功能
00	程序停止	40	低速齿轮
01	计划停止	41	高速齿轮
02	程序结束	46	自动门开(选择)
03	主轴顺时针转/回转刀具顺时针转	47	自动门关(选择)
04	主轴逆时针转/回转刀具逆时针转	48	有螺纹导角(螺纹加工)
05	主轴停止/回转刀具停止	49	无螺纹导角(螺纹加工)
08	冷却液开	52	主轴(C 轴)锁紧(用于车削中心)
09	冷却液关	53	主轴(C 轴)松开(用于车削中心)
10	夹盘紧	*54	C 轴离合器合上(用于车削中心)
11	夹盘松	*55	C 轴离合器打开(用于车削中心)

(续)

M 指令	功 能	M 指令	功 能
19	夹头自动归位	82	尾架体进给
20	空气开	83	尾架体后退
30	纸带结束	*98	调用子程序
32	尾顶尖进给	*99	子程序结束
33	尾顶尖后退		

注:"*"表示 FANUC 系统铣削指令

（1）下面介绍几个特殊 M 指令的使用方法。

M03:主轴或旋转刀具顺时针旋转（CW）。

M04:主轴或旋转刀具逆时针旋转（CCW）。

M05:主轴或旋转刀具停止旋转。

如图 6 – 25 所示为 M03、M04 所规定的主轴或旋转刀具的转向:

① 当卡爪不在夹紧状态时,主轴不能旋转。

② 齿轮没有挂好在中间位置时,主轴不能旋转。

③ M03 和 M04 的旋转方向可通过不同的位置进行改变。

④ M04 指令之后不能直接转变为 M03 指令,M03 指令之后不能直接转变为 M04 指令,要想改变主轴转向必须用 M05 指令使主轴停转,再使用 M03 指令或 M04 指令。

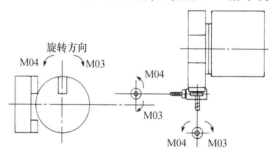

图 6 – 25 M03、M04 方向

（2）M52、M53、M54、M55 指令只适用于车削中心或车铣中心。

以日本 TECNO WASINO 公司的数控车铣中心（LJ—10MC）为例介绍 M52～M55 的功能及使用方法。

M52:锁紧主轴。当执行铣削时（除去 X 轴和主轴（C 轴）联动或 Z 轴和主轴（C 轴）联动）,必须使主轴固定在某一位置,这时就要用 M52 指令。

M53:主轴松开,使动力从铣削轴转回主轴。当完成铣削以后,必须确认使用 M53 指令解除了主轴的锁紧状态。

M54:C 轴离合器合上。将动力从主轴齿轮换到 C 轴齿轮准备铣削,该命令可以控制 C 轴并使用旋转刀具进行切削,使用 M54 命令后,必须确认 C 轴返回参考点。

M55:C 轴离合器打开。将动力从 C 轴齿轮切换到主轴齿轮,通过控制执行铣削之后,一定要执行 M55 指令并且在指令 M55 之前还必须使 C 轴返回一个参考点。

M82:尾架体前进。
M83:尾架体后退。
① 在每个程序段内只允许有一个 M 指令。
② 下列 M 指令在紧急停止或复位或其他情况下要重新指令:M10、M11、M32、M33、M40、M41、M52、M54、M55。

13. 刀具半径补偿功能(G40、G41、G42)

大多数全功能的数控机床都具备刀具半径(直径)自动补偿功能(以下简称刀具半径补偿功能),因此,只要按工件轮廓尺寸编程,再通过系统补偿一个刀具半径值即可。下面讨论一下数控车床刀具半径补偿的概念和方法。

1) 刀尖半径和假想刀尖的概念

(1) 刀尖半径:即车刀刀尖部分为一圆弧构成假想圆的半径值,一般车刀均有刀尖半径,用于车外径或端面时,刀尖圆弧大小并不起作用,但用于车倒角、锥面或圆弧时,则会影响精度,因此在编制数控车削程序时,必须给予考虑。

(2) 假想刀尖:所谓假想刀尖如图 6-26(b) 所示,P 点为该刀具的假想刀尖,相当于图 6-26(a) 尖头刀的刀尖点。假想刀尖实际上不存在。

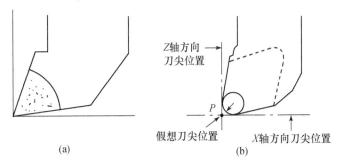

图 6-26 理论刀尖、实际刀尖

图 6-27 所示为由于刀尖半径 R 而造成的过切及欠切现象。

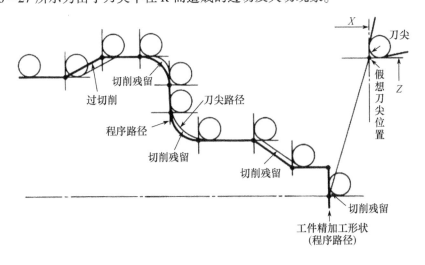

图 6-27 过切及欠切现象

用手动方法计算刀尖半径补偿值时,必须在编程时将补偿量加入程序中,一旦刀尖半径值变化时,就需要改动程序,这样很繁琐,刀尖半径补偿功能可以利用 NC 装置自动计算补偿值,生成刀具路径,下面就讨论刀尖半径自动补偿的方法。

2) 刀尖半径补偿模式的设定(G40、G41、G42 指令)

(1) G40(解除刀具半径补偿):解除刀尖半径补偿,应写在程序开始的第一个程序段及取消刀具半径补偿的程序段,取消 G41、G42 指令。

(2) G41(左偏刀具半径补偿):面朝与编程路径一致的方向,刀具在工件的左侧,则用该指令补偿。

(3) G42(右偏刀具半径补偿):面朝与编程路径一致的方向,刀具在工件的右侧,则用该指令补偿,图 6-28 所示为根据刀具与零件的相对位置及刀具的运动方向选用 G41 或 G42 指令。

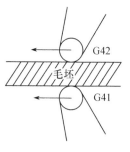

图 6-28 G41、G42

例 6-18 图 6-29 为切削过程中经过刀尖半径补偿和未经刀尖半径补偿时,假想刀尖的位置。

刀尖半径补偿量可以通过刀具补偿设定画面(图 6-30)设定,T 指令要与刀具补偿编号相对应,并且要输入假想刀尖位置序号。假想刀尖位置序号共有 10 个(0~9),如图 6-31 所示。

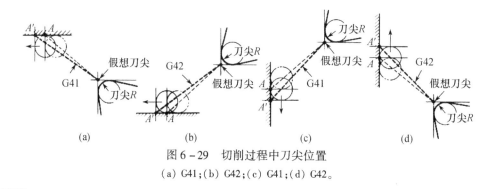

图 6-29 切削过程中刀尖位置

(a) G41;(b) G42;(c) G41;(d) G42。

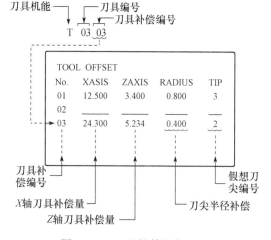

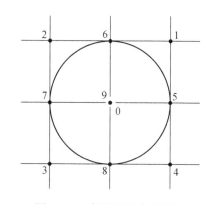

图 6-30 刀具补偿设定画面

图 6-31 假想刀尖位置序号

图 6-32 所示为几种数控车床用刀具的假想刀尖位置。

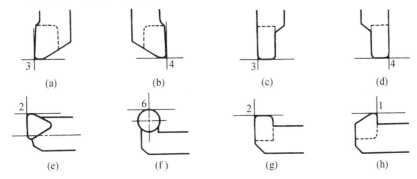

图 6-32 数控车床用刀具的假想刀尖位置

(a) 右偏车刀；(b) 左偏车刀；(c) 右切刀；(d) 左切刀；(e) 镗孔刀；(f) 球头镗刀；(g) 内沟槽刀；(h) 左偏镗车。

3) 刀尖半径补偿注意事项

(1) G41、G42 指令不能与圆弧切削指令写在同一个程序段，可以与 G00 和 G01 指令写在同一个程序段内，目标点在这个程序段的下一程序段始点位置，与程序中刀具路径垂直的方向线过刀尖圆心。

(2) 必须用 G40 指令取消刀尖半径补偿，补偿取消点在指定 G40 程序段的前一个程序段的终点位置，与程序中刀具路径垂直的方向线过刀尖圆心。

(3) 在使用 G41 或 G42 指令模式中，不允许有两个连续的非移动指令，否则刀具在前面程序段终点的垂直位置停止，且产生过切或欠切现象，如图 6-33 所示。

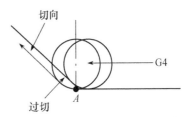

图 6-33 过切

非移动指令：

M 指令
S 指令
暂停指令（G04）
某些 G 指令，如 G50、G96…
移动量为零的切削指令，如 G01 U0 W0

(4) 切断端面时，为了防止在回转中心部位留下欠切的小锥，如图 6-34 所示，在 G42 指令开始的程序段刀具应到达 A 点位置，且 $X_A > R$。

(5) 加工终端接近卡爪或工件的端面时，指令 G40 为了防止卡爪或工件的端面被切，如图 6-34 所示，应在 B 点指令 G40，且 $Z_B > R$。

(6) 如图 6-35 所示，想在工件阶梯端面指令 G40 时，必须使刀具沿阶梯端面移动到 F 点，再指令 G40，且 $X_A > R$；在工件端面，开始刀尖半径补偿，必须在 A 点指令 G42，且 $Z_A > R$；开始切圆弧时，必须从 B 点开始加入刀尖半径补偿指令，且 $X_B > R$。

(7) 在 G74~G76、G90~G92 固定循环指令中不用刀尖半径补偿。

(8) 在手动输入中不用刀尖半径补偿。

(9) 在加工比刀尖半径小的圆弧内侧时，产生报警。

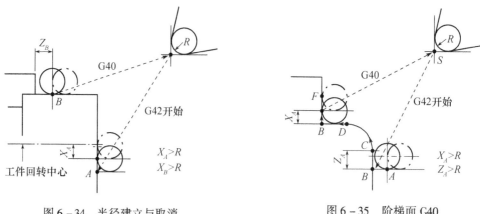

图 6-34 半径建立与取消　　　　　图 6-35 阶梯面 G40

（10）如图 6-36 所示，在阶梯锥面连接处退刀时指令 G40，在指令 G40 的程序段里使用反映斜面方向的 I、K 地址来防止工件被过切。

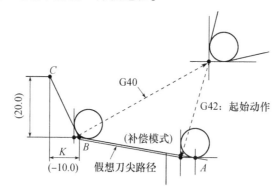

图 6-36 阶梯锥面 G40

输入格式：

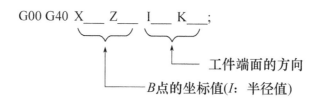

G00 G40 X___ Z___ I___ K___;

　　　　　　　　　↑　　　↑
　　　　　　　　　│　　　└─ 工件端面的方向
　　　　　　　　　└─ B 点的坐标值（I：半径值）

例 6-19　程序。
　　G00 G40 X ___ Z ___ I20.0 K -10.0;
　　或
　　G00 G40 U ___ W ___ I20.0 K -10.0;

4）刀尖半径补偿的应用实例

例 6-20　用刀尖半径为 0.8mm 的车刀精加工图 6-37 所示外径。
N2;
G0 G97 G40 S ___ T0101 M4;
Z2.0;

```
X26.0;
G96 S___;
G42 G1 Z1.0 F___;
Z0;
Z28.0;
X30.0 Z-1.0;
Z-10.0;
X40.0 Z-20.0;
Z-30.0 R2.0;
X48.0;
X50.0 Z-31.0;
G40 G0 X55.0 Z20.0;
/G28 U0 W0 T0;
```

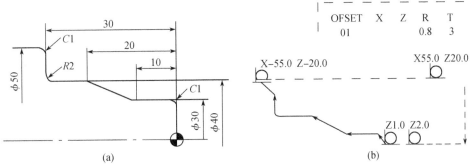

图 6-37 刀类半径补偿实例
（a）工件尺寸；（b）精车轨迹及刀补。

14. 单一固定循环指令（G90、G92、G94）

外径、内径、端面、螺纹切削的粗加工，刀具常常要反复地执行相同的动作，才能切到工件要求的尺寸，这时，在一个程序中常常要写入很多的程序段，为了简化程序，NC 装置可以用一个程序段指定刀具作反复切削，这就是固定循环功能。

表 6-6 为单一固定循环和复合固定循环指令，复合固定循环后面介绍。

表 6-6 单一固定循环和复合固定循环指令

单一固定循环	G90	外径、内径切削循环 外径、内径轴段及锥面粗加工固定循环
	G92	螺纹切削循环 执行固定循环切削螺纹
	G94	端面切削循环 执行固定循环切削工件端面及锥面
复合固定循环	G70	精加工固定循环 完成 G71、G72、G73 切削循环之后的精加工，达到工件尺寸
	G71	外径、内径粗加工固定循环 执行粗加工固定循环，将工件切至精加工之前的尺寸

（续）

复合固定循环	G72	端面粗加工固定循环 同 G71 具有相同的功能，只是 G71 沿 Z 轴方向进行循环切削而 G72 沿 X 轴方向进行循环切削
	G73	闭合切削固定循环 沿工件精加工相同的刀具路径进行粗加工固定循环
	G74	端面切削固定循环
	G75	外径、内径切削固定循环
	G76	复合螺纹切削固定循环

1）外径、内径切削循环（G90）（图 6-38、图 6-39）
切削圆柱面输入格式：

G90 X(U)___ Z(W)___ (F___)；

外径、内径切削终点坐标

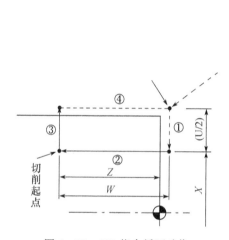

图 6-38 G90 指令循环动作

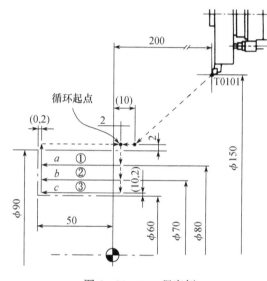

图 6-39 G90 程序例

例 6-21 用 G90 指令编程。
⋮
G96 S120 T0100(M39)；
G50 X150.0 Z200.0 M08；
G00 X94.0 Z10.0 T0101 M03；
　　Z2.0；（循环起点）

G90 模式 ｛ G90 X80.0 Z-49.8 F0.25； ①
　　　　　　　X70.0；　　　　　　　 ②
　　　　　　　X60.4；　　　　　　　 ③

（取消 G90）G00 X150.0 Z200.0 T0000；
　　M01；

切削锥面输入格式：

G90 X(U)___ Z(W)___ I___(F___)；

外径、内径锥面切削终点坐标　　锥面径向尺寸(图6-40、图6-41)。

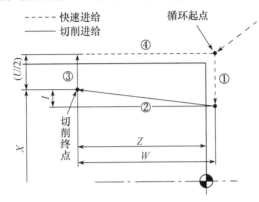

图6-40　G90指令切削锥面循环动作

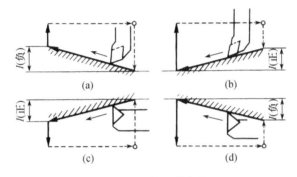

图6-41　锥面的方向

2) 端面切削循环指令(G94)(图6-42、图6-43)

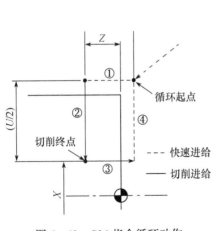

图6-42　G94指令循环动作

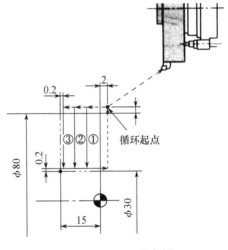

图6-43　G94程序例

切削直端面输入格式：

G94 X(U)___ Z(W)___(F___)
     └─────端面切削终点坐标─────┘

例 6-22 用 G94 指令编程。

G94 模式
$\begin{cases} \text{G00 X84.0 Z2.0;（循环起点）} \\ \text{G94 X30.4 Z-5.0 F0.2;←} \\ \quad\quad \text{Z-10.0;↑} \\ \quad\quad \text{Z-14.8;→} \end{cases}$

（取消 G94）G00 X150.0 Z200.0;

切削锥度端面输入格式（图 6-44、图 6-45）：

G94 X(U)___ Z(W)___ K___ (F___);
     └──锥度端面切削终点坐标──┘   └─锥度轴向尺寸

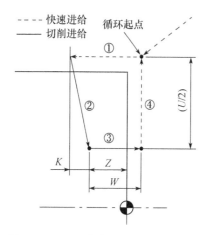
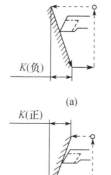
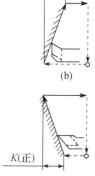

图 6-44 G94 指令切削锥面循环动作　　图 6-45 锥面的方向

3）螺纹切削循环指令（G92）（图 6-46、图 6-47）

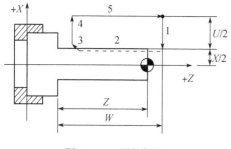
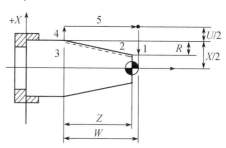

图 6-46 圆柱螺纹　　　　　　　　　图 6-47 锥螺纹

该指令可以使螺纹用循环切削完成。

输入格式：

（1）圆柱螺纹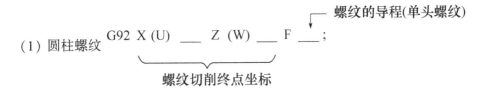

（2）锥螺纹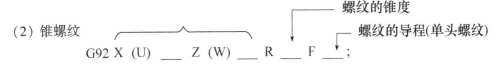

例 6-23 用 G92 指令编程（图 6-48）。

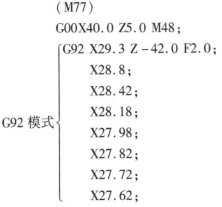

```
      ┆
    (M77)
    G00X40.0 Z5.0 M48;
  ┌ G92 X29.3 Z-42.0 F2.0;
  │   X28.8;
  │   X28.42;
  │   X28.18;
G92模式│ X27.98;
  │   X27.82;
  │   X27.72;
  └   X27.62;
```

(取消G92) G00 X150.0 Z200.0;
螺纹切削的切入次数，请参考有关手册。

15. 复合固定循环指令 (G70～G73)

现代数控车床配置不同的数控系统，定义了一些具有特殊功能的固定循环切削指令，日本 FANUC 0T/15T 系统定义了 G70～G76 各种形式的复合固定循环指令，下面介绍几种指令的使用方法。

1）外径、内径粗加工循环指令（G71）

G71 指令将工件切削至精加工之前的尺寸，精加工前的形状及粗加工的刀具路径由系统根据精加工尺寸自动设定。

在 G71 指令程序段内要指定精加工工件的程序段的顺序号，精加工留量，粗加工每次切深、F 机能、S 机能、T 机能等，刀具循环路径如图 6-49 所示。

输入格式：

G71 UΔd Re;

G71 P ns Q nf UΔu WΔw (F ___ S ___ T ___);

其中：ns——精加工程序第一个程序段的

图 6-48 G92 程序

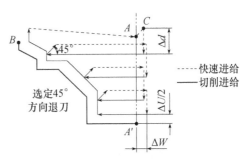

图 6-49 G71 指令刀具循环路径

序号;

  nf——精加工程序最后一个程序段的序号;

  Δu——X 轴方向精加工留量(直径值);

  Δw——Z 轴方向精加工留量;

  Δd——精加工每次切深;

  e ——精加工每次退刀量。

2) 端面粗加工循环指令(G72)

G72 指令与 G71 指令类似,不同之处就是刀具路径是按径向方向循环的。

输入格式同 G71 指令,刀具循环路径如图 6 – 50 所示。

  G72 P ns Q nf UΔu WΔw DΔd (F ___ S ___ T ___);

其中:ns ——精加工程序第一个程序段的序号;

  nf ——精加工程序最后一个程序段的序号;

  Δu——X 轴方向精加工留量(直径值);

  Δw——Z 轴方向精加工留量;

  Δd——粗加工每次切深。

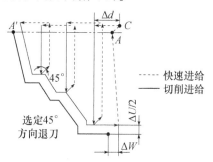

图 6 – 50　G72 指令刀具循环路径

3) 闭合车削循环指令(G73)

G73 指令与 G71、G72 指令功能相同,只是刀具路径是按工件精加工轮廓进行循环的(图 6 – 51)。例如:铸件、锻件等工件毛坯已经具备了简单的零件轮廓,这时粗加工使用 G73 循环指令可以省时,提高功效。

输入格式:

  G73 P ns Q nf IΔi KΔk UΔu WΔw DΔd (F ___ S ___ T ___);

其中:ns——精加工程序第一个程序段序号;

  nf——精加工程序最后一个程序段序号;

  Δi——X 轴方向的退出距离和方向;

  Δk——Z 轴方向的退出距离和方向;

  Δu——X 轴方向精加工留量;

  Δw——Z 轴方向精加工留量;

  Δd——粗切次数。

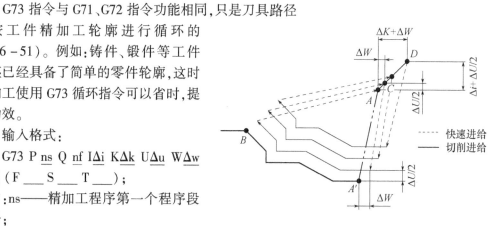

图 6 – 51　G73 指令刀具循环路径

4) 精加工循环指令(G70)

执行 G71、G72、G73 粗加工循环指令以后的精加工循环,在 G70 指令程序段内要指令精加工程序第一个程序段序号和精加工程序最后一个程序段序号。

输入格式:

G70 P ns Q nf；

其中：ns——精加工程序第一个程序段序号；

nf——精加工程序最后一个程序序号。

例6-24 用 G70、G71 指令编程（图6-52）。

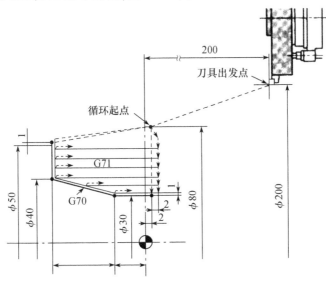

图6-52 G70、G71 程序例

程序：

```
                ⋮
        N11 G96 S120 ···· T0100;
        N12 G50 ·············;
        N13 G00 ···· T0101 M03;
       ⎡N14 G71 P15 Q18 U2.0 W2.0 D4000 F0.25;
       │N15 G00 X30.0 F0.15;
G71固定循环⎨N16 G01      Z-10.0;
       │N17    X40.0 Z-30.0;
       ⎣N18    X62.0;
        N19 G00 ·········;
        M20 M01;
                ⋮
        N51 G96 S150 ···· T0300;
        N52 G50 ·············;
        N53 G00 ···· T0030 M03;
精加工循环→ N54 G70 P15 Q18;
        N55 G00 ·········;
        N56 M01;
                ⋮
```

G74、G75、G76 指令的使用方法不再详细介绍，请参看有关数控车床的书籍。

6.2 数控车床的操作方法

数控车床与数控车铣加工中心的操作方法基本相同,数控车铣加工中心是在数控车床的基础上发展起来的,增加了铣削加工功能。因此,加工范围进一步扩大,对于不同型号的数控车床,由于机床的结构以及操作面板、电气系统的差别,操作方法都会稍有差异,但基本相同,本节以 FANUC -0T 系统的数控车床为例,介绍一下其基本操作方法。

6.2.1 操作面板

操作面板上的各种功能键严格分组,通过键与按钮的组合可执行基本操作,操作者能够直接控制机床的动作。操作面板的外观如图 6-53 所示,按钮功能如表 6-7 所列。

表 6-7 操作面板功能键和按钮含义

序号	名称	序号	名称
1	开电源按钮	19	冷却液开关
2	关电源按钮	20	尾架套筒开关
3	循环启动按钮	21	动力开关指示灯
4	循环(程序)暂停按钮	22	程序保护开关
5	循环(程序)启动指示灯	23	主轴齿轮位置指示灯
6	循环(程序)暂停指示灯	24	铣削操作指示灯
7	紧急停止按钮	25	条件信息指示灯
8	模式选择开关	26	手动数字输入(MDI)和显示屏(CRT)
9	进给模式选择开关	27	单步执行开关
10	进给速率控制盘(%)	28	块删除开关
11	手动脉冲发生器	29	M01(暂停选择)开关
12	手动进给操纵柄	30	位置记录开关
13	X、Z 轴原点回归指示灯	31	试运行开关
14	主轴转速控制盘	32	机床锁定开关
15	刀具选择开关	33	C 轴离合器开关
16	刀具指定开关	34	C 轴离合器指示灯
17	齿轮空挡开关	35	C 轴快速进给按钮
18	主轴微调开关	36	C 轴零点回归指示灯

第 6 章 数控车床编程

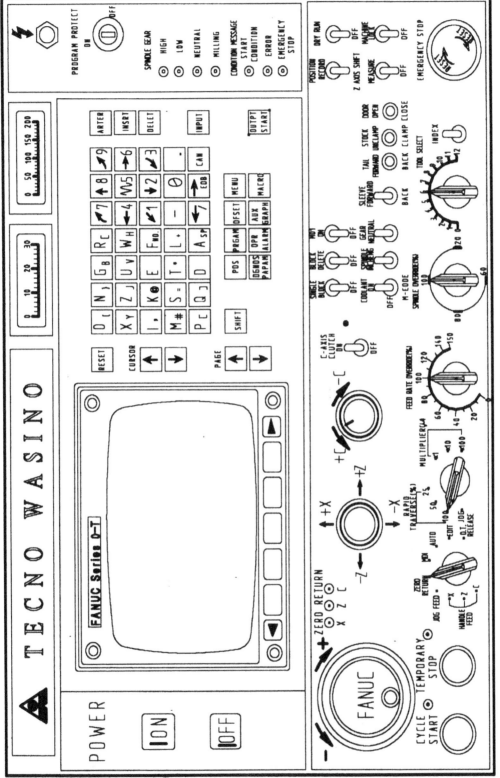

图6-53 数控车床操作面板

6.2.2 操作步骤

1. 打开电源

首先打开压缩空气开关和机床的主电源,按操作面板上的开电源按钮1,显示屏上出现 X、Z、C 坐标值,确认 NOT READY 消失。

2. 机械原点回归(也称机床回零)

打开机床以后首先做机械原点回归,机械原点回归操作有以下三种情况:

(1) 刀架在机床机械原点位置,但是原点回归指示灯不亮。

① 将模式选择开关选择为手动模式。

② 将进给模式选择开关选择为 X1、X10、X100。

③ 用手动脉冲发生器将刀架沿 X 轴和 Z 轴负方向移动小段距离,约 20mm。

④ 将模式选择开关选择为原点回归模式,进给模式开关为 25%、50% 或 100%。

⑤ 操作手动进给操作柄 12 沿 X、Z 轴正方向回机械原点,直至回零指示灯变亮。

(2) 刀架远离机床机械原点。

① 将模式选择开关选择选为原点回归。

② 将进给模式开关选为 25%、50% 或 100%。

③ 用手动进给操作柄将刀架先沿 X 轴,后沿 Z 轴的正方向回归机床机械原点,直至两轴原点回零指示灯变亮。

(3) 刀架台超出机床限定行程的位置,因超行程出现警报 ALARM 时:

① 用手动进给操纵柄将刀架沿负方向移动约 20mm。

② 按 RESET 键使 ALARM 消失。

③ 重复(2)的操作,完成机械原点回归。

3. MDI 数据手动输入

(1) 将模式开关置于"MDI"状态。

(2) 按 PRGRM 键,出现单程序句输入画面。

(3) 当画面左上角没有 MDI 标志时按 PAGE↓键,直至有 MDI 标志。

(4) 输入数据。

例 6 – 25 主轴正转 500r/min。

依次输入 G97 INPUT S500 INPUT M04 INPUT

例 6 – 26 Z 轴以 0.1mm/r 的速度负方向移动 20mm。

依次输入 G01 INPUT G99 INPUT F0.1 INPUT W – 20.0 INPUT

例 6 – 27 机械原点自动回归。

依次输入 G28 INPUT U0 INPUT W0 INPUT

例 6 – 28 自动调用 3 号刀具。

依次输入 T0303 INPUT

在输入过程中如输错,需重新输入,请按 RESET 键,上面的输入全部消失,重新开始输入。如需取消其中某一输错字,请按 CAN 键即可。

(5) 按下程序启动按钮 START 或 OUPUT 键,即可运行。

(6) 如需停止运行,按 STOP 按钮暂停或按 RESET 键取消。

4. 输入程序

将下列程序输入系统内存:

O0100;

N1;

G50 S3000;

G00 G40 G97 G99 S1500 T0101 M04 F0.15;

Z1.0;

/G01 X50.0 F0.2;

G01 Z-20.0 F0.15;

G00 X52.0 Z1.0;

　·

　·

　·

M30;

(1) 将模式开关选为编辑"EDIT"状态。

(2) 按 PRGRM 键出现 PROGRAM 画面。

(3) 将程序保护开关置为无效(OFF)。

(4) 在 NC 操作面板上依次输入下面的内容:

O0100　EOB　　　　　　　　　　　　　INSRT

N1　EOB　　　　　　　　　　　　　　INSRT

G50 S3000　EOB　　　　　　　　　　　INSRT

G00G40G97G99S1500T0101M04F0.15　EOB　INSRT

Z1.0　EOB　　　　　　　　　　　　　INSRT

/G01X50.0 F0.2　EOB　　　　　　　　　INSRT

G01 Z-20.0 F0.15　EOB　　　　　　　　INSRT

G00 X52.0 Z1.0　EOB　　　　　　　　　INSRT

　·

　·

　·

M30　EOB　　　　　　　　　　　　　INSRT

直至输完所有程序句。

注:"EOB"为 End Of Block 的字首缩写,意为程序句结束。

(5) 将程序保护开关置为有效(ON),以保护所输入的程序。

（6）按 RESET 键，光标返回程序的起始位置。

注：ALARM　P/S　70　表示内存容量已满，请删除无用的程序；

　　ALARM　P/S　73 表示当前输入的程序号内存中已存在，改变输入的程序号或删除原程序号及其程序内容即可。

5. 寻找程序

（1）将模式选择开关选为编辑"EDIT"。

（2）按 PRGRM 键，出现 PROGRAM 的工作画面。

（3）输入想调出的程序的程序号（例如 O1515）。

（4）程序保护开关置为无效(OFF)。

（5）按 CURSOR ↓ 键，即可调出。

6. 编辑程序

编辑程序必须在下面的状态下：将模式选择开关选为编辑"EDIT"；按 PRGRM 键，出现 PROGRM 工作画面；程序保护开关置为无效(OFF)。

（1）返回当前程序起始语句的方法：按 RESET 键光标回到程序的最前端（例如 O0100）。

（2）寻找局部程序序号（例如 N3）。

① 按 RESET 键，光标回到程序号所在的地方，例如 O0001。

② 输入想调出的局部程序序号，例如 N3。

③ 按 CURSOR ↓ 键，光标即移到 N3 所在的位置。

（3）字及其他地址的寻找，例如 X50.0 或 F0.1。

① 输入所需调出的字(X50.0)或命令符(F0.1)。

② 以当前光标位置为准，向前面程序寻找，按 CURSOR ↑ 键，向后面程序寻找，按 CURSOR ↓ 键，光标出现在所搜寻的字或命令符第一次出现的位置。

注：找不到要寻找的字或命令时，屏幕上会出现 ALARM　P/S　71 号警报。

（4）字的修改。

例 6-29　将 Z1.0 改为 Z1.5。

① 将光标移到 Z1.0 的位置。

② 输入改变后的字 Z1.5。

③ 程序保护开关置为无效(OFF)。

④ 按 ALTER 键，即已更替。

⑤ 程序保护开关置为有效(ON)。

（5）删除字。

例 6-30　G00 G97 G99 X30.0 S1500 T0101 M04 F0.1；删除其中的字 X30.0。

① 将光标移至该行的 X30.0 的位置。

② 程序保护开关置为无效(OFF)。

③ 按 DELET 键,即删除了 X30.0 字,光标将自动移到 S1500 的位置。

④ 程序保护回置为有效(ON)。

(6) 删除一个程序段。

例 6-31　O0100;
　　　　　　N1;
　　　　　　G50 S3000;←删除这个程序段
　　　　　　G00 G97 G99 S1500 T0101 M04 F0.15;

① 将光标移至要删除的程序段的第一个字 G50 的位置。

② 按 EOB 键。

③ 程序保护开关置为无效(OFF)。

④ 按 DELET 键,即删除整个程序段。

⑤ 程序保护开关回置为有效　(ON)。

(7) 插入字。

例 6-32　G00 G97 G99 S1500 T0101 M04 F0.15;
　　　　　　在上面语句中加入 G40,改为下面形式:
　　　　　　G00 G40 G97 G99 S1500 T0101 M04 F0.15;

① 将光标移动至要插入字的前一个字的位置(G00)。

② 输入要插入的字(G40)。

③ 程序保护开关置为(无效)(OFF)。

④ 按 INSRT 键,出现:

G00 G40 G97 G99 S1500 T0101 M04 F0.15;

⑤ 程序保护开关回置有效(ON)。

注:EOB 也是一个字,也可插入程序段中。

(8) 删除程序,例如 O1234。

① 模式选择开关选择"EDIT"状态。

② 按 PRGAM 键。

③ 输入要删除的程序号(例如 O1234)。

④ 确认是不是要删除的程序。

⑤ 程序保护开关置为无效(OFF)。

⑥ 按 DELET 键,该程序即被删除。

(9) 显示程序内存使用量。

① 模式选择开关选择"EDIT"状态。

② 程序保护开关置为无效(OFF)。

③ 按 PRGAM 键出现如下画面：

```
PROGRAM                              O0050    N0050
    SYSTEM   EDITION                 D25 - 02
    PROGRAM NO USED:    5            FREE:58
    MEMORY AREA USED:7424            FREE:767
PROGRAM LIBRARY LIST
    O0001
    O0002
       .
       .
       .
    ADRS                             S 0 T
                                     EDIT
```

PROGRAM　NO　USED:已经输入的程序个数(子程序也是一个程序)；
　　　　　　　　FREE:可以继续插入的程序个数；
MEMORY　AREA　USED:输入的程序所占内存容量(用数字表示)；
　　　　　　　　　FREE:剩余内存容量(用数字表示)。
PROGRAM　LIBRARY　LIST:所有内存程序号显示。

④ 按 PAGE 的 ↑ 键或 ↓ 键,可进行翻页。

⑤ 按 RESET 键,出现原来的程序画面。

7. 输入输出程序

(1) 程序的输入。

① 连接输入输出设备,做好输入准备。

② 模式选择开关选择为编辑"EDIT"。

③ 按 PRGRM 键。

④ 程序保护开关置为无效(OFF)。

⑤ 输入程序号,按 INPUT 键,例如 O0200 按 INPUT 键。

(2) 程序的输出。

① 连接输入输出设备,做好输出准备。

② 模式选择开关选择为"EDIT"。

③ 按 PRGAM 键。

④ 程序保护开关置为无效(OFF)。

⑤ 键入程序号(例如 O0200),按 OUPUT 键。

8. 刀具补偿(刀具的几何补偿和磨损补偿)

(1) 刀具几何补偿的方法。

① 手动使 X、Z 轴回归机械原点,确认原点回归指示灯亮。

② 模式选择开关选择为(手动进给、快速进给、原点复归的)几种状态之一。

③ 放下对刀仪(主轴上方)确定其合理位置后,CRT 出现以下画面:

```
OFFSET/GEOMETRY                              O0001    N0001
NO          X            Z            R            T
G01       -400.00      -300.00         0            0
G02       -362.06      -266.15        0.8           3
○○○
G08
ACTUAL  POSTION  (RELATIVE)
U  0.000                           W0.000
H  0.000
ADRS                               S 0 T
EDIT
```

按 PAGE $\boxed{\downarrow}$ 键可以翻页,可进行 16 把刀具的几何补偿。

④ 刀具选择开关选择所需刀具,按下刀具指定开关(index),即可调出刀具(例如,调用 T0202 刀具,选择开关手动选择刀具 02 号)。

注:刀盘应有足够的换刀旋转空间,夹盘、工件、尾座顶尖、刀架之间不要发生干涉现象。

⑤ 移动光标至与之相对应的刀具几何补偿号,例如G02。

⑥ 手动移动 X、Z 轴,使刀具的刀头分别接触对刀仪的 X 向和 Z 向,当机床发出接触的声音后再移开。

⑦ 对其他所需用的刀具按⑤、⑥步骤进行刀具几何补偿,然后移开刀架回归至机械原点,将对刀仪放回原处。

⑧ 确认各刀具的刀尖圆弧半径 R(通常为 0.4mm、0.8mm、1.2mm),并输入给数据库中相对应的刀具补偿号。

⑨ 确认刀具的刀尖圆弧假想位置编号(例车,外圆用左偏刀为 T3),确认方法见第 6 章,并输入给刀具数据库中相对应的刀具补偿号。

(2)磨损补偿。

① 按 OFFSET 键后按 PAGE $\boxed{\downarrow}$ 键,使 CRT 出现以下画面:

```
OFFSET/WEAR                                  O0001    N0001
NO          X            Z            R            T
W01        0.00         0.00          0            0
W02       -0.03        -0.05          0            0
...
W08
  ACTUAL  POSTION  (RELATIVE)
U0.000                             W0.000
H0.000
ADRS                               S 0 T
                                              ZRN
```

② 将光标移至所需进行磨损补偿的刀具补偿号位置。

例 6-33 测量用 T0202 刀具加工的工件外圆直径为 ϕ45.03mm,长度为 20.05 mm,而规定直径应为 ϕ45 mm,长度应为 20mm。实测值直径比要求值大 0.03mm、长度大 0.05mm,应进行磨损补偿:将光标移至 W02,键入 U-0.03 后按 INPUT 键,键入 W-0.05 后按 INPUT 键,X 值变为在以前值的基础上加 -0.03mm;Z 值变为在以前值的基础上加 -0.05mm;

③ Z 轴方向的磨损补偿与 X 轴方向的磨损补偿方法相同,只是 X 轴方向是以直径方式来计算值的。

注:① 输入数据的命令符:X 轴: U （数值） INPUT

　　　　　　　　　　　　Z 轴: W （数值） INPUT

　　　　　　　　　　　　C 轴: R （数值） INPUT

② 进行负方向补偿时数值前加负号。

9. 对程序零点(工作零点)

① 手动或自动使 X、Z 轴回归机械原点。

② 安装工件在主轴的适当位置,并使主轴旋转。

在模式开关"MDI"状态下输入 G97(96)S___ M03(M04),按下 OUTPT 键或"CYCLE START"按钮启动主轴旋转后,再按"CYCLE STOP"暂停。

```
      WORK SHIFF                           O0001  N0001
      (SHIFT VALUE)                        (MEASUREMENT)
      X       0.000                        X0.000
      Z     -15.031                        Z0.000
      C       0.000                        C0.000
      ACTUARL  POSITION  (RELATIVE)
      U   0.000                            W  0.000
      H   0.000
      ADRS                                         S 0T
      ZRN                                  WSFT(闪动)
```

③ 刀具选择开关选择 2 号刀具(2 号刀为基准刀),并予调用。

④ 模式选择开关选择为手动进给、机动快速进给、零点回归三种状态之一。

⑤ 提起 Z 轴功能测量按钮"Z-axis sh ift measure",CRT 出现右画面:

⑥ 手动移动刀架的 X、Z 轴,使 2 号刀具接近工件 Z 向的右端面,如图 6-54 所示。

⑦ 基准刀试切削工件端面,按下"POSITION RECORDER"按钮,控制系统会自动记录刀具切削点在工作坐标系中 Z 向的位置,其数值显示在 WORK SHIFT 工作画面上。

⑧ X 轴不需进行对刀,因为工件的旋转中心是固定不变的,在刀具进行几何补偿时,已经设定。

10. 程序的执行

(1) 手动或自动回归机械原点。

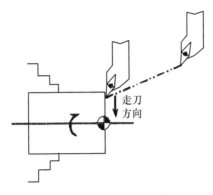

图 6-54 设置程序零点

(2) 模式开关处于"EDIT"状态,调出所需程序并进行检查、修改、确认完全正确,并按 RESET 键使光标移至程序最前端。

(3) 模式开关置于"AUTO"状态。

按 PRERM 键,按 PAGE ↑ 键,CRT 显示如下 PROGRAM CHECK 画面:

```
   PROGAM CHECK                              O0001    N0001
   O0001;
   N1;
   G50 S1500;
   G0G97G99S1000T0202F0.12M04;
   (RELATIVE)      (DISTANCE TO DO)                  (G)
   U125.30         X0.000                     G00  G99  G25
   W56.250         Z0.000                     G97  G21  G22
   C0.000          C0.000                          G69  G40
   F               S
   M               T                          SACT    0
   ADRS                                       S0T
                           AUTO
```

① 将快速进给开关置为不同倍率 25%、50% 或 100%,此进给速度为程序运行中 G00 速度,X 轴的最快速度为 8000mm/min,Z 轴的最快速度为 12000mm/min。

② 选择"SINGLE BLOCK"按钮为有效或无效。

③ 刀具进给数率控制盘和主轴转速控制盘选择为适当的倍率。

(4) 按循环启动"CYCLE START"按钮,程序即已运行,运行时可以调节进给速率开关以调节进给速度,当旋钮调节至 0% 时进给停止,主轴转速可以在设定值的 50%~120% 中进行无级变速。上面 PROGRAM CHECK 画面中的 (DISTANCE TO DO) 可以比较程序运行过程中程序设定值与刀具当前位置。刀具的实际走刀量、转速及设置的走刀量、转速在画面中均未显示。

(5) 程序执行完毕后,X 轴、Z 轴均将自动回归机械原点。

(6) 工件加工结束,测量、检验合格后卸下工件。

6.3 数控车床编程实例

本台数控车床刀架台共有 12 个刀位,原则上可装 6 把车刀和 6 把铣刀,但铣刀刀位可装车刀,而车刀刀位不能装铣刀。各刀具在刀架台的布局应有一定的科学性、合理性,更应考虑刀具在静止和工作时,刀具与机床、刀具与工件以及刀具之间的干涉现象。根据本台机床的工作特点,刀具布局按表 6-8 及图 6-55 进行安装。

表 6-8 刀盘刀具类型及参数设置

刀具类型	刀具号	刀具补偿号	刀尖圆弧假想位置编号
中心钻	T01	01	T7
外圆左偏粗车刀	T02	02	T3
麻花钻 1	T03	03	T7
外圆左偏精车刀	T04	04	T3
麻花钻 2	T05	05	T7
外圆切槽刀	T06	06	T3
外圆螺纹刀	T07	07	T8
粗镗孔刀	T08	08	T2
Z 向铣刀	T09	09	T7
45°端面刀	T10	10	T7
X 向铣刀	T11	11	T8
精镗孔刀	T12	12	T2

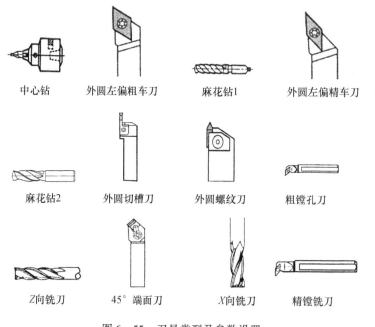

图 6-55 刀具类型及参数设置

(1) 工程案例一:三阶梯轴加工如图 6-56 所示。

毛坯为 φ42mm 的棒料。从右端至左端轴向走刀切削,粗加工每次进给深度 1.5mm,进给量为 0.15mm/r,精加工余量 X 向 0.5mm,Z 向 0.1mm,切断刀刃宽 4mm,工件程序原点如图 6-56 所示。

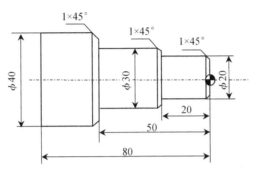

图 6-56 三阶梯轴加工图

程序	说明
O0001;	程序号
M41;	主轴高速挡
G50 S1500;	主轴最高限速 1500r/min
N1;	工序(一)外圆粗切削
G00 G40 G97 G99 S600 T0202 M04 F0.15;	主轴转速 600r/min,走刀量 0.15mm/r,刀具号 T02
X44.0 Z1.0;	外圆粗车循环点
G71 U1.5 R0.5;	外圆粗车纵向循环指令,每次吃刀深度 1.5mm,退刀量 0.5mm
G71 P10 Q11 U0.5 W0.1;	X 向精加工余量为 0.5mm,Z 向精加工余量 0.1mm
N10 G0 G42 X0;	工件轮廓程序起始序号(N10),刀具以 G0 速度至 X0,进行右刀补
G01 Z0;	进刀至 Z0
X20.0 K-1.0;	切削端面,倒角 1×45°
Z-20.0;	切削 φ20mm 外圆,长 20mm
X30.0 K-1.0;	切削端面,倒角 1×45°
Z-50.0;	切削 φ30mm 外圆至 50mm
X40 K-1.0;	切削端面,倒角 1×45°
Z-84.0;	切削 φ40mm 外圆至 84mm
N11 G01 G40 X43.0;	工件轮廓程序结束序号(N11),刀具至 φ43mm,取消刀补
G28 U0 W0 T0 M05;	X 轴、Z 轴自动回归机械原点
N2;	工序(二)外圆精车
G00 G40 G97 G99 S1000 T0404 M04 F0.08;	主轴转速 1000r/min,走刀量 0.08mm/r,刀具号 T04
X44.0 Z1.0;	外圆精车循环点

程序	说明
G70 P10 Q11;	精车外圆指令,执行(N10)至(N11)程序段
G28 U0 W0 T0 M05;	刀具自动回归机械原点
N3;	工序(三)切断
G0 G40 G97 G99 S300 T0606 M04 F0.05;	主轴转速300r/min,走刀量为0.05mm/r
X42.0 Z-84.0;	切断刀循环点
G75 R0.5;	切断循环加工指令,R0.5指切削时的每次退刀量
G75 X0 P2000;	X0为刀具切削终点坐标值,P2000为每次切削深度为2000μm
G00 X100.0;	
G28 U0 W0 T0 M05;	X轴、Z轴自动回归机械原点
M30;	程序结束

(2)工程案例二:两阶梯轴如图6-57所示。

毛坯为φ62mm的棒料。从右端至左端轴向走刀切削,粗加工每次进给深度1.5mm,进给量为0.15mm/r,精加工余量X向0.5mm,Z向0.1mm.,切断刀刀宽4mm,工件程序原点如图6-57所示。

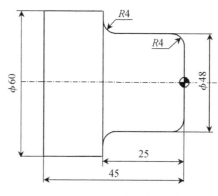

图6-57 两阶梯轴加工图

程序	说明
O0002;	
G50 S1500;	
N1;	工序(一)外圆粗切削
G00 G40 G97 G99 S500 T0202 M04 F0.15;	
X64.0 Z1.0;	
G71 U1.5 R0.5;	
G71 P10 Q11 U0.5 W0.1;	
N10 G0 G42 X0;	
G01 Z0;	
X40.0;	
G03 X48.0 Z-4.0 R4.0;	车削R4mm凸圆弧
G01 Z-25.0 R4.0;	倒圆角方式车削凹圆弧
X60.0;	
Z-49.0;	

```
N11 G01 G40 X63.0;
G28 U0 W0 T0 M05;
N2;                                          工序(二)外圆精加工
G0 G40 G97 G99 S800 T0404 M04 F0.08;
X64.0 Z1.0;
G70 P10 Q11;
G28 U0 W0 T0 M05;
N3;                                          工序(三)切断
G00 G40 G97 G99 S300 T0606 M04 F0.05;
X62.0 Z-49.0;
G75 R0.5;
G75 X0 P2000;
G0 X100.0;
G28 U0 W0 T0 M05;
M30;
```

(3) 工程案例三:多阶梯轴加工如图6-58所示。

毛坯为 φ60×95 的棒料,从右端至左端轴向走刀切削,粗加工每次进给深度2.0mm,进给量为0.25mm/r,精加工余量 X 向 0.4mm,Z 向 0.1mm,切槽刀刃宽4mm,工件程序原点如图6-58所示。

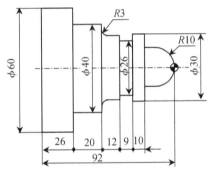

图6-58 多阶梯轴加工

程序   说明

```
O0003;
M41;
G50 S1500;
N1;                                          工序(一)端面车削
G00 G40 G97 G99 S400 T1010 M04 F0.1;
X62.0 Z1.5;
G96 S120;                                    切换工件速度,线速度为120m/min
G01 X0;
G00 X62.0 Z1.5;
Z0;
G01 X0;
```

G00 G97 S500 Z50.0;	切换工件转速,转速为500r/min
G28 U0 W0 T0 M05;	
N2;	工序(二)外圆粗加工
G00 G40 G97 G99 S400 T0202 M04 F0.25;	
X67.0 Z1.0;	刀具定位至粗车循环点
G71 U2.0 R0.5;	
G71 P10 Q11 U0.4 W0.1;	
N10 G00 G42 X0;	
G01 Z0;	
G03 X20.0 Z-10.0 R10.0;	
G01 Z-15.0;	
X30.0;	
Z-46.0 R3.0;	
X40.0;	
Z-66.0;	
X61.0;	
N11 G01 G40 X65.0;	
G28 U0 W0 T0 M05;	
N3;	工序(三)外圆精加工
G00 G40 G97 G99 S600 T0404 M04 F0.1;	
X67.0 Z1.0;	刀具定位至精车循环点
G96 S150;	
G70 P10 Q11;	
G00 G97 S600 X100.0;	
G28 U0 W0 T0 M05;	
N4;	工序(四)切槽加工
G00 G40 G97 G99 S300 T0606 M04 F0.05;	
X31.0 Z-29.0;	
G01 X26.0;	进刀时进给量为0.05mm/r
G01 X31.0 F0.2;	退刀时进给量为0.2mm/r
G00 Z-33.0;	
G01 X26.0 F0.05;	
G01 X31.0 F0.2;	
G00 Z-34.0;	
G01 X26.0 F0.05;	
G01 X31.0 F0.2;	
G28 U0 W0 T0 M05;	
M30;	程序结束

(4) 工程案例四:套件加工图如图6-59所示。

图 6-59(a)为毛坯,图 6-59(b)为零件图。外圆精加工余量 X 向 0.4mm,Z 向 0.1mm,内孔精加工余量 X 向 0.4mm,Z 向 0.1mm,钻头直径为 ϕ23mm,螺纹加工用 G92 命令,工件程序原点如图 6-59 所示。

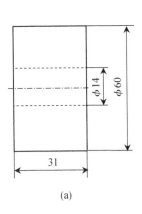
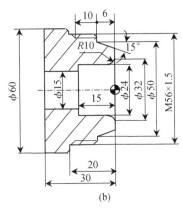

图 6-59 套件毛坯及加工图

程序	说明
O0004;	
M41;	
G50 S1500;	
N1;	工序(一)端面车削
G00 G40 G97 G99 S400 T1010 M04 F0.1;	
X62.0 Z0;	
G96 S120;	
G01 X0;	
G00 G97 Z50.0 S500;	
G28 U0 W0 T0 M05;	
N2;	工序(二)扩孔(钻头直径 ϕ23mm)
G00 G40 G97 G99 S250 T0505 M04 F0.2;	
X0 Z2.0;	
G74 R0.5;	钻孔时每次退刀量为 0.5mm
G74 Z-15.0 Q4000;	每次钻孔深度为 4mm
G28 U0 W0 T0 M05;	
N3;	工序(三)外圆粗加工
G0 G40 G97 G99 S400 T0202 M04 F0.25;	
X64.0 Z2.0;	
G71 U1.5 R0.5;	
G71 P10 Q11 U0.4 W0.1;	
N10 G00 G42 X0;	
G01 Z0;	
X46.8;	锥面小端直径为 ϕ46.8mm
X50.0 Z-6.0;	

X56.0 K-1.0;	
Z-20.0;	
X58.0;	
X62.0 Z-21.0;	倒角1×45°
N11 G01 G40 X64.0;	
G28 U0 W0 T0 M05;	
N4;	工序(四)内径粗加工
G0 G40 G97 G99 S300 T0808 M03 F0.20;	
X12.0 Z2.0;	刀具定位至粗加工循环点
G71 U1.5 R0.5;	内孔粗车每次切深1.5mm,退刀量0.5mm
G71 P12 Q13 U-0.4 W0.1;	内孔径向留精加工余量0.4mm,端面留精加工余量0.1mm
N12 G00 G41 X32.0;	刀尖R补偿方向切换为左刀补
G01 Z0;	
G02 X24.0 Z-8.0 R10.0;	
G01 Z-15.0;	
X17.0;	
X13.0 Z-17.0;	
N13 G1 G40 X12.0;	
G28 U0 W0 T0 M05;	
N5;	工序(五)外圆精加工
G0 G40 G97 G99 S400 T0404 M04 F0.1;	
X64.0 Z2.0;	刀具定位至外圆精车循环点
G96 S150;	
G70 P10 Q11;	
G0 G97 Z50.0 S400;	
G28 U0 W0 T0 M05;	
N6;	工序(六)内孔精加工
G0 G40 G97 G99 S300 T1212 M04 F0.1;	
X12.0 Z2.0;	刀具定位至内孔精车循环点
G96 S120;	
G70 P12 Q13;	
G0 G97 Z50.0 S400;	
G28 U0 W0 T0 M05;	
N7;	工序(七)螺纹加工
G0 G40 G97 G99 S450 T0707 M04;	
X58.0 Z-1.0;	刀具定位至螺纹车削循环点
G92 X55.4 Z-16.0 F1.5;	螺距为1.5mm
X54.9;	
X54.5;	
X54.2;	
X54.05;	

```
G28 U0 W0 T0 M05;
M30;                                    程序结束
```

(5) 工程案例五:加工件如图 6-60 所示。

外圆精加工余量 X 向 0.5mm,Z 向 0.1mm., 切槽刀刃宽 4mm, 螺纹加工用 G92 命令, X 向铣刀直径为 ϕ8mm, Z 向铣刀直径为 ϕ6mm, 工件程序原点如图 6-60 所示。(毛坯上 ϕ70mm 的外圆已粗车至尺寸, 不需加工)。

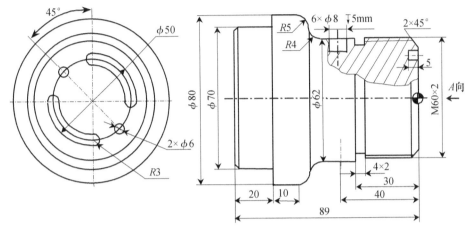

图 6-60 加工图

程序   说明
```
O0005;
M41;
G50 S1500;
N1;                                                  工序(一)外圆粗切削
G0 G40 G97 G99 S500 T0202 M04 F0.15;
X84.0 Z2.0;
G71 U1.5 R0.5;
G71 P10 Q11 U0.5 W0.1;
N10 G0 G42 X0;
G01 Z0;
X60.0 K-2.0;
Z-30.0;
X62.0;
Z-50.0;
G02 X70.0 Z-54.0 R4.0;
G03 X80.0 Z-59.0 R5.0;
Z-69.0;
N11 G01 G40 X82.0;
G28 U0 W0 T0 M05;
N2;                                                  工序(二)外圆精车
G0 G40 G97 G99 S800 T0404 M04 F0.08;
X84.0 Z2.0;
```

G70 P10 Q11;	
G28 U0 W0 T0 M05;	
N3;	工序(三)切槽
G0 G40 G97 G99 S200 T0606 M04 F0.05;	
X64.0 Z-30.0;	
G01 X56.0;	
X62.0 F0.2;	
G0 X100.0;	
G28 U0 W0 T0 M05;	
N4;	工序(四)车螺纹
G0 G40 G97 G99 S300 T0707 M04;	
X62.0 Z5.0;	
G92 X59.2 Z-28.0 F2.0;	
X58.5;	
X58.0;	
X57.7;	
X57.5;	
X57.4;	进刀至尺寸 ϕ57.4mm(60-1.3×2 = 57.4mm)
G0 X100.0;	
G28 U0 W0 T0 M05;	
N5;	工序(五)铣径向孔
M54;	C轴离合器合上
G28 H-30;	C轴反向转动30°,有利于C轴回零点
G50 C0;	设定C轴坐标系
G0 G40 G97 G98 S1000 T1111 M04 F10;	铣刀转速1000r/min,进给量10mm/min
X64.0 Z-40.0;	铣刀定位
M98 P61000;	调用子程序O1000六次,铣ϕ8mm孔
G0 X100.0;	
G28 U0 W0 C0 T0 M05;	
N6;	工序(六)铣端面槽及孔
G50 C0;	
G0 G40 G97 G98 S1000 T0909 M04;	
X44.0 Z1.0;	铣刀定位
M98 P21001;	调用子程序O1001两次
G0 H-45.0;	
G01 Z-5.0 F5;	
Z1.0 F20;	
G0 H180.0;	
G01 Z-5.0 F5;	
G01 Z1.0 F20;	
G0 X100.0;	
G28 U0 W0 C0 T0 M05;	

M55;	C轴离合器断开
M30;	程序结束

子程序
O1000;
G01 X52.0 F5;
G04 U1.0;
X64.0 F20;
G00 H60.0;
M99   子程序调用结束

O1001;
G00 Z-5.0 F5;
G01 H90.0 F20;
Z2.0 F20.0;
H90.0;
M99;

(6) 工程案例六:加工件如图6-61所示。

外圆精加工余量 X 向 0.4mm,Z 向 0.1mm,内孔精加工余量 X 向 0.4mm,Z 向 0.1mm,切槽刀刃宽 4mm,钻头直径为 φ18mm,螺纹加工用 G92 命令,X 向铣刀直径为 φ8mm,工件程序原点如图6-61所示,(毛坯上 φ50mm 的外圆已粗车至尺寸,不需加工)。

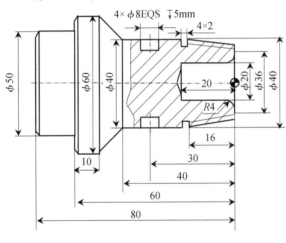

图 6-61 加工图

程序	说明
O0006;	
M41;	
G50 S1500;	
N1;	工序(一)端面车削
G0 G40 G99 S400 T1010 M04 F0.1;	
X62.0 Z0;	
G96 S120;	

```
G01 X0;
G0 G97 S500 Z50.0;
G28 U0 W0 T0 M05;
N2;                                              工序(二)打中心孔
G0 G40 G97 G99 S800 M04 T0101 F0.02;
X0 Z2.0;
G74 R0.2;                                        打中心孔时每次退刀量为0.5mm
G74 Z-5.0 Q2000;                                 孔深5mm,每次钻削深度2mm
G28 U0 W0 T0 M05;
N3;                                              工序(三)钻孔(钻头直径φ18mm)
G0 G40 G97 G99 S250 M04 T0303 F0.2;
X0 Z2.0;
G74 R1.0;                                        钻孔时每次退刀量1mm
G74 Z-200000.0 Q3000;                            孔深24mm,每次钻孔深度3mm
G28 U0 W0 T0 M05;
N4;                                              工序(四)外圆粗加工
G0 G40 G97 G99 S400 M04 T0202 F0.25;
X64.0 Z2.0;
G71 U2.0 R0.5;
G71 P10 Q11 U0.4 W0.1;
N10 G0 G42 X16.0;
G01 Z0;
X36.0;
X40.0 Z-16.0;
Z-40.0;
X60.0 Z-50.0;
Z-60.0;
N11 G01 G40 X64.0;
G28 U0 W0 T0 M05;
N5;                                              工序(五)内径粗加工
G0 G40 G97 G99 S350 T0808 M04 F0.2;
X16.0 Z2.0;                                      刀具定位至内径粗加工循环点
G71 U1.5 R0.5;                                   粗车每次切深1.5mm,退刀量0.5mm
G71 P12 Q13 U-0.4 W0.1;
N12 G00 G41 X28.0;                               刀尖R补偿方向切换为左刀补
G01 Z0;
G02 X20.0 Z-4.0 R4.0;
G01 Z-20.0;
X18.0;
N13 G01 G40 X16.0;
G28 U0 W0 T0 M05;
N6;                                              工序(六)外径精加工
G00 G40 G97 G99 S500 M04 T0404 F0.1;
X64.0 Z2.0;
```

```
G96 S150;
G70 P10 Q11;
G0 G97 X100.0 S500;
G28 U0 W0 T0 M05;
N7;                                          工序(七)内径精加工
G0 G40 G97 G99 S300 M04 T1212 F0.1;
X16.0 Z2.0;
G96 S120;
G70 P10 Q11;
G0 G97 Z50.0 S300;
G28 U0 W0 T0 M05;
N8;                                          工序(八)切槽加工
G0 G40 G97 S250 T0606 M04 F0.05;
X42.0 Z-20.0;
G01 X36.0;
G01 X42.0 F0.2;
G28 U0 W0 T0 M05;
N9;                                          工序(九)锥螺纹加工
G0 G40 G97 G99 S500 T0707 M04;
X42.0 Z6.0;                                  刀具定位至螺纹加工循环点
G92 X39.7 Z-18.0 R-3.0 F1.5;
X39.1;
X38.7;
X38.6;
X38.55;
G28 U0 W0 T0 M05;
N10;                                         工序(十)铣径向孔
M54;
G28 H-30.0;
G50 C0;                                      设定 C 轴坐标系
G0 G40 G97 G98 S700 M04 T1111;
Z-30.0;
X42.0;
M98 P40010;                                  调用 O0010 子程序 4 次
G28 U0 W0 H0 T0 M05;                         X 轴、Z 轴、C 轴自动回归原点
M55;                                         C 轴离合器脱开
M30;                                         程序结束

子程序
O0010;
G01 X30.0 F5;
G01 X42.0 F20;
G00 H90.0;
M99;                                         子程序调用结束
```

6.4 数控车床编程与加工练习件

样件一如图 6-62 所示。

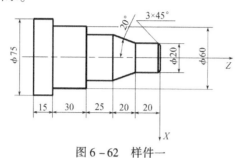

图 6-62 样件一

样件二如图 6-63 所示。

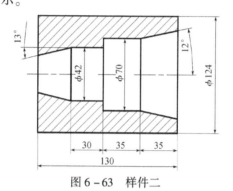

图 6-63 样件二

样件三如图 6-64 所示。

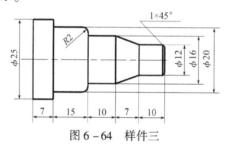

图 6-64 样件三

样件四如图 6-65 所示。

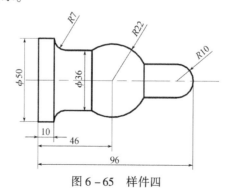

图 6-65 样件四

样件五如图 6-66 所示。

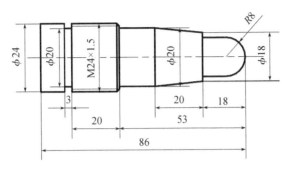

图 6-66　样件五

样件六如图 6-67 所示。

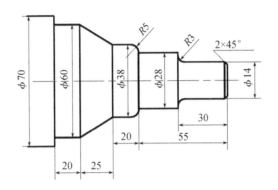

图 6-67　样件六

样件七如图 6-68 所示。

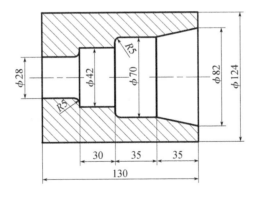

图 6-68　样件七

样件八如图 6-69 所示。
样件九如图 6-70 所示。

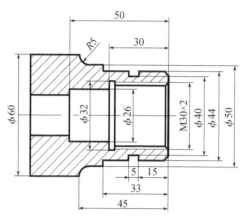

图 6-69 样件八

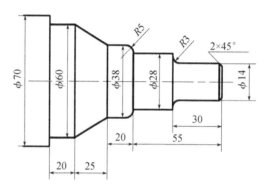

图 6-70 样件九

样件十如图 6-71 所示。

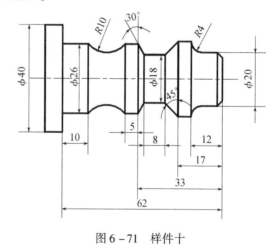

图 6-71 样件十

样件十一如图 6-72 所示。
样件十二如图 6-73 所示。

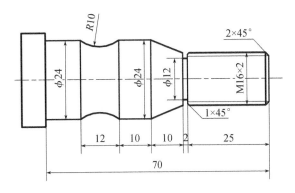

图 6-72 样件十一

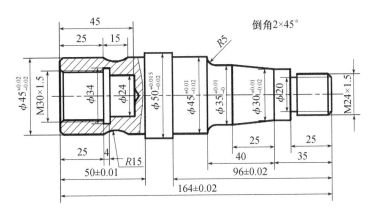

图 6-73 样件十二

6.5 数控车床的维护和保养

数控车床具有机、电、液集于一身及技术密集和知识密集的特点,是一种自动化程度高、结构复杂且又昂贵的先进加工设备。为了充分发挥其效益,减少故障的发生,必须做好日常维护工作,所以要求数控车床维护人员不仅要有机械、加工工艺以及液压、气动方面的知识,也要具备计算机、自动控制、驱动及测量技术等知识,这样才能全面了解、掌握数控车床,及时做好维护工作。主要的维护工作有下列内容。

(1) 选择合适的使用环境。数控车床的使用环境(如温度、湿度、振动、电源电压、频率及干扰等)会影响机床的正常运转,故在安装机床时应严格做到符合机床说明书规定的安装条件和要求。在经济条件许可的条件下,应将数控车床与普通机械加工设备隔离安装,以便于维修与保养。

(2) 应为数控车床配备数控系统编程、操作和维修的专门人员。这些人员应熟悉所用机床的机械、数控系统、强电设备、液压、气压等部分及使用环境、加工条件等,并能按机床和系统使用说明书的要求正确使用数控车床。

(3) 伺服电动机的保养。对于数控车床的伺服电动机,要在 10-12 个月进行一次维护保养,加速或者减速变化频繁的机床要在 2 个月进行一次维护保养。维护保养的主要内容有:用干燥的压缩空气吹除电刷的粉尘,检查电刷的磨损情况,如需更换,需选用规格型号相同的电刷,更换后要空载运行一定时间使其与换向器表面吻合;检查清扫电枢整流子以防止短路;如装有测速电动机和脉冲编码器时,也要进行检查和清扫。

(4) 清扫卫生,如空气过滤气的清扫、电气柜的清扫、印制电路板的清扫。表6-9为一台数控车床的保养一览表。

表6-9 数控车床保养明细

序号	检查周期	检查部位	检查要求
1	每天	导轨润滑油箱	检查油量,及时添加润滑油,润滑油泵是否定时启动打油及停止
2	每天	主轴润滑恒温油箱	工作是否正常,油量是否充足,温度范围是否合适
3	每天	机床液压系统	油箱泵有无异常噪声,工作油面高度是否合适,压力表指示是否正常,管路及各接头有无泄漏
4	每天	压缩空气源压力	气动控制系统压力是否在正常范围之内
5	每天	X、Z轴导轨面	清除切屑和脏物,检查导轨面有无划伤损坏,润滑油是否充足
6	每天	各防护装置	机床防护罩是否齐全有效
7	每天	电气柜各散热通风装置	各电气柜中冷却风扇是否工作正常,风道过滤网有无堵塞,及时清洗过滤器
8	每周	各电气柜过滤网	清洗粘附的尘土
9	不定期	冷却液箱	随时检查液面高度,及时添加冷却液,太脏应及时更换
10	不定期	排屑器	经常清理切屑,检查有无卡住现象
11	半年	检查主轴驱动皮带	按说明书要求调整皮带松紧程度
12	半年	各轴导轨上镶条,压紧滚轮	按说明书要求调整松紧状态
13	一年	检查和更换电动机炭刷	检查换向器表面,去除毛刺,吹净炭粉,磨损过多的炭刷及时更换
14	一年	液压油路	清洗溢流阀、减压阀、滤油器、油箱,过滤液压油或更换
15	一年	主轴润滑恒温油箱	清洗过滤器、油箱,更换润滑油
16	一年	冷却油泵过滤器	清洗冷却油池,更换过滤器
17	一年	滚珠丝杠	清洗丝杠上旧的润滑脂,涂上新油脂

(5) 机床电缆线的检查主要检查电缆线的移动接头、拐弯处是否出现接触不良、断线和短路等故障。

(6) 有些数控系统的参数存储器是采用CMOS元件,其存储内容在断电时靠电池供电保持。一般应在一年中更换一次电池,并且一定要在数控系统通电的状态下进行,否则会使存储参数丢失,使数控系统不能工作。

(7) 长期不用数控车床的保养。在数控车床闲置不用时,应经常给数控系统通电,在机床锁住的情况下,使其空运行。在空气湿度较大的梅雨季节应该天天通电,利用电气元件本身发热驱走数控柜内的潮气,以保证电子部件的性能稳定可靠。

第7章 数控电加工机床

7.1 电火花线切割机床的加工原理

电火花线切割加工(Wire Cut Electrical Discharge Machining, WEDM),最早是由苏联科学家在开发电火花设备的基础上,于20世纪50年代末研制出并发展起来的一种新型工艺设备,是用线状电极(钼丝或铜丝)靠火花放电对工件进行切割,故称电火花线切割,有时简称线切割。由于这种加工方法本身具有很多优越性,所以一产生便得到了广泛的应用,目前国内外的线切割机床已占电加工机床的60%以上。

7.1.1 电火花线切割加工机床

根据电极丝的运行速度,电火花线切割机床通常分为两大类:一类是高速走丝电火花线切割机床(WEDM - HS),这类机床的电极丝(常用钼丝)作高速往复运动,长时间重复使用,一般走丝速度为8~10m/s,这是我国生产和使用的主要机种,也是我国独创的电火花线切割加工模式;另一类是低速走丝电火花线切割机床(WEDM - LS),这类机床的电极丝(常用铜丝)作低速单向运动且一次使用后即报废,一般走丝速度低于0.2m/s,这是国外生产和使用的主要机种。

此外,电火花线切割机床按控制方式可分为靠模仿型控制、光电跟踪控制、数字程序控制等;按加工尺寸范围可分为大、中、小型以及普通直壁切割型与锥度切割型等;按脉冲电源形式可分为RC电源、晶体管电源、分组脉冲电源及自适应控制电源等。

电火花线切割加工设备主要由机床本体、脉冲电源、控制系统、工作液循环系统和机床附件等几部分组成,如图7-1所示。

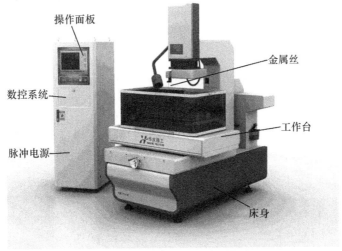

图7-1 线切割机床的外形结构图

1. 机床本体

机床本体部分由床身、坐标工作台、运丝机构、丝架、工作液箱、附件和夹具等几部分组成。

1) 床身部分

床身是坐标工作台、绕丝机构及丝架的支承和固定基础。为了保证机床具有优良的抗温度变化性能,有良好的运动稳定性能和较长的精度寿命,机床的床身采用优质铸件制造,并设计为带加强肋的箱式结构。

2) 坐标(移动)工作台部分

数控电火花线切割机床通过坐标工作台与电极丝的相对运动来完成零件的加工。它采用"十"字滑板、滚动导轨和丝杠传动副将电动机的旋转运动变为工作台的直线运动,通过两个坐标方向各自的进给移动、合成获得各种平面图形曲线轨迹。由于采用了摩擦系数很低的滚动导轨,因而工作台能够响应伺服电动机的微小动作,实现亚米级($0.1\mu m$)的当量驱动,导轨的预紧力直接采用工作台自重压力,使机械精度保持稳定。但要保证工作台的定位精度和灵敏度,传动丝杆和螺母之间必须消除间隙。

(1) 走丝机构。低速走丝系统如图7-2所示,未使用的金属丝筒6中的金属丝以较低的速度移动。为了提供一定的张力,在走丝路径中装有一个机械或电磁式张力机构。它的导丝装置一般是金刚石或蓝宝石加工成的圆孔状或对开的V形导向器,有较高的精度保持性和很长的使用寿命,并且导向器孔的直径仅比电极丝大0.02mm左右,保证了精确的导向性。为实现断丝时能自动停车并报警,走丝系统中通常还装有断丝检测微动开关。用过的电极丝则集中到专门的收集器中。

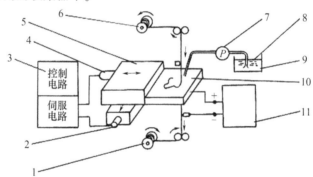

图7-2 线切割机床工作原理图

1—收丝筒;2—Y轴电动机;3—数控装置;4—X轴电动机;5—工作台;6—放丝筒;
7—泵;8—蒸馏水;9—工作液池;10—工件;11—脉冲电源。

(2) 锥度切割装置。为了切割有落料角的冲模和某些有锥度(斜度)的内外表面,数控电火花线切割机床具有锥度切割功能。它采用的是双坐标联动装置,实现四轴联动的功能,来完成上下异形截面形状的加工。最大的倾斜角度一般为±5°,有的甚至可达30°。

2. 脉冲电源

数控电火花线切割加工脉冲电源与数控电火花成形加工所用的脉冲电源在原理上相同,不过受加工表面粗糙度和电极丝允许承载电流的限制,线切割加工脉冲电源的脉宽较窄为2~60μs,单个脉冲能量、平均电流(1~5A)一般较小,所以线切割加工总是采用正极性加工。脉冲电源由主振电路、脉宽调节电路、间隔调节电路、功率放大电路和整流电源等构成。脉冲电源的形式品种很多,如晶体管矩形波脉冲电源、高频分组脉冲电源、并联电容型脉冲电源、低损耗电源等。

3. 控制系统

数控电火花线切割控制系统的主要作用是在电火花线切割加工过程中,按加工要求自动控制电极丝相对工件的运动轨迹和进给速度,来实现对工件的形状和尺寸的加工,即根据放电间隙大小与放电状态自动控制进给速度,使进给速度与工件材料的蚀除速度相平衡。它的具体功能包括:

(1) 轨迹控制:即精确控制电极丝相对于工件的运动轨迹,以获得所需的形状和尺寸。

(2) 加工控制:主要包括对伺服进给速度、电源装置、走丝机构、工件液系统以及其他的机床操作控制。此外,失效、安全控制及自诊断功能也是一个重要的方面。加工控制功能主要有进给控制,短路回退,间隙补偿,图形的缩放、旋转和平移,适应控制,自动找中心,信息显示七大功能。

电火花线切割机床现在普遍采用微型计算机控制,控制原理是:把工件的形状和尺寸编制成程序指令,一般通过键盘或纸带或磁带,输给计算机,计算机根据输入指令控制驱动电动机,由驱动电动机带动精密丝杆,使工件相对于电极丝作轨迹运动。

(3) 控制系统的构成。图7-3是控制系统的构成图,各部分的功能如下:

① 主存、CPU部:主存中保存着使系统全体动作的必要程序和实施中使用的数据,CPU执行机械本体的直接控制和电源的控制(SYSTEM2、SYSTEM3)。

② 人-机界面部:包括CTR、键盘和模式键。通过它可以知道系统的状态,并把输入送到主存、CPU部。

③ 数据I/O部:执行从纸带的输入,外部装置的输入、输出,以及与软盘之间数据的交流。

④ 机械I/O部:执行机械状态的输入,机械操作的输出和操作盘的输入、输出。

⑤ 放电控制部:以最佳控制机能不断地监视放电状态,并发生脉冲状电流。

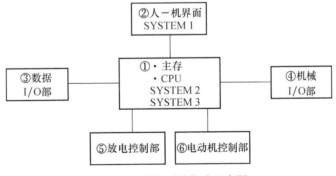

图7-3 数控系统构成示意图

⑥ 电动机控制部:根据NC的指令执行电动机的控制、动作和决定位置。

4. 伺服进给系统

目前,高速走丝电火花线切割机床的数控系统大多采用较简单的步进电动机开环系统,而低速走丝线切割机床的数控系统则是由伺服电动机加码盘的半闭环系统,精密、超精密线切割机床上采用了伺服电动机加磁铁或光栅的全闭环数控系统。

5. 工作液循环系统

工作液循环装置包括水箱、过滤装置、循环泵、高压泵、纯水器、水阻检测系统、水压调节装置、空调以及压缩空气装置等。加工液的供给是保证零件加工质量的关键因素,在装置中采用纸芯来过滤工作液,能保证微米级的微粒被滤除,采用去离子树脂保证水阻的的额定值,并能实现工作液的自动检测和自动交换。室温同步型空调保证了加工液在合适的温度范围内工作。

在线切割加工中,工作液对加工工艺指标影响很大,如对切割速度、表面粗糙度、加工精度等都有影响。可使用的工作液种类很多,有煤油、乳化液、去离子水、蒸馏水、洗涤剂、酒精溶液等。低速走丝线切割机床大多使用去离子水作为工件液,只有在特殊精加工时才采用绝缘性能较高的煤油。不管使用哪种工作液它都应具有以下几个性能:

1) 一定的绝缘性能

火花放电必须在具有一定绝缘性能的液体介质中进行。普通自来水的绝缘性能较差,加上电压后容易产生电解作用而不能火花放电。加入矿物油、皂化钾等后制成的乳化液,适合于电火花线切割加工。煤油的绝缘性能较高,同样电压之下较难击穿放电,放电间隙偏小,生产率低,只有在特殊精加工时才采用。工作液的绝缘性能可使击穿后的放电通道压缩,局限在较小的通道半径内火花放电,形成瞬时局部高温熔化、汽化金属。放电结束后又迅速恢复放电间隙成为绝缘状态。

2) 较好的洗涤性能

洗涤性能是指液体有较小的表面张力,对工件有较大的亲和附着力,能渗透进入窄缝中,且有一定去除油污能力的性能。洗涤性能好的工作液,切割时排屑效果好,切割速度高,切割后表面光亮清洁,割缝中没有油污粘糊。洗涤性能不好的工作液则相反,有时切割下来的料芯被油污糊状物粘住,不易取下来,切割表面也不易清洗干净。

3) 较好的冷却性能

在放电过程中,放电点局部、瞬时温度极高,尤其是大电流加工时表现更加突出。为防止电极丝烧断和工件表面局部退火,必须充分冷却,要求工作液具有较好的吸热、传热和散热性能。

4) 对环境无污染,对人体无危害

在加工中不应产生有害气体,不应对操作人员的皮肤、呼吸道产生刺激等反应,不应锈蚀工件、夹具和机床。

此外,工作液还应该具有配制方便、使用寿命长、乳化充分、冲制后不能油水分离、储存时间较长及不应有沉淀或变质现象等特点。

7.1.2 电火花线切割加工原理、特点及应用范围

1. 电火花线切割加工原理

电火花线切割加工的基本原理是利用移动的细金属导线(铜丝或钼丝)作为电极,对工件进行脉冲火花放电、切割成形,参见图7-2。电火花线切割加工时,电极丝接脉冲电源的负极,工件接脉冲电源的正极。当电源产生一个电脉冲时,在电极丝和工件之间就产生一次火花放电,在放电通道的中心温度瞬时可高达10000℃以上,高温使工件金属熔化,甚至有少量汽化,高温也使电极丝和工件之间的工作液部分产生汽化,这些汽化后的工作液和金属

蒸气瞬时迅速膨胀,并具有爆炸的特性。这种膨胀和局部微爆炸,抛出熔化和汽化了的金属材料而实现对工件材料进行电蚀切割加工。

2. 电火花线切割加工必备的条件

(1) 保证工件和电极丝之间的放电必须是火花放电,而不是电弧放电。两者可简单地用放电时间的持续时间来区分:放电时间持续在 4000μs 以上的为电弧放电,以下则为电火花放电。为了保证这点,工具电极和工件被加工表面之间必须随时保持一定的放电间隙。间隙的大小根据加工目的和采用的加工条件而定,一般在几微米到几百微米之间。如果间隙过大,电压不能击穿极间介质,产生不了火花放电;间隙过小,容易短路形成电弧放电烧坏工件,不能进行正确的加工。因此机床必须具有工具电极的自动进给和调节装置。

(2) 两个脉冲之间应具有足够的间隔时间,使放电间隙中的介质消电离,即使放电通道中的带电粒子复合为中性粒子,恢复本次放电通道处间隙中介质的绝缘强度,以免总在同一处发生放电而导致电弧放电。一般脉冲间隔应为脉冲宽度的 4 倍以上。

(3) 火花放电必须在有一定绝缘性能的液体介质中进行。为了保证火花放电时电极丝不被烧断,必须向放电间隙注入大量工作液,以使电极丝得到充分冷却。并且工作液应具有较高的流动性,以利于及时有效地将加工过程中产生的金属碎屑等电蚀产物从放电间隙中冲走。

3. 电火花线切割加工特点

电火花线切割加工与电火花成形加工既有共性,又有特性。

1) 线切割加工与电火花成形加工的共性

(1) 线切割加工的电压电流波形与电火花加工的基本相似。单个脉冲也有多种形式的放电状态,如开路、正常火花放电、短路等。

(2) 线切割加工的加工机理、生产率、表面粗糙度等工艺规律,以及材料的可加工性等也都与电火花加工的基本相似,可以加工硬质合金等一切导电材料。

2) 电火花线切割加工的特性

(1) 由于电极工具是直径较小的细丝,故脉冲宽度、平均电流等不能太大,加工工艺参数的范围较小,属中、精级电火花加工。

(2) 加工时采用水或水基工作液不会引燃起火,容易实现安全无人运转,但需附设自动取芯装置及自动剪丝、穿丝装置。

(3) 加工过程中电极丝与工件间不存在显著的切削力,因此加工过程中极少有振动。工件装夹的夹紧力可相对小些,对加工一些弹性、低刚度工件较为有利。

(4) 电极丝材料不必比工件材料硬,可以加工用一般切削方法难以加工或无法加工的金属材料,如淬火钢、硬质合金钢、金刚石、石英等。

(5) 由于电极丝与工件始终有相对运动,所以一般没有稳定电弧放电状态。

(6) 电极丝与工件之间存在着轻压放电现象。近年来的实验表明,当电极丝与工件接近到通常认为的放电间隙时,并不发生火花放电,甚至当电极丝已与工件接触,从显微镜中已看不到间隙时,也常常看不见火花,只有当工件将电极丝顶弯,偏移一定的距离(几微米到几十微米)时,才发生正常的火花放电。即只有电极丝和工件之间保持一定的轻微接触压力,才能形成火花放电。可以认为造成这种现象的原因是:在电极丝与工件之间存在着某种电化学产生的绝缘薄膜介质,只有当电极丝被顶弯所造成的压力和电极丝相对工件的移动摩擦使这种介质减薄到可被击穿的程度时,才发生火花放电。

（7）不需要制造成形的工具电极,大大降低了成形工具电极的设计和制造费用,缩短了生产周期,有利于新产品的试制。

（8）由于电极丝比较细,可以加工细微异形孔、窄缝和复杂形状的工件。而且切缝很窄,加工材料的去除量很少,材料的利用率很高。

（9）由于采用运动着的长金属丝进行加工,单位长度电极丝损耗较小,从而对加工精度影响较小。

电火花线切割加工有许多突出的长处,是其他的加工方法无法比拟的,因而在各个领域得到了广泛的应用。

4. 电火花线切割加工的应用范围

线切割加工为新产品试制、模具制造及精密零件加工开辟了一条新的工艺路径,特别是数控技术与线切割的结合使得这种加工方法更加广泛地运用到各个领域。

（1）加工各种模具,特别适合加工冲模,无论形状是否复杂,通过调整改变间隙补偿量(在一定范围内),只需一次编程就可以切割凸模、凸模固定板、凹模、卸料板等。而且是作为最后的精加工,模具配合间隙、加工精度通常都能达到要求。此外,还可以加工带锥度的模具,如挤压模、弯曲模、粉末金模、塑压模等。

（2）加工尺寸微细、形状复杂的电极,穿孔用的电极,带有锥度的电极,以及纯铜、铜钨、银钨合金之类的材料,目前用线切割加工特别经济。

（3）加工零件,特别适合于:特殊难加工材料的零件;试制新产品或数量较少不必再另行制造模具的零件;形状复杂用切削加工方法不能或不易加工的零件以及各种型孔、特殊齿轮、凸轮样板、成形刀具的加工等。

7.2 电火花线切割机床加工实例

电火花线切割控制系统的启停的注意事项:

1）系统的启动

（1）合上电源开关,稍等片刻。

（2）在显示器上显示初始画面,此时可以执行编集模式和设定模式的处理。

（3）合上动力开关。

（4）执行轴位置的初始化,此操作在 G 型与 S/C 型中不同。

2）系统的结束

（1）确认已停止加工。

（2）轴及其他动作(电极丝运行,喷流等)如在实施中,使其停止。

（3）按全停开关,机械因此停止。

（4）此开关,按一下后,保持这种状态。

（5）如要解除,把开关向右旋转。

（6）按电源关闭钮。

（7）此后,所有机能都停止。

3）再启动的注意点

由于电源装置采用空调强制排热方式,因此能防止尘埃或铁屑进入装置内,提高对室温变化的稳定性和保护空调。

(1) 再启动时,在动力电源切断后,等待 2min。

(2) 方可按启动开关。

本节以 SODICK 公司生产的型号为 A500-E 的数控电火花慢走丝线切割机床为例,介绍线切割加工的几个实例。

1. 工程案例一

加工图样及要求如图 7-4 所示。

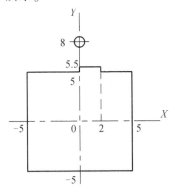

图 7-4 一次切割成形的零件轮廓图

工件一次切割成形(凸件),顶部凸出部分为切落面,切落后必须用磨削等方法精加工。加工所需材料、工具及刀具如下:

(1) 工件材料:合金钢,坯件尺寸为 40×30×20mm(长×宽×高)。

(2) 所需工具:压板、螺栓及各种扳手,杠杆式千分表。

(3) 所需刀具:ϕ0.2mm 铜丝。

基本操作步骤如下:

步骤 1　读图

拿到加工零件图纸后,首先了解图中零件的形状、尺寸及加工部位。此零件是一个边长为 10mm 的正方体,在点(0,8)处预制有一个穿丝孔。

步骤 2　编制加工工艺

阅读和分析图纸后,制定出合理的加工工艺。加工此零件时,从穿丝点开始加工,按工件轮廓切割,退出点即为穿丝点(0,8)。

步骤 3　工件的装夹与定位

(1) 将坯料放在工作台上,保证有足够的装夹余量,然后用压板压住料坯长度方向的一侧。

(2) 再用螺栓紧固,此时工件右侧悬置。

(3) 用杠杆式千分表通过手动移动按钮对坯料上平面及 X、Y 轴两个方向进行找正,保证工件相对机床的位置度。

步骤 4　穿丝及 Z 向位置的确定

(1) 打开上导丝器开合开关即电极丝运行开关进行穿丝。

(2) 在编辑状态下调出自动找中心程序,按下执行键 ENT 执行该程序找正起始点。

(3) 依据工件的高度通过手动移动按钮调整上导丝器的 Z 向位置。

步骤 5　编制加工程序

程序可采用手工编制及计算机自动编程(CAM)，手工编程程序如下：

```
00002;
G54;
 G90;
G92  X0  Y8.  Z0;
    C890;
    T85;
    G01  Y5.5;
    C420;
    T84;
    G42  H130;
    G01  Y5.;
    X-5.;
    Y-5.;
    X5.;
    Y5.;
    X2.;
    G40  Y5.5;
    M00;
    T85;
    C890;
    G01  X0;
    M02;
```

代码说明如表 7-1 所列。

表 7-1　各程序段代码说明

代码	说明
G54	基本坐标系，其他从 G55 至 G59 均可以设定
G90	绝对坐标，相应地有增量坐标 G91
G92	设当前坐标值为原点
G890	加工条件及接近条件：SKD-11，$T=20mm$，$\phi 0.2mm$
T85	高压泵关闭 OFF
C420	形状加工用条件
T84	高压泵接通 ON
G42	右侧补正
H130	补正量 130 μm
G01	放电 ON
G40	取消补正
M00	停止程序
M02	程序结束

表7-1中C代码为选择加工条件的代码,其后缀用3位以内的数据表示。其中,C000~C099是私自的加工条件;C100~C899是公共的加工条件;C901~C999是PIKA加工条件。

步骤6　手动输入加工程序

(1) 在编辑主模式下,选择副模式1键,进入程序输入模式。

(2) 按INSERT键输入程序。

(3) 当输入有误时,可用DELETE键删除。

(4) 当程序需要修改时,可用ALTER键替换。

(5) 通过操作面板手工将程序清单内容输入到内存中,同时要保证输入的程序准确无误。

步骤7　图形描绘及加工程序试运行

(1) 运行程序前应先进行图形描绘及试运行,目的是检查加工轨迹与图形轨迹是否一致。

(2) 在编辑模式下利用描绘图形(GRAPHIC)键绘制零件轮廓图形。

(3) 检查机床各功能键的位置是否正确。

(4) 启动试切削程序(DRY=1,并按下执行系统指令ENT键)。

步骤8　真实加工

(1) 调整电参数,启动真实加工程序。

(2) 先按下主键,再按下GRAPH键,屏幕显示被加工零件的轮廓形状。

(3) 按下DRY键(DRY=0),再按下ENT键,机床开始真实加工。

(4) 加工中,需要暂停时,按下HAIT键,待机床停止后方可进行调整。需继续加工时按RST键。

(5) 加工完毕后,按OFF键结束。

步骤9　尺寸检测及清理机床

(1) 工件加工完毕后,用游标卡尺、外径千分尺及千分表测量工件的尺寸。

(2) 尺寸检测完毕后,仔细清理机床及周围环境。

(3) 检查电、气、液、开关等是否处于正常位置。

2. 工程案例二

加工图样及要求如图7-5所示。

加工件用镜像指令G05、G06、G09进行编程加工。

加工所需材料、工具及刀具如下

(1) 工件材料:合金钢,坯件尺寸为$120 \times 100 \times 30$mm(长×宽×高)。

(2) 所需工具:压板、螺栓及各种扳手,杠杆式千分表。

(3) 所需刀具:$\phi 0.25$mm铜丝。

基本操作步骤如下:

步骤1　读图

拿到加工零件图纸后,首先了解图中零件的形状、尺寸及加工部位。此零件是一个凹件,根据其外形特征,可利用图形镜像指令编程加工,从而使程序简化。

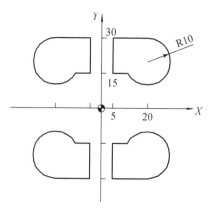

图 7-5 用镜像指令编程加工

步骤 2　编制加工工艺

(1) 阅读和分析图纸后,制定出合理的加工工艺。

(2) 穿丝孔预制于点 O 处,根据图形特征,以第一象限工件轮廓编程作为子程序。

(3) 通过 X、Y 轴镜像即可得到零件的全形。

步骤 3　工件的装夹与定位

(1) 将坯料放在工作台上,保证有足够的装夹余量,然后用压板压住料坯长度方向的一侧。

(2) 再用螺栓紧固,此时工件右侧悬置。

(3) 用杠杆式千分表通过手动移动按钮对坯料上平面及 X、Y 轴两个方向进行找正,保证工件相对机床的位置度。

步骤 4　穿丝及 Z 向位置的确定

(1) 打开上导丝器开合开关即电极丝运行开关进行穿丝。

(2) 在编辑状态下调出自动找中心程序,按下执行键 ENT 执行该程序找正起始点。

(3) 依据工件的高度通过手动移动按钮调整上导丝器的 Z 向位置。

步骤 5　编制加工程序

手工编制加工程序,程序为:

```
O0002;
G54  G90  G92  X0  Y0;
G09;
M98  P0001  L1;
G05;
M98  P0001  L1;
G09;
G06;
M98  P0001  L1;
G05;
M98  P0001  L1;
G09;
M02;
```

```
N0001;
G41  H000;
G01  X5.  Y15.;
X11.34;
G03  X20.  Y30.  I8.66  J5.;
G01  X5.;
Y15.;
G40;
X0  Y0;
M99;
```

步骤6　手动输入加工程序
(1) 在编辑主模式下,选择副模式1键,进入程序输入模式。
(2) 按INSERT键输入程序。
(3) 当输入有误时,可用DELETE键删除。
(4) 当程序需要修改时,可用ALTER键替换。
(5) 通过操作面板手工将程序清单内容输入到内存中,同时要保证输入的程序准确无误。

步骤7　图形描绘及加工程序试运行
(1) 运行程序前应先进行图形描绘及试运行,目的是检查加工轨迹与图形轨迹是否一致。
(2) 在编辑模式下利用描绘图形(GRAPHIC)键绘制零件轮廓图形。
(3) 检查机床各功能键的位置是否正确。
(4) 启动试切削程序(DRY=1,并按下执行系统指令ENT键)。

步骤8　真实加工
(1) 调整电参数,启动真实加工程序。
(2) 先按下主键,再按下GRAPH键,屏幕显示被加工零件的轮廓形状。
(3) 按下DRY键(DRY=0),再按下ENT键,机床开始真实加工。
(4) 加工中,需要暂停时,按下HAIT键,待机床停止后方可进行调整。
(5) 需继续加工时按RST键。
(6) 加工完毕后,按OFF键结束。

步骤9　尺寸检测及清理机床
(1) 工件加工完毕后,用游标卡尺、内径千分尺及千分表测量工件的尺寸。
(2) 尺寸检测完毕后,仔细清理机床及周围环境。
(3) 检查电、气、液开关等是否处于正常位置。

7.3　电火花成形机床的加工原理

7.3.1　数控电火花机床的结构

数控电火花成形机床主要由主机、脉冲电源、机床电气、数控系统和工作液净化及循环系统等部分组成,如图 7-6 所示。

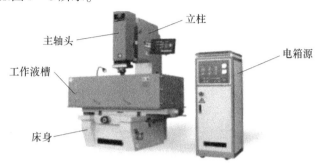

图 7-6 数控电火花成形机床结构

1. 机床本体部分

机床本体包括床身、立柱、主轴头、工作台及工作液槽等。辅助装置包括用以实现工件和工具电极的装夹、固定和调整其相位置的机械装置,以及工具电极自动交换装置(ATC 或 AEC)等。

2. 脉冲电源

脉冲电源是电火花成形机床的重要部分之一,其作用是为放电过程提供能量,它对工艺的影响极大,应具备高效低损耗、大面积、低粗糙度、表面稳定加工的能力。数控化的脉冲电源与数控系统密切相关,但有其相对的自主性,它一般由微处理器和外围接口、脉冲形成和功率放大部分、加工状态检测和自适应控制装置以及自诊断和保护电路等组成。另外,数控电源与计算机的存储、调用等功能相结合,进行大量工艺试验并进行优化,在设备可靠稳定的条件下可建立工艺数据库,提高自动化程度。

3. 数控系统

电火花成形机床的数控装置,既可以是专用的,也可以在通用的数控装置上增加电火花加工所需的专用功能,因为控制要求很高,要对位置、轨迹、脉冲参数和辅助动作进行编程或实时控制,一般都采用 CNC 方式,其主要功能如下:

(1) 多轴控制。
(2) 多轴联运摇动(平动)加工。
(3) 自动定位。
(4) 展位加工。
(5) 自动电极交换。
(6) 自适应控制。
(7) 加工条件自动转换。
(8) 多种控制功能。
(9) 多种辅助功能。
(10) 多种安全保护功能。
(11) 自诊断功能。
(12) 多种补偿功能。
(13) 丰富的显示能力。
(14) 与外部计算机或其他设备通信,为进入 CAD/CAM 系统和 FMS、CIMS 提供条件。

(15) 方便用户的程序编辑和操作功能。

4. 工作液循环、过滤系统

电火花成形机床的工作液主要为煤油、变压器油和专用油,其中专用油是为放电加工专门研制的链烷烃系,以碳化氢为主要成分的矿物油为主体,其黏度低,闪点高,冷却性好,化学稳定性好,但分馏工艺要求高,价格较贵。

工作液在放电过程中起的作用是:压缩放电通道,使能量高度集中;加速放电间隙的冷却和消除电离,并加剧放电的液体动力过程。

工作液循环过滤系统由工作液箱、油泵、电动机、过滤装置、工作液分配器、阀门、油杯等组成,可以进行冲液和抽液。

7.3.2 电火花线切割加工原理、特点及应用范围

1. 电火花加工原理

电火花加工的原理如图 7-7 所示。工件和工具电极(简称电极)分别与脉冲放电电源的两个不同极性的输出端相接,伺服进给系统使工件和电极间保持适当放电间隙,两电极间加上脉冲电压后,在间隙最小处或绝缘强度最低处把工作液介质击穿,形成火花放电。

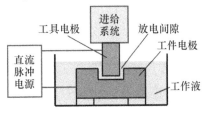

图 7-7 电火花加工原理

2. 电火花加工应具备的条件

基于电火花加工原理,进行电火花加工应具备下列条件:

(1) 必须使工具电极和工件被加工表面之间经常保持一定的放电间隙,这一间隙随加工条件而定,通常约为几微米至几百微米。放电间隙不能过大或过小,若间隙过大,极间电压不能击穿极间介质,因此不能产生火花放电;若间隙过小,很容易形成短路接触,也不能产生火花放电。

(2) 火花放电必须是瞬时的脉冲性放电,放电延续时间一般为 2500~3000μs。

(3) 火花放电必须在一定绝缘性能的液体介质中进行,如煤油、离子水或皂化液等。

3. 数控电火花成形加工特点:

1) 优点

(1) 适合于难切削材料的加工。

(2) 可以加工特殊及复杂形状的零件。

(3) 易于实现加工过程自动化。

(4) 可以改进结构设计,改善结构的工艺性。

(5) 可进行点位数控加工。

2) 局限性

主要用于金属导电材料的加工,但在一定的条件下,也可以加工半导体和非导体材料。

(1) 加工效率低:所以通常安排工艺时多采用切削来去除大部分余量,然后再加工以求提高生产率。

(2) 存在电极损耗:因为电极损耗多集中在尖角或底面,影响成形精度。但近年来粗加工时已能将电极相对损耗比降至 0.1%,甚至更小。

（3）最小角部分有限制：电火花加工可达到的最小角部半径等于加工间隙。当电极有损耗或采用平动方式加工时，角部半径要增大。

（4）加工表面的光泽问题：一般精加工后的表面粗糙度可达到 $R_a 0.2$，若无法达到要求，需经抛光后才能达到。

5. 电火花加工的应用范围

电火花加工有其独特的优点，加上数控水平和工艺技术的不断提高，其应用领域日益扩大，已在机械（特别是模具制造）、宇航、航空、电子、核能、仪器、轻工等部门用来解决各种难加工材料和复杂形状零件的加工问题。加工范围可从几微米的孔、槽到几米大的超大型模具和零件。主要应用范围包括：

（1）模具加工。

（2）在航空、航天、机械等部门中加工高温合金等难加工材料。

（3）微细精密加工。

（4）加工各种成形刀具、样板、工具、量具、螺纹等成形零件。

（5）利用数控功能可显著扩大应用范围，如水平加工、多型腔加工、采用简单电极进行三维型面加工、利用旋转主轴进行螺旋面加工等。

6. 电火花加工工艺分类

按工具电极和工件相对运动的方式和用途不同，大致可分为以下六大类：

（1）电火花穿孔成形加工。

（2）电火花线切割。

（3）电火花高速小孔加工。

（4）电火花磨削和镗磨。

（5）电火花表面强化与刻字。

（6）电火花同步共轭回转加工。

另外，电火花数控仿形铣加工是一种新型的电火花加工工艺。这种工艺采用形状简单的工具电极，配合工作台及主轴多坐标控制伺服运动加工零件，具有无宏观切削力、电极制造简单、工艺准备周期短、成本低、易于实现柔性化生产等优点，是实现面向产品零件的电火花成形加工技术的有效途径。电火花数控仿铣加工的主要加工对象可以分为平面类零件、变斜角类零件和曲面类零件三种。

7. 电极材料、电极的设计及电极的极性

1）电极材料

（1）石墨电极：石墨电极不易损耗，易于制成电极所需形状，石墨电极的金属蚀除速度比其他任何材料的电极都高得多，因而石墨是大多数电火花加工中使用最多的电镀材料，但石墨电极不宜用来加工硬质合金工件。

（2）紫铜、黄铜电极：铜电极的耐损耗性及金属蚀除速度要比石墨电极差很多，宜做成形状复杂、薄片、小直径及管状电极，还宜加工硬质合金工件。

（3）钨电极：钨电极的耐损耗性能比铜好，它的另一个优点是当电极厚度薄或直径小时电极的刚性比其他材料好。

电极、工件材料和电极极性对电极的损耗有密切的关系,如表7-2所列。

表7-2 电极、工件材料和电极极性对电极的损耗

工件材料	电极极性	电极损耗率/%	电极材料	工件材料	电极极性	电极损耗率/%
钢	正	<1	紫铜	硬质合金	负	50
钢	负	30	紫铜	钢	正	<1
镍合金	正	<1	紫铜	紫铜	负	40
镍合金	负	35	紫铜	石墨	负	40
铝	正	<1	紫铜	铝	正	<1
铝	负	15	黄铜	钢	负	100
钢	负	40	黄铜	硬质合金	负	500
钢	负-正	100				

7.4 电火花成形机床加工实例

1. 工程案例三

叶轮注塑模叶轮部位——电火花加工实例,叶轮电极如图7-8所示。

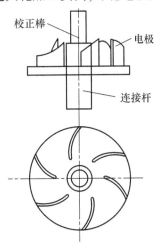

图7-8 叶轮工具电极

工件名称:塑料叶轮注塑模。

工件材料:45钢。

工件形状:在φ120mm圆范围内,以其轴心作为对称中心,均匀分布六片叶片的型槽。槽的最深处尺寸为15mm,槽和上口宽2.2mm,壁有0.2mm的脱模斜度,约1°,工件的中心有一个φ(10+0.03)mm孔。

(1) 工件在电火花加工之前的工艺路线是:

① 车:精车φ(10+0.03)mm孔和其他各尺寸,上下面留磨量。

② 磨:精磨上、下两面。

③ 最好待加工的6个叶片部位,各钻一个 φ1mm 的冲油孔,加工时下冲油。

(2) 工具电极的技术要求。

材料:紫铜。

分别用紫铜材料加工6片成形工具电极,然后镶或焊在一块固定板上。电极固定板中心加工一个 φ(10+0.03)mm 孔,与工件中心孔相对应。

(3) 在电火花加工前的工艺路线。

① 铣或用线切割:加工6个叶片电极。

② 钳:拼镶或焊接工具电极并修型、抛光。

③ 车:校正后加工 φ(10+0.03)mm 孔。

(4) 工艺方法。单工具电极平动修光加工方法。

(5) 机床选择。选择的设备是 SODICK 公司生产的型号为 ASOR-E 的电火花成形机床。

(6) 装夹、校正、固定。准备定位心轴,用45圆钢车长为40mm、直径 φ10mm 定位心轴作为校正棒。

(7) 安装工具电极:以各叶片电极的侧壁为基准校正后予以固定,固定后将定位心轴校正棒入固定板中心孔。

(8) 工件加工:将工件平置于工作台平面,移动 X、Y 坐标,对准心轴校正棒与工件上的对应孔,直到能自由插入为止,将工件夹紧后抽出定位心轴。

(9) 输入加工规准:加工规准如表7-3所列。

(10) 加工:刚开始时,由于实际加工面积很小,应减小峰值电流,以防电弧烧伤。

表7-3 电加工规准值

脉宽	间隔	功放管数		加工电流	总进给深度	平动量	表面粗糙度	极性
		高压	低压					
512	200	4	12	15	12.5	0	>25	负
256	200	4	8	10	14.5	0.20	12~13	负
中精加工低损耗规准		4	4	2	14.8	0.3	7~8	负
128	10							
64	10	4	4	1.3	15	0.36	3~4	负
2	40	8	24	0.8	15.1	0.40	1.5~2	正

(11) 加工结束,检验工件,结果如下:

① 因其中精加工采用了低损耗规准,工具电极综合损耗约为1%~2%。

② 加工表面粗糙度 Ra 值为 1.5~2μm,无需修型抛光,可以直接使用。

③ 加工后,槽孔壁有0.2mm的脱模斜度,符合设计要求。

第8章 自动编程技术

8.1 自动编程原理

8.1.1 自动编程概述

数控自动编程就是利用计算机和编程软件编制数控加工程序,所以又称为计算机辅助编程。编程人员将零件的形状、几何尺寸、刀具路线、工艺参数、机床特征等,按一定的格式和方法输入到计算机内,自动编程软件对这些输入信息进行编译、计算、处理后,自动生成刀具路径文件和机床的数控加工程序,通过通信接口将加工程序直接送入机床数控系统,以备加工。数控自动编程根据编程信息的输入与计算机对信息的处理方式不同,主要有语言式自动编程系统和CAD/CAM集成化编程系统。

数控语言系统有很多种,其中以美国20世纪50年代开始研发的APT(automatically programmed tools)系统影响最大。APT是一种自动编程工具的简称,是一种对工件、刀具的几何形状及刀具相对于工件的运动等进行定义时所使用的接近于英语的符号语言。APT语言自动编程就是把APT语言书写的零件加工程序输入计算机,经计算机的APT语言编程系统编译产生刀位数据文件,再进行后置处理,生成数控系统能接受的数控加工程序的过程。这种自动编程方式对于形状简单(轮廓由直线和圆弧组成)的零件可以快速完成编程工作,但是如果零件的轮廓是由曲线样条或三维曲面组成,这种自动编程是难以生成加工程序的。

针对APT语言的缺点,各公司开始研发集三维设计、分析、NC加工等一体化的CAD/CAM集成化编程系统,如CATIA、UG、Pro/Engineer、Cimatron、PowerMILL、EdgeCAM、CAXA、Mastercam等软件,这些系统软件有效地解决了几何造型、零件几何形状的显示,交互设计、修改及刀具轨迹生成,走刀过程的仿真显示、验证等问题,推动了CAD和CAM技术的发展。到了20世纪80年代,为适应复杂形状零件的加工、多轴加工、高速加工、高精度和高效率加工的要求,数控编程技术向集成化、智能化、自动化、易用化和面向车间编程等方向发展。

CAD/CAM集成化自动编程方法是现代CAD/CAM集成系统中常用的方法,在编程时编程人员首先利用计算机辅助设计(CAD),构建出零件几何形状,对零件图样进行工艺分析,确定加工方案,其后利用软件的计算机辅助制造(CAM)功能,完成工艺方案的指定、切削用量的选择、刀具及其参数的设定,自动计算并生成刀位数据文件,利用后置处理功能模块生成指定数控系统的加工程序,CAD/CAM系统编程软件的工作流程如图8-1所示。

CAD/CAM编程软件操作步骤可归纳如下:

(1) 根据零件图绘制二维或三维几何造型。

(2) 确定加工工艺(装卡、刀具、毛坯情况等),根据工艺确定刀具原点位置(即用户坐标系)。

(3) 利用CAD功能建立加工模型或通过数据接口读入已有的CAD模型数据文件,并

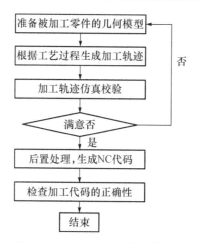

图 8-1 CAD/CAM 系统工作流程

根据编程需要,进行适当的删减与增补。

(4) 选择合适的加工策略,CAM 软件根据前面提到的信息,自动生成刀具轨迹。

(5) 进行加工仿真或刀具路径模拟,以确认加工结果和刀具路径与设想的一致。

(6) 通过与加工机床相对应的后置处理文件,CAM 软件将刀具路径转换成加工代码。

(7) 将加工代码(G 代码)传输到加工机床上,完成零件加工。

由于零件的难易程度各不相同,上述的操作步骤将会依据零件实际情况而有所删减和增补。

8.1.2 CAD/CAM 系统的自动编程

1. CAM 的构成及主要功能

目前比较成熟的 CAM 系统主要以两种形式实现 CAD/CAM 系统集成:一体化的 CAD/CAM 系统(如 UG、Pro/Engineer)和相对独立的 CAM 系统(如 Mastercam)。前者以内部统一的数据格式直接从 CAD 系统获取产品几何模型,而后者主要通过中间文件从其他 CAD 系统获取产品几何模型。然而,无论是哪种形式的 CAM 系统,都由五个模块组成,即交互工艺参数输入模块、刀具轨迹生成模块、刀具轨迹编辑模块、三维加工动态仿真模块和后置处理模块。下面仅就一些著名的 CAD/CAM 系统的 NC 加工方法进行讨论。

1) UG(Unigraphics)加工方法分析

一般认为 UG 是业界中最具代表性的数控软件。其最具特点的是其功能强大的刀具轨迹生成方法,包括车削、铣削、线切割等完善的加工方法。其中,铣削主要有以下功能:

(1) Point to Point:完成各种孔加工。

(2) Panar Mill:平面铣削,包括单向行切、双向行切、环切以及轮廓加工等。

(3) Fixed Contour:固定多轴投影加工,用投影方法控制刀具在单张曲面上或多张曲面上的移动,控制刀具移动的可以是已生成的刀具轨迹、一系列点或一组曲线。

(4) Variable Contour:可变轴投影加工。

(5) Parameter line:等参数线加工,可对单张曲面或多张曲面连续加工。

(6) Zig-Zag Surface:裁剪面加工。

(7) Rough to Depth:粗加工,将毛坯粗加工到指定深度。

(8) Cavity Mill:多级深度型腔加工,特别适用于凸模和凹模的粗加工。

(9) Sequential Surface:曲面加工,按照零件面、导动面和检查面的思路对刀具的移动提供最大程度的控制。

UG 还包括大量的其他方面的功能,这里不一一列举。

2) STRATA 加工方法分析

STRATA 是一个数控编程系统开发环境,它是建立在 ACIS 几何建模平台上的。它为用户提供两种编程开发环境,即 NC 命令语言接口和 NC 操作 C++ 类库。它可支持三轴铣削、车削和线切割 NC 加工,并可支持线框、曲面和实体几何建模。其 NC 刀具轨迹生成方法是基于实体模型的。STRATA 基于实体的 NC 刀具轨迹生成库提供的加工方法包括:

(1) Profile Toolpath:轮廓加工。

(2) AreaClear Toolpath:平面区域加工。

(3) SolidProfile Toolpath:实体轮廓加工。

(4) SolidAreaClear Toolpath:实体平面区域加工。

(5) SolidFace Toolpath:实体表面加工。

(6) SolidSlice Toolpath:实体截平面加工。

(7) Language-based Toolpath:基于语言的刀具轨迹生成。

其他的 CAD/CAM 软件,如 Euclid、Cimitron、CV、CATIA 等的 NC 功能各有千秋,但其基本内容大同小异,没有本质区别。

2. CAM 系统刀轨生成方法的主要问题

按照传统的 CAD/CAM 系统和 CNC 系统的工作方式,CAM 系统以直接或间接(通过中性文件)的方式从 CAD 系统获取产品的几何数据模型。CAM 系统以三维几何模型中的点、线、面或实体为驱动对象,生成加工刀具轨迹,并以刀具定位文件的形式经后置处理,以 NC 代码的形式提供给 CNC 机床,在整个 CAD/CAM 及 CNC 系统的运行过程中存在以下几方面的问题:

(1) CAM 系统只能从 CAD 系统获取产品的低层几何信息,无法自动捕捉产品的几何形状信息和产品高层的功能和语义信息。因此,整个 CAM 过程必须在经验丰富的制造工程师的参与下,通过图形交互来完成。如制造工程师必须选择加工对象(点、线、面或实体)、约束条件(装夹、干涉和碰撞等)、刀具、加工参数(切削方向、切深、进给量、进给速度等),整个系统的自动化程度较低。

(2) 在 CAM 系统生成的刀具轨迹中,同样也只包含低层的几何信息(直线和圆弧的几何定位信息),以及少量的过程控制信息(如进给率、主轴转速、换刀等)。因此,下游的 CNC 系统既无法获取更高层的设计要求(如公差、表面粗糙度等),也无法得到与生成刀具轨迹有关的加工工艺参数。CAM 系统各个模块之间的产品数据不统一,各模块相对独立。例如,刀具定位文件只记录刀具轨迹而不记录相应的加工工艺参数,三维动态仿真只记录刀具轨迹的干涉与碰撞,而不记录与其发生干涉和碰撞的加工对象及相关的加工工艺参数。

(3) CAM 系统是一个独立的系统。CAD 系统与 CAM 系统之间没有统一的产品数据模型,即使是在一体化的集成 CAD/CAM 系统中,信息的共享也只是单向的和单一的。

(4) CAM 系统不能充分理解和利用 CAD 系统有关产品的全部信息,尤其是与加工有关的特征信息，同样 CAD 系统也无法获取 CAM 系统产生的加工数据信息。这就给并行工程的实施带来了困难。

3. NC 刀具轨迹生成方法

数控编程的核心工作是生成刀具轨迹，然后将其离散成刀位点，经后置处理产生数控加工程序。下面就刀具轨迹产生方法作一些介绍。

1) 基于点、线、面和体的 NC 刀轨生成方法

CAD 技术从二维绘图起步，经历了三维线框、曲面和实体造型发展阶段，一直到现在的参数化特征造型。在二维绘图与三维线框阶段，数控加工主要以点、线为驱动对象，如孔加工、轮廓加工、平面区域加工等。这种加工要求操作人员的水平较高，交互复杂。在曲面和实体造型发展阶段，出现了基于实体的加工。实体加工的加工对象是一个实体（一般为 CSG 和 B-REP 混合表示的），它由一些基本体素经集合运算（并、交、差运算）而得。实体加工不仅可用于零件的粗加工和半精加工，大面积切削掉余量，提高加工效率，而且可用于基于特征的数控编程系统的研究与开发，是特征加工的基础。实体加工一般有实体轮廓加工和实体区域加工两种。实体加工的实现方法为层切法（SLICE），即用一组水平面去切被加工实体，然后对得到的交线产生等距线作为走刀轨迹。这里从系统需要角度出发，在 ACIS 几何造型平台上实现了这种基于点、线、面和实体的数控加工。

2) 基于特征的 NC 刀轨生成方法

参数化特征造型已有了一定的发展时期，但基于特征的刀具轨迹生成方法的研究才刚刚开始。特征加工使数控编程人员不再对那些低层次的几何信息（如点、线、面、实体）进行操作，而转变为直接对符合工程技术人员习惯的特征进行数控编程，大大提高了编程效率。

W. R. Mail 和 A. J. Mcleod 在他们的研究中给出了一个基于特征的 NC 代码生成子系统，这个系统的工作原理是：零件的每个加工过程都可以看成对组成该零件的形状特征组进行加工的总和。那么对整个形状特征或形状特征组分别加工后即完成了零件的加工。而每一形状特征或形状特征组的 NC 代码可自动生成。目前开发的系统只适用于 2.5D 零件的加工。

Lee 和 Chang 开发了一种用虚拟边界的方法自动产生凸自由曲面特征刀具轨迹的系统。这个系统的工作原理是：在凸自由曲面内嵌入一个最小的长方块，这样凸自由曲面特征就被转换成一个凹特征。最小的长方块与最终产品模型的合并就构成了称为虚拟模型的一种间接产品模型。刀具轨迹的生成方法分成三步完成：切削多面体特征，切削自由曲面特征，切削相交特征。

Jong-Yun Jung 研究了基于特征的非切削刀具轨迹生成问题。文章把基于特征的加工轨迹分成轮廓加工和内区域加工两类，并定义了这两类加工的切削方向，通过减少切削刀具轨迹达到整体优化刀具轨迹的目的。文章主要针对几种基本特征（孔、内凹、台阶、槽），讨论了这些基本特征的典型走刀路径、刀具选择和加工顺序等，并通过 IP（Inter Programming）技术避免重复走刀，以优化非切削刀具轨迹。另外，Jong-Yun Jong 还在他 1991 年的博士论文中研究了制造特征提取和基于特征的刀具及刀具路径。特征加工的基础是实体加工，当然也可认为是更高级的实体加工。但特征加工不同于实体加工，实体加工有它自身的局限性。特征加工与实体加工主要有以下几点不同：

（1）从概念上讲，特征是组成零件的功能要素，符合工程技术人员的操作习惯，为工程

技术人员所熟知;实体是低层的几何对象,是经过一系列布尔运算而得到的一个几何体,不带有任何功能语义信息。

(2) 实体加工往往是对整个零件(实体)的一次性加工。但实际上一个零件不太可能仅用一把刀一次加工完,往往要经过粗加工、半精加工、精加工等一系列工步,零件不同的部位一般要用不同的刀具进行加工。有时一个零件既要用到车削,也要用到铣削。因此实体加工主要用于零件的粗加工及半精加工。而特征加工则从本质上解决了上述问题。

(3) 特征加工具有更多的智能。对于特定的特征可规定某几种固定的加工方法,特别是那些已在 STEP 标准规定的特征更是如此。如果对所有的标准特征都制定了特定的加工方法,那么对那些由标准特征构成的零件的加工其方便性就可想而知了。倘若 CAPP 系统能提供相应的工艺特征,那么 NCP 系统就可以大大减少交互输入,具有更多的智能,而这些实体加工是无法实现的。

(4) 特征加工有利于实现从 CAD、CAPP 及 CNC 系统的全面集成,实现信息的双向流动,为 CIMS 乃至并行工程(CE)奠定良好的基础;而实体加工对这些是无能为力的。

4. 图文交互自动编程

近年来计算机图形技术有了很大发展和提高,出现了一种可以直接将零件的几何图形信息自动转化为数据加工程序的全新计算机辅助技术——图形自动编程技术。进行图形自动编程时,首先由设计人员进行计算机辅助零件设计,生成设计图样,编程人员在分析零件加工工艺的基础上,用图形交互方式直接在设计图上规划加工过程,并从数据库中自动检索或人工输入工艺信息,形成加工工艺数据。系统根据设计图形信息相加工工艺数据自动计算出刀具运动轨迹,生成刀具位置数据,最后经后置处理产生数控加工程序。图文交互自动编程是一种计算机辅助编程技术。它是通过专用的计算机软件来实现的。这种软件通常以机械计算机辅助设计(CAD)软件为基础,利用 CAD 软件的图形编辑功能,将零件的几何图形绘制到计算机上,形成零件的图形文件;然后调用数控编程模块,采用人机交互的方式在计算机屏幕上指定被加工的部位,再输入相应的加工工艺参数,计算机便可自动进行必要的数学处理并编制出数控加工程序,同时在计算机屏幕上动态地显示出刀具的加工轨迹。这种编程方法具有速度快、精度高、直观性好、使用简便、便于检查等优点,因此,图形交互式自动编程已经成为目前国内外先进的 CAD/CAM 软件所普遍采用的数控编程方法。

1) 图文交互自动编程的特点

图文交互自动编程是一种全新的编程方法,与手工编程及 APT 语言编程比较,有以下几个特点:

(1) 这种方法既不像手工编程那样需要用复杂的数学计算出各节点的坐标数据,也不需要像 APT 语言编程那样,用数控编程语言去编写描绘零件几何开头、加工走刀过程及后置处理的源程序,而是在计算机上直接面向零件的几何图形以光标指点、菜单选择及交互对话方式进行编程,其编程结果也以图形的方式显示在计算机上。所以这种方法具有简便、直观、准确、便于检查的优点。

(2) 图形交互式自动编程软件和相应的 CAD 软件是有机地联在一起的一体化软件系统,既可用来进行计算机辅助设计,又可以直接调用已编辑好的零件图形进行交互编程,对实现 CAD/CAM 一体化极为有利。

(3) 这种编程方法的整个编程过程是交互进行的,而不是像 APT 语言编程那样,事先用数控语言编好源程序,然后由计算机以批处理的方式运行,生成数控加工程序。这种交互式的编程方法简单易学,在编程过程中可以随时发现问题进行修改。

(4) 编程过程中,图形数据的提取、节点数据的计算、程序的编制及输出都是由计算机自动进行的。因此,编程的速度快、效率高、准确性好。

(5) 此类软件都是在通用计算机上运行的,不需要专用的编程机,所以非常便于普及推广。

基于上述特点,可以说图形交互自动编程是一种先进的自动编程技术,是自动编程软件的发展方向。

2) 图形交互自动编程的基本步骤

目前,国内外图形交互式自动编程软件的种类很多,其软件功能、面向用户的接口方式有所不同,所以,编程的具体过程及编程所使用的指令也不尽相同。但从总体上讲,其编程的基本原理及基本步骤大体上是一致的。归纳起来可分为五大步骤:零件图样及加工工艺分析;几何造型;刀位轨迹计算及生成;后置处理;程序输出。

(1) 分析零件图样及加工工艺。零件及加工工艺分析是数控编程的基础。图形交互自动编程和手工编程、APT 语言编程一样也首先要进行这项工作。目前,由于国内计算机辅助工艺过程设计(CAPP)技术尚未达到普及应用阶段,因此该项工作还不能由计算机承担,仍需依靠人工进行。因为图形交互式自动编程需要将零件以加工部位的图形准确地绘制在计算机上,并需要确定有关工件的装夹位置、工件坐标系、刀具尺寸、加工路线及加工工艺参数等数据之后才能进行编程。所以,作为编程前期工作的加工工艺分析的任务主要有:核准零件的几何尺寸、公差要求;选择刀具并准确测定刀具有关尺寸;确定工件坐标系、编程零点,找正基准面及对刀点;确定加工路线;选择合理的工艺参数。

(2) 几何造型。几何造型就是利用图形交互式自动编程软件的图形绘制、编辑修改、曲线曲面造型等有关指令,将零件被加工部位的几何图形准确地绘制在计算机屏幕上。与此同时,在计算机内自动形成零件的图形数据文件。它相当于 APT 语言编程中,用几何定义语句定义零件的几何图形的过程,其不同点就在于它不是用语言,而是用计算机绘图的方法将零件的图形数据输送到计算机中。这些图形数据是下一步刀位计算的依据。自动编程过程中,软件将按加工要求自动提取这些数据,进行分析判断和必要的数学处理,以形成加工的刀位轨迹数据。图形数据的准确与否直接影响着编程结果的准确性,所以要求几何造型必须准确无误。众所周知,零件图尺寸是按标准的标注方法进行标注的,若不标注图形节点坐标值将零件图形绘制到计算机上,就失去了自动编程的意义。用计算机进行几何造型时,并不需要计算节点的坐标值,而是利用软件丰富的图形绘制、编辑、修改功能,采用类似手工绘图中所使用的几何作图的方法,在计算机上利用各种几何造型指令绘制构造零件的几何图形。

① 点位加工图形的生成。钻孔、镗孔、冲剪都属于点位加工。对于圆孔类点位图形的生成,通常只要按零件图上标注的圆心坐标系将圆绘制到计算机上就可以了;而对按一定规律分布的圆,则可选用软件的一些功能采用简便的方法生成图形。如对于在节圆上环形均布的圆,可以使用矩形阵列的命令在节圆上一次阵列出所有圆;对于对称分布的圆,可以在画出一系列圆的基础上,利用镜像命令一次性地生成与这一系列的圆形的中心作为块的插入点,按其中心坐标值分别插入到计算机屏幕图形中,或按其分布规律,采用阵列或镜像的

方法插入到图形中。在交互式编程中,软件将自动提取圆心或插入点的坐标值编制点加工程序。

② 直线、圆弧轮廓图形的生成。直线、圆弧是组成零件最基本最常见的图形。在图形交互式编程软件中,生成直线和圆弧图形的方法很多。不同的软件系统其功能大同小异。这里仅对一些常用的直线、圆弧作一介绍。对可以直接从零件图上得到端点绝对坐标或相对坐标的直线,可根据零件图标注,键入端点的绝对坐标或相对坐标值形成图形。对于端点是计算机屏幕上已有图素的特征点的直线(如某直线或圆弧的端点、中点、垂足、两线素的交点、切点、弧或圆的圆心及象限点等),可利用软件中目标捕捉的各种方式,使用光标区准确地捕捉到这些特征点,可用几何方法求出该点,以绘制图形。

画圆采用的有以下几种方式:给出圆上三点的位置;给出直径的两个端点;给出圆心及半径;给出圆心及直径;给出两个圆相切的图素及圆半径。

画圆弧有以下几种方式:给出弧上三点位置;给出起始点、圆心及终点;给出始点、圆心及弧所对的弦长;给出起始点、终点及半径;给出始点、终点及弧的起始方向角;规定和前面直线或弧相切,并给出弧的终点。

以上画圆及圆弧的取点方法和上述直线取点一样,可直接给出绝对坐标或相对坐标值,或采用目标捕捉、几何作图等方法。

对于直线、圆弧轮廓图形的生成,要注意线素之间必须首尾相连,不允许首尾分离、线素交叉等现象的存在,否则编程中会出现错误。

除此之外,直线、圆弧轮廓的生成还可根据图形的情况,利用图形编辑中的复制、旋转、镜像、造等距线、延长、修剪、阵列等指令灵活进行。

③ 列表曲线的造型。列表曲线经常出现在轮、靠模、曲面样板零件中,数控编程中应有相应的造型方法。图形交互式自动编程软件对列表曲线的造型问题,一般是采用曲线拟合的方法处理。其处理过程通常是首先按零件图给出的列表曲线型值点的坐标值绘制一条连续折线,然后用曲线拟合指令,一次拟合成型值点的光滑曲线。对于不同的软件其拟合的数学方法可能有所不同,通常有双圆弧拟合法、样条曲线拟合法、BEZIER 曲线拟合法等。对不同拟合法生成一系列光滑连接的圆弧,刀位计算将按圆弧处理。而用样条及 BEZIER 曲线拟合法生成的曲线,在刀位计算中需按加工精度要求进行插值,用插值点连成的折线作为刀位轨迹,逼近曲线进行加工。

④ 常用非圆平面曲线的造型。这里所说的常用非圆平面曲线是指在机械零件中经常出现的、有固定模型的非圆平面曲线图形,如渐开线、螺线、摆线等。由于这类曲线有固定的数学模型,因此,软件通常采用参数绘图的方法进行造型。首先选择所要绘制曲线的菜单项或命令,然后根据计算机提示,交互式输入曲线的坐标原点、曲线数学公式中要求的各项系数、拟合精度或插值点的数目以及曲线起点终点的角度,软件将自动在计算机屏幕上绘制出所需的曲线。用这种方法生成的曲线,通常是以双圆弧法拟合的,所以是由多段圆弧光滑连接而成的曲线。对于非圆曲线的造型,不同的软件处理方法不尽相同。有些软件还没有现成的造型命令,但可利用软件内所含有的编程语言,根据需要编制专用的程序,并将其转换为专用的曲线造型命令,以解决这类曲线的造型问题。

⑤ 曲面的造型。较高档次的图形交互式自动编程软件,都具有三维曲面的处理功能。其曲面造型的方法虽然有所区别,但大同小异。归纳起来有以下几种使用的方法:

截面造型法：适用于零件图给出的条件是曲面若干截面线的型值点的坐标值的情况。首先用曲线拟合指令将各截面线拟合成曲线，然后再用曲面拟合指令将各截面曲线拟合成光滑曲面。

回转曲面造型法：适用于零件图给出的各种回转面的造型。首先根据零件图给出的已知条件构造母线。其母线可以是直线、圆弧或各种平面曲线，其造型方法如前所述。然后用回转面生成指令，令母线绕指令轴旋转指定角度，生成回转面。

型值点造型法：适用于零件图给出的条件是曲面上的若干型值点的情况，可以用点拟合曲面的指令，直接拟合曲面。

边界线造型法：适用于零件图给出的条件是曲面四个边界线的数据的情况，可在计算机上首先生成边界线，然后用相应的边界线曲面拟合指令，拟合出符合边界条件的曲面。

扫描曲面造型法：适用于零件图给出的条件是一扫描母线和一条导引线的数据，可先构造扫描母线和导引线，然后用相应的曲面生成指令，让扫描母线沿导引线运动而生成曲面。

以上只是从各种软件中归纳出的几种曲面造型的方法，其具体造型指令的适用方法需参考软件使用说明书。

（3）刀位轨迹的计算及生成。图形交互式自动编程的刀位轨迹的生成是面向屏幕上的图形交互进行的。其基本过程是这样的：首先在刀位轨迹生成菜单中选择所需菜单项，然后根据屏幕提示，用光标选择相应的图形目标，指定相应的坐标点，输入所需的各种参数。软件将自动从图形文件中提取编程所需的信息，进行分析判断，计算出节点数据，并将其转换成刀位数据，存入指定的刀位文件中或直接进行后置处理后成数控加工程序，同时在屏幕上显示出刀位轨迹图形。

刀位生成大致可划分为四种情况：点位加工刀位轨迹的生成；平面轮廓加工刀位轨迹的生成；型腔加工刀位轨迹的生成；曲面加工刀位轨迹的生成。下面就分别介绍各种刀位的生成过程。

① 点位加工刀位轨迹的生成。由于在点位加工中，刀具从一点到另一点运动时不切削，各点的加工顺序一般也没有要求，所以其刀位轨迹生成过程也比较简单。一般在通过指定菜单或输入命令激活刀位轨迹生成的功能后，根据屏幕提示在图形上用光标指定出编程原点、选择好加工目标图形、输入相应的加工参数，刀位轨迹将自动生成并显示在屏幕上。并生成刀位轨迹文件，或直接生成数控加工程序。

② 轮廓加工轨迹的生成。轮廓加工轨迹的生成有两种方式。一种是采用交互式绘图的方法，使用造等距线的指令，将加工轮廓线按实际情况左偏或右偏一个刀具半径，直接在屏幕上生成加工刀位轨迹，然后按此刀位轨迹交互式编程。同时在交互过程中要根据提示输入相应的加工参数，用光标指点编程原点、起刀点、起切线或走刀方向及退刀点，并将面生成的刀位轨迹作为加工目标，软件将按此刀位轨迹编制出加程序。另一种是直接对零件的轮廓图形进行编程。这种方法在交互式编程过程中除了要根据提示输入相应的加工参数，并用光标指定编程原点、起刀点、起切线或走刀方向及退刀点之外，还要根据提示指定刀补方式来选择零件轮廓作为加工目标，软件将按轮廓编制加工程序，并在程序中自动加入刀补指令。这种方式编制的程序要求机床的控制系统必须具备刀补功能。

③ 型腔零件加工刀位轨迹的生成。型腔零件加工刀位轨迹的生成也有两种方式。一种是在激活刀位生成命令后，对图形用光标交互绘出型腔的边界图形及中间的孤，并指定编

程原点、起刀点、退刀点,交互地输入加工参数、刀具半径、走刀方式(环形走刀或 Z 字形走刀),软件将自动生成加工刀位轨迹。另一种是型腔加工作为轮廓加工的一种特例来处理。采用交互绘图的方法,使用造等距线指令及其他图形编辑修改指令交互绘制生成环形或 Z 字形刀位轨迹。然后按此刀位轨迹进行交互式编程,其交互式过程和轮廓加工一样。

④ 曲面加工刀位轨迹的生成。曲面加工比较复杂,所以具有曲面加工编程功能的软件,其交互式编程过程通常采用多重菜单的方式进行。在曲面造型完成之后,进入刀位轨迹生成扫描菜单,编程人员根据所需的刀位轨迹生成方式,选取相应的菜单项,并根据屏幕提示相应的参数,软件便自动生成刀位轨迹文件。

(4) 后置处理。后置处理的目的是形成数控指令文件。由于需要不同,机床使用的控制系统不同,所以,所用的数控指令文件的代码及格式也有所不同。

8.2 二维铣削加工刀具轨迹的生成

8.2.1 二维外形轮廓加工刀具轨迹的生成

二维外形轮廓的数控加工编程是通过外形轮廓铣削加工的刀具轨迹的生成,然后执行,而自动生成程序。对于二维外形轮廓的铣削加工,要求外形轮廓曲线是连续和有序的。采用计算机辅助编程时,通过一定的数据结构和计算方法来保证。在选择刀具轨迹基本参数时,可以分为粗加工和精加工等多个加工工序。粗、精加工刀具轨迹生成方法可以通过刀具半径补偿途径来实现,即在采用同一刀具的情况下,通过改变刀具半径补偿控制寄存器中的刀具半径值的方式进行粗、精加工刀具轨迹规划,也可以通过设置粗精加工次数及步进距离来规划粗、精加工刀具轨迹。后者将粗、精加工次数在同一个程序中完成。例如图 8-2 所示,MasterCAM 系统所采用的设置粗、精加工次数及步进距离的方式规划粗精加工刀具轨迹。

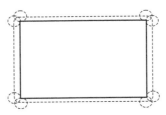

图 8-2 粗精加工刀具轨迹

8.2.2 二维型腔铣削加工刀具轨迹的生成

二维型腔是指以平面封闭轮廓为边界的平底直壁坑,其加工过程为:沿轮廓边界留出精加工余量,先用平底端铣刀用环切或行切法走刀,铣去型腔的多余材料,最后沿型腔底面和轮廓走刀,精铣型腔底面和边界外形;二维型腔分简单型腔和带岛型腔。

1. 简单型腔

对于简单型腔进行加工可以选用一般挖槽或带岛屿挖槽,一般挖槽有六种切削方式:① 双向切削;② 等距环切;③ 平行环切;④ 平行环切并清角;⑤ 螺旋切削;⑥ 单向切削

(图 8-3)。可根据实际情况选择其中的一种切削方式。例如,MasterCAM 系统中对图 8-4 所示工件进行挖槽时刀具轨迹的形成。利用 MasterCAM 系统中的绘图菜单首先画出工件图,然后选择刀具路径菜单合理选择一般挖槽,再设置好各种所需的参数,最后自动生成型腔的刀具轨迹。

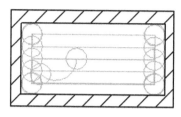

图 8-3 粗、精加工二维型腔刀具轨迹

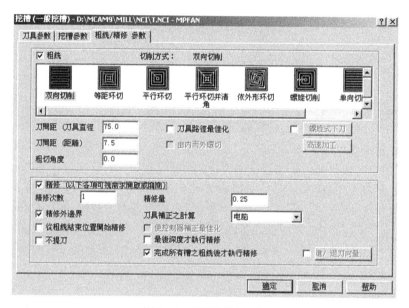

图 8-4 挖槽切削方式

2. 带岛型腔

带岛型腔在选择刀具路径时,应注意图素的选择要正确,也可以选用一般挖槽或带岛挖槽。Mastercam 系统中对带岛型腔加工时刀具轨迹的形成与一般挖槽刀具轨迹生成方法相同,如图 8-5 所示。

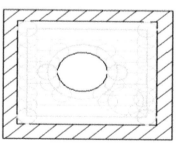

图 8-5 带岛型腔挖槽刀具轨迹

8.2.3 钻孔加工

孔的加工包括钻孔、镗孔和攻螺纹等操作,要求的几何信息仅为平面上的二维坐标点,至于孔的大小一般由刀具来保证(在直径孔的铣削加工除外),可以直接以图形上的点素定义加工点位置,如图8-6所示的Mastercam系统中的钻孔加工刀具轨迹。钻孔加工特别适用于大量孔加工的程序编制。

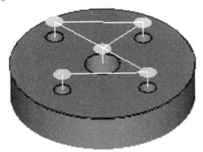

图8-6 钻孔加工刀具轨迹

8.2.4 二维字符加工

平面上的刻字加工也是一类典型的二维坐标加工,按设计要求输入字符后,采用雕刻刀雕刻加工所设计的字符,其刀具轨迹一般就是字符轮廓轨迹,如图8-7(a)所示,字符的线条宽度一般由雕刻刀刀尖直径来保证。

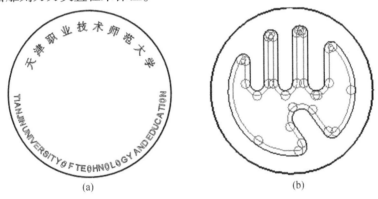

图8-7 二维字符及轮廓轨迹加工

字符的种类很多,标准的英文字符有线条型字符、方块字符、罗马字符和斜体字符。此外,还有大量非标准字符和非英文字符,如各种印刷体汉字和手写体汉字。字符雕刻加工刀具轨迹采用外形轮廓铣削加工的原则沿着字符轮廓生成。

1. 加工字符呈凹陷字符状态时

(1) 对于线条型字符和斜体字符,直接利用字符轮廓生成字符雕刻加工刀具轨迹,同一字符不同笔划间和不同字符间采用抬刀—移位—下刀的方法将分段刀具轨迹连接起来,形成连续的刀具轨迹。这种刀具轨迹不考虑刀具半径补偿,字符线条的宽度直接由刀尖直径确定。

(2) 对于有一定线条宽度的方块字符和罗马字符,要采用外形轮廓铣削加工方式生成刀具轨迹,这时刀尖直径一般小于线条宽度。若线条特别宽,而且不能采用在一点的刀具时,则要采用二维型腔铣削加工方式生成数控雕刻加工刀具轨迹。

2. 加工字符呈凸起状态时

要将字符定义为岛屿,按带岛屿型腔加工方法生成凸起字符的数控雕刻加工刀具轨迹。与普通带岛屿型腔加工不同的是,凸起字符的加工一般采用雕刻刀,直接用行扫描方式(截面平面法)进行加工,即遇到凸起字符的线条时抬刀,越过线条后进刀。图章的雕刻加工就是一种典型的起字符的雕刻加工,如图 8-7(b)所示。

8.3 三维铣削自动编程

在图形交互式数控自动编程系统内对所加工零件进行三维自动编程时,其编程的基本步骤为:零件图样及加工工艺分析;几何造型;刀位轨迹计算及生成;后置处理;程序输出。

8.3.1 零件几何造型

对三维(3D)加工零件的自动编程,最终需要对其加工(曲)面进行几何造型,在 Mastercam 系统下进行零件几何造型,主要利用其绘图功能下的各种点、线、面的基本绘图功能并同时灵活应用转换主功能下的镜像、旋转、比例缩放、平移等功能,及修整主功能下的倒圆角、修剪延伸、打断、连接等功能,以提高绘制工作效率。三维的空间几何造型是在构图过程中根据作图需要不断改变其构图工件深度 Z,并且为了能较清楚地观看屏幕上所作图形中的各种图素和制图时抓点方便,也需随时选用视角功能,来定义各种屏幕显示的视图和设定多种颜色或层别。针对小型三维实体建模与传统的线框建模和表面建模不同,其在计算机内部存储的信息不是简单的边线或顶点的信息,而是比较完整地记录了生成物体的各个方面的数据。在本系统建模时,采用边界表示法(B-REP 法)和构造实体几何法(CSG 法)的混合使用。在本系统中,充分利用二者各自的特点,采用混合法对三维实体进行描述。以 CSG 法为系统提供外部模型,B-REP 法则建立系统内部详细资料。体现在计算机外部,即将 CSG 法作为用户接口,方便用户输入数据,定义体素及确定集合运算类型。后在计算机内部转化为 B-REP 的数据类型,以便存储更具体、更详细的信息。

8.3.2 曲面类型和特征

在计算机 CAD 几何造型中,曲面造型最复杂。在 CAD/CAM 系统中曲面是用数学方程式来定义工件表层形状特征的。曲面含有许多的断面或缀面,它们熔接在一起而成一个图素,而由多个曲面熔接而成的模型,通常称为复合曲面。在 CAD/CAM 系统中的曲面模组化能够精确完整地描述复杂的工件形状。

1. 曲面的数学化

所有的曲面都是由昆氏(Coons)曲面、B 样条(Bezier)曲面、B 平滑线曲面和 NURBS 曲面四种数学化方式所产生的。

(1) 昆氏曲面:昆氏曲面也称昆氏缀面,单一昆氏缀面是以 4 个高阶曲线为边界所熔接而成的缀面。至于多个缀面所构成的昆氏曲面则是由多个独立的缀面很平顺地熔接在一起而得到的。

昆氏曲面的优点是,穿过线结构曲线或数字化的点数据能够形成精确的平滑化曲面,即曲面必须穿过全部的控制点。其缺点是当要修改外形时,需要修改控制的高阶边界曲线。

(2) B样条曲面:是能过熔接全部相连的直线和网状的控制点所形成的碎平面而建构出来。多个缀面的B曲面的成形方式与昆氏曲面类似,可以把个别独立的B缀面很平滑地熔接在一起。

使用B曲面的优点是,可以通过操控的方式拉动曲面上的控制点来改变曲面的形状。缺点是整个曲面会因为拉动某一控制点而改变,这样将会使得按照横截面外形产生近似的曲面变得相当困难。

(3) B-S平滑线曲面:具有昆氏曲面与B曲面的重要特性,类似于昆氏缀面。

(4) NURBS曲面:NURBS面属于R曲面,具有B曲面所拥有的全部特性,此外同时具有控制点权重的特性。当权重为一常数时,NURBS曲面就是一个B曲面。

2. 曲面的类型

曲面可以分为以下三种类型:几何图形曲面、自由型式曲面和编辑过的曲面。

3. 三维铣削加工的方式

方式有平行加工、放射加工、投影加工、曲面流线、等高加工、曲面挖槽、插削下刀等。

8.3.3 实例应用

相对于车削和线切割加工来说,进行数控铣削加工的零件,通常都比较复杂。因此,MasterCAM的铣削模块(Mill)与比其他模块(车削Lathe、线切割WEDM等)相比,使用更为广泛,是学习和掌握的重点内容。

目前MasterCAM软件使用广泛的版本有两个,MasterCAM V9.1和MasterCAMX^2。二者在使用界面上有较大的区别,传统的MasterCAM V9.1版本界面与MasterCAMX^{2}的新版本界面改动很大。考虑到教材的通用性,下面的两个典型实例分别用两个版本来完成,以适应不同人员的需求。例8-1采用MasterCAM V9.1老版本界面,例8-2采用MasterCAMX^{2}新版本,通过两个实例的练习,以掌握零件的设计与数控自动编程的基本方法。

例8-1 采用MasterCAM V9.1版本进行电风扇线框造型和曲面造型及其自动编程(见图8-21)。

1. 绘制电风扇线框造型的步骤

步骤1 清除当前的屏幕,绘制三条直线。

选择"主功能表→档案→开启新档→YES→回复起始状态";

选择"设定:Z=0"。

选择"构图面→前视图"。

选择"视角→前视图"。

选择"回主功能→绘图→线→连续线"。

指定任意点1:0,10。

指定任意点2:6.25,10。

指定任意点3:6.25,0。

指定任意点4:25,10。

步骤 2 绘制一条水平线和一条垂直线。

选择"上层功能表→任意线段"。

指定第一个端点:10,10。

指定第二个端点:40,10。

指定第一个端点:30,15。

指定第二个端点:30,-10。适度化后图形应如图 8-8 所示。

步骤 3 使用图 8-8 选择点来绘制一个圆弧。

选择"回主功能表→绘图→圆弧→切弧→切三物体",依次择取 P1→P2→P3 三个图素。

步骤 4 使用图 8-8 选择点来绘制一个倒圆角。

选择"回主功能表→修整→倒圆角→半径值"。

输入圆角半径:2.5。

依次择取 P3 和 P4 图素。

图形应如图 8-9 所示。

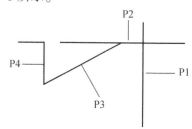

图 8-8 电风扇线框造型(一)

步骤 5 依图选择点,修剪垂直线和倾斜线,然后再删除水平线。

选择"上层功能表→修剪延伸→单一物体"。

择取 P1 和 P2 来修剪垂直线。

依次选取 P3 和 P2 来修剪倾斜线。

选择"回主功能表→删除"。

择取 P4 来删除水平线。

步骤 6 在俯视构图面绘制一个圆,视角改为等角视图。

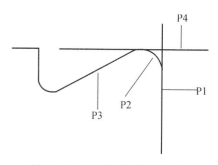

图 8-9 电风扇线框造型(二)

选择"构图面→俯视图"。

选择"视角→等角视图"。

选择"Z",然后再输入 10。

选择"回主功能表→绘图→圆弧→点半径圆"。

输入圆心点:0,0。

输入半径:6.25。

步骤 7 在前视构图面,风扇叶片的边界轮廓,更改层为 2,并且更改色为 11。

选择"层别→输入 2→确定"。

选择"构图面→前视图"。

选择"Z",然后输入 60。

选择"回主功能表→绘图→圆弧→两点画弧"。

依次输入(-10,2)(10,2)。

输入半径:60。

选取你要的圆弧段(较小形的圆弧)。

此时的图形应如图 8-10 所示。

步骤 8 选择点绘制一条倾斜线。

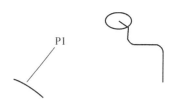

图 8-10 电风扇线框造型(三)

选择"回主功能表→绘图→线→极坐标线→端点"。
择取 P1。
输入角度：-20。
输入线长：30。
此时的图形应该如图 8-11 所示。

步骤9 绘制相切于倾斜线的圆弧。
选择"回主功能表→绘图→圆弧→切弧→切圆外点"。

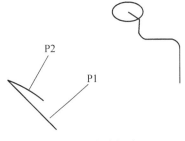

图 8-11 电风扇线框造型（四）

选择"圆弧→所切的物体→择取 P1"。
输入"所经过的点→选择→端点"。
择取 P2。
输入半径：3.5。
选取你要的圆弧（从右算起第二个圆弧）。
新的图形应如图 8-12 所示。

步骤10 使用图 8-12 选择点平修剪倾斜线。
选择"回主功能表→修整→修剪延伸→单一物体"。
择取 P1 和 P2 来修剪这条倾斜线

步骤11 延伸垂直，使用图 8-12 选择点。
选择"回主功能表→修整→延伸→指定长度"。
输入延伸的长度：20。
择取 P3 以延伸线长，线被延伸之后如图 8-13 所示。

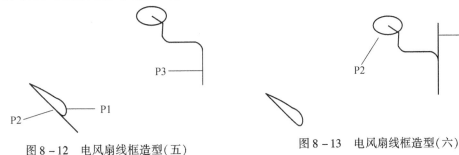

图 8-12 电风扇线框造型（五）　　　　图 8-13 电风扇线框造型（六）

步骤12 使用图 8-13 选择点绘制扫描曲面，层更改为 3，颜色改为 12。
选择"层别"，然后输入 3。
选择"颜色"，然后输入 12。
选择"回主功能表→绘图→曲面→扫描曲面"。
输入截断方向外形数目：1。
定义截断方向外形：选择单体，然后择取 P1。
定义切削方向外形：择取 P2。
选择"执行"。
设定扫描曲面参数如下：

误差值:0.02。

曲面型式:N(NURBS)。

选择"执行",完成的扫描曲面如图8-14所示。

步骤13 使用图8-13选择点,把风扇叶片的边界轮廓旋转15°。

选择"层别",输入13,确定。

选择"回主功能表→转换→旋转→串连"。

择取P1。

选择"执行→执行→原点"。

设定旋转对话框参数如下:

选择"拷贝"

"次数"为1;

"旋转角度"为15.0。

选择"确定"。

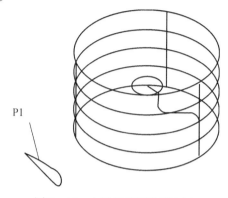

图8-14 电风扇线框造型(七)

旋转的轮廓应如图8-15所示。

步骤14 使用图8-15选择点,将旋转之后的风扇叶片轮廓投影到扫描曲面。

选择"回主功能表→绘图→曲面曲线→投影线"。

选择"曲面",择取P1,然后选择"执行"。

选择"串连"→然后选择P2。

选择"执行"。

选择"选项"。

设定曲线对话框参数如下:

误差方式:弦差0.002→产生物→曲线,其余项目均取消选择。

选择"确定"。

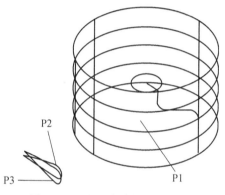

图8-15 电风扇线框造型(八)

设定投影方式:V→设定修剪延伸→N。

选择"执行"。

步骤15 把层别4隐藏起来。

选择"层别→观看层别→4→确定→确定"。

步骤16 把风扇叶片的边界轮廓旋转40°,使用图8-15选择点,更改层别为5。

选择"层别",然后输入5。

选择"回主功能表→转换→旋转→串连"。

选择P3。

选择"执行→执行→原点"。

设定旋转对话框的参数如下:

选择"删除原图";

"次数1";

"旋转角度"40。

选择"结束",被旋转的轮廓应如图8-16所示。

步骤17 使用图8-16选择点,将旋转之后的风扇叶片的轮廓投影到扫描曲面。

选择"回主功能表→绘图→曲面曲线→投影线"。

择取 P1(选取曲面)。

选择"执行"。

选择"串连",然后择取 P2。

选择"执行→执行"。

图形如图8-17所示。

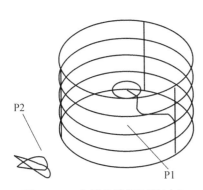

图8-16 电风扇线框造型(九)

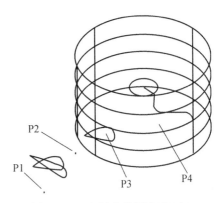

图8-17 电风扇线框造型(十)

步骤18 使用图8-17选择点,删除旋转后的轮廓。

选择"回主功能表→删除风扇叶轮廓"。

步骤19 使用图8-17选择点,把投影后曲线平移。

选择"回功能表→转换→平移→串连"。

择取 P3。

选择"执行→执行→直角坐标"。

输入平移的向量:Z30。

设定平移对话框的参数如下:

选择"删除原图→次数→1"

选择"确定"。

步骤20 把层别4显示出来。

选择"层别→观看各层→4→确定"。

步骤21 使用图8-17选择点,删除扫描曲面。

选择"回主功能表→删除"。

选取 P4,即删除扫描适度化后如图8-18所示。

步骤22 修剪垂直线,使用图8-18选择点。

选择"回主功能表→修整→修剪延伸→单一物体"。

依次选取 P1、P2 修剪这一直线。

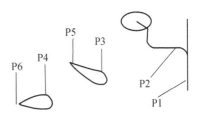

图8-18 电风扇线框造型(十一)

步骤23 使用图8-18,绘制连接于两个风叶轮廓之间的直线,使用空间构图面。

选择"构图面→等角视图"。

选择"回主功能表→绘图→线任意线段→端点"。

择取 P3 和 P4 为第一条直线。

择取 P5 和 P6 为第二条直线。

最后电风扇线框结构造型如图 8-19 所示。

2. 电风扇曲面造型

步骤 1 制作两个扫描曲面,使用图 8-19 选择点。

选择"层别"输入 6。

选择"颜色",输入 14。

选择"回主功能表→绘图→曲面扫描"。

输入截断方向外形的数目 = 1。

定义切削方向外形 1:选择 P2。

选择"执行→以完成外形的选取"。

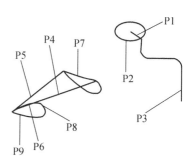

图 8-19 电风扇线框造型(十二)

设定参数如下:

误差值 = 0.005。

形式 = N(NURBS)。

平移/旋转 = R。

选择"执行",即完成本体顶面的曲面。

输入截决方向外形的数目 = 1。

输入截决方向外形:选择 P3。

定义切削方向外形 1:选择 P2。

选择"执行",以完成外形的选取。

选择"完成本体外围的曲面"。

此时的图形如图 8-20 所示。

步骤 2 制作一内侧扫描曲面,使用图 8-20 选择点。

选择"颜色",输入 2。

选择"上层功能表→扫描曲面"。

输入截断方向外形的数目 = 1。

定义截断方向外形→选择→串连→部分,然后选取 P1 和 P2。

定义切削方向外形 1:选择 P2,更换模式工单体,然后选择 P3。

选择"执行",即完成本体内侧的扫描曲面。

步骤 3 把层别 3 和 6 的图形隐藏起来,并开启第 7 层。

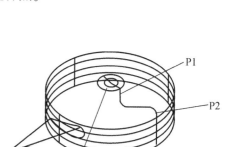

图 8-20 电风扇线框造型(十三)

选择"层别→观看各图→3 和 6 使其呈灰色→确定→确定"。

选择"层别",输入 7。

此时图形仍出现如图 8-18 所示的图形。

步骤 4 制作昆氏曲面,这是风扇叶片的顶面,仍使用图 8-20 的选择点。

选择"颜色",输入 11。

选择"上层功能表→昆氏曲面",出现"使用自动建之昆氏曲面?"对话框,选择"NO"。

切削方向的曲面数目 =1。

截断方向的曲面数目 =1。

切削方向:段落 1 行 1:选择单体,并选取 P4。

切削方向:段落 1 行 1:选择,选取 P5。

选择"截断方向":段落 1 行 1→选取 P6

选择"截断方向":段落 1 行 1→选取 P7

选择"执行"。

设定昆氏参数如下:误差值 =0.005;形式 = N(NURBS);熔接方式 = L(线性)。

选择"执行"。

步骤 5 把层别 7 层图形隐藏起来,并开启层别 8。

选择"层别",观看各层,按 7 使其呈灰色,选择"确定"。

选择"层别",输入 8。

此时图形仍如图 8-18 所示。

步骤 6 制作昆氏曲面,这是风扇叶片的底面,仍使用图 8-18 选择点。

选择"颜色",输入 12。

选择"上层功能表→昆氏曲面"出现"使用自动建立昆氏曲面?"对话框,选"NO"。

切削方向的曲面数目 =1。

截断方向的曲面数目 =1。

切削方向:段落 1 行 1:选择→单体,并选取 P4。

切削方向:段落 1 行 2→选择 P5。

选择"更换模式→定义这截断方向→段落 1 列 1 行→选择 P8 和 P9"。

截断方向:段落 1 列 2→选择部分→选择 P10 和 P11。

选择"执行",完成外形的选择。

设定参数如下:误差值 =0.005;形式 = N(NURBS);熔接方式 = P(抛物线)。

选择"执行"。

选择"执行"。

步骤 7 把层别 8 的图形隐藏起来并开启层别 9。

选择"层别→观看各层",按 8 使其呈灰色,选择"确定→确定"。

选择"层别",输入 9。

此时图形仍如图 8-18 所示

步骤 8 制作直纹曲面,主是风扇叶片外端面,仍使用图 8-18 的选择点。

选择"颜色",输入 14。

选择"上层功能表→直纹曲面→单体"。

定义外形 1:选取 P6。

定义外形 2:选择"更换模式→串连→部分→并行选取 P8 和 P9"。

选择"执行→执行"。

步骤9 选择"层别→观看各层"按7和8,使其变亮,选择"确定"。

步骤10 把风扇叶片的曲面绘制到另外的六个位置。

选择"层别",输入10。

选择"颜色"输入2。

选择"回主功能表→转换旋转所有的→曲面→执行→原点"。

设定"旋转"对话框,参数如下:

选择"拷贝→次数"6。

旋转角度:360°/7。

选择"结束"。

步骤11 把层别3和6的图形显示出来。

选择"层别→观看各层",选3、6,选择"确定"。

适度化后图形即如图8-21所示。

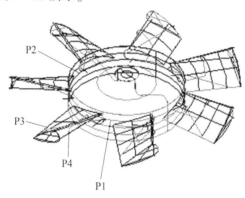

图8-21 电风扇线框造型(十四)

步骤12 把完成的曲面图形储存,文件名为FANS。

步骤13 选择"回主功能表→档案→存档"。

步骤14 文件名→FANS→保存。

3. CAM 刀具轨迹生成与后置处理

数控加工工件经 CAD 几何造型后,计算机利用相应的刀具路径功能获得其零件的刀位轨迹数据,然后经必要的刀位轨迹模拟验证,最后再通过后置处理就自动生成 NC 加工程序。接着上面的步骤具体介绍其 NC 加工程序生成的过程。

NC 加工程序自动生成的基本步骤如下。

工件刀具轨迹的生成:刀具轨迹模拟验证→路径模拟→N-SEE2000→后置处理自动生成加工程序。

步骤1 载入风扇曲面档。

选择"回主功能表→档案→取档→档名:FANS→打开"。

此时屏幕上呈现风扇曲面,如图8-21所示

步骤2 改变二曲面法线方向,选用图8-21选择点。

选择"回主功能表→修整→法线方向→动态分析",选取 P1 后再按鼠标键,然后选切换方向合法线方向箭头朝内,"确定"(该时曲面线色变淡)。

选取 P2,同上,使法线方向箭头朝外,选择"确定"(该时曲面线色变深)。
步骤 3 启动曲面流线加工功能,选用图 8-21 选择点。
选择"回主功能表→刀具路径→曲面加工→干涉检查→开"。
选择 P1 和 P2 作为干涉检查曲面
选择"执行→执行"。
选择"精加工→曲面流线→输入 NCI 档名→(FANS)→保存"。
选取 P3 和 P4 两曲面。
选择"执行"。
步骤 4 设定刀具参数,如图 8-22 所示。

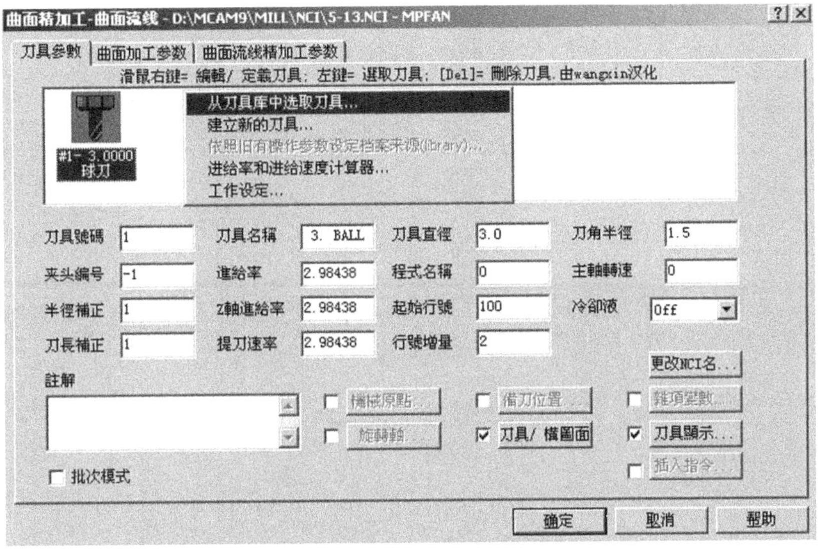

图 8-22 参数设置

按鼠标右键,并选择"从刀具资料库中取得刀具资料"。
选择"3mm 球刀→确定",并设定刀具参数如图 8-22 所示。
步骤 5 设定切削参数。
按"曲面加工参数"钮,并设定参数,如图 8-23 所示。
步骤 6 设定曲面流线精加工参数。
按"曲面流线精加工参数"钮,并设定参数,如图 8-24 所示。
步骤 7 定义间隙设定及边缘设定参数。
按"间隙设定"钮,并设定参数,如图 8-25 所示
选择"确定"按"边缘设定"钮,并设定参数,如图 8-26 所示。
选择"确定"。
选择"确定→执行"。
步骤 8 启动放射状曲面精加工。
选择"否(是否使用上一次定义的曲面?)"。
选择 P1、P2、P3 三个曲面。
选择"执行"。

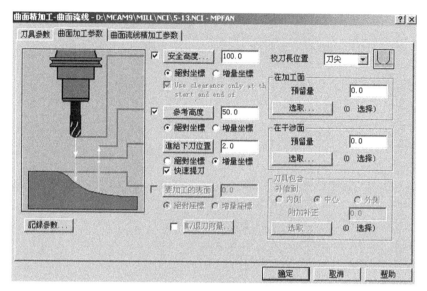

图8-23 曲面加工参数

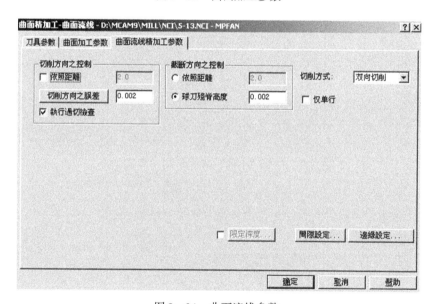

图8-24 曲面流线参数

步骤9 设定刀具参数如步骤4,设定曲面加工参数,如步骤5。

步骤10 设定放射状加工参数。

按"放射状加工参数"钮,并设定参数,如图8-27所示。

步骤11 定义间隙设定及边缘设定参数,设定方法如步骤7。

选择"确定",输入旋转中心:0,0,选择"确定"。

步骤12 复制扇叶刀具路径到另六个位置。

选择"回主功能表→公用管理→编辑 NCI"。

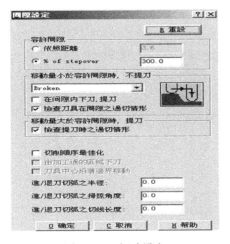 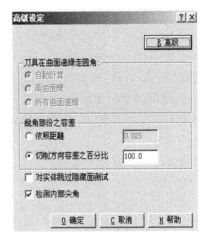

图 8-25　间隙设定　　　　　　　　图 8-26　边缘设定

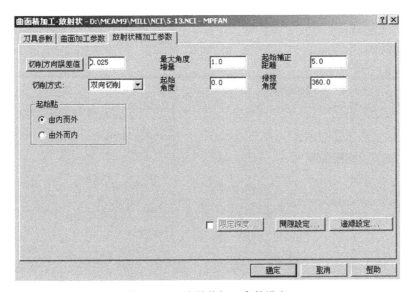

图 8-27　放射状加工参数设定

选择"YES"。

从编辑 NCI 对话框内选择，"第一个"多重曲面精加工(T1)"。

选择"转换旋转"，设定转换旋转参数，可得电风扇的刀具路径如图 8-28 所示。

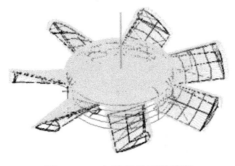

图 8-28　电风扇的刀具路径

247

选择"确定"。

步骤13 储存复制的刀具路径。

按住"SHIFT"键,并用鼠标点第八个"多重曲面精加工(T1)"选择"拷贝"。

选择"档案→存档→YES→确定"。

4. 刀具路径模拟验证

设定选取模型参数,选"显示刀具",选"决定材料大小"。

选择"OK"。

屏幕显示加工材料毛坯图。

修改"Z=17.4",选择"确定"。

选择"执行→执行"。

此时可以看到刀具加工时所走的轨迹。

5. 后置处理自动生成 NC 加工程序

选择"刀具路径→操作管理",如图 8-29 所示。

选择"执行后处理→确定",如图 8-30 所示。

选择"储存 NC 挡"。

选择"编辑→确定"。

则自动生成 NC 加工各种程序。

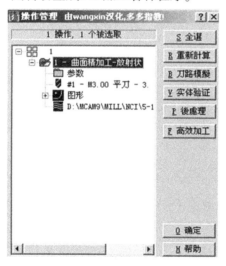

图 8-29 刀具路径

图 8-30 执行后置处理

例 8-2 采用 MasterCAMX^2 版本进行旋钮电极模型曲面造型及其自动编程(图 8-31)。

零件形状及尺寸如图 8-31 所示,其材料为硬铝合金,毛坯为直径 ϕ60mm 的棒料,长度 40mm。

1. 工艺规划

1) 理解零件图纸,确定加工内容

比较毛坯和零件图纸可知,该零件需要加工的部分有两大部分:一是底部夹持端的 ϕ28mm×14.5mm 的圆柱部分,以及 20mm 的台阶的两轴半粗精加工;二是翻面后的顶面,

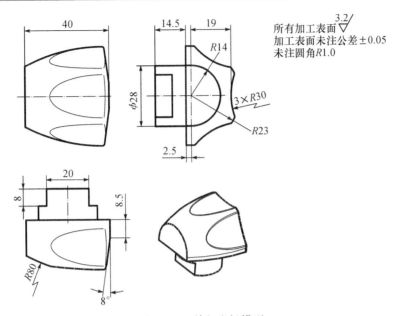

图 8-31 旋钮电极模型

其外形仍然是两轴半加工,曲面则需要球头刀进行曲面的粗、精加工。

2) 确定加工工艺,确定刀具原点位置

夹具选择为通用精密虎钳,刀具选定为两轴半粗、精加工选用 $\phi 16 mm$ 的平底铣刀,曲面的粗加工采用 $\phi 8 mm$ 平底铣刀;曲面的半精、精加工则采用 $\phi 10 mm$ 的球头铣刀,加工参数如表 8-1 所列。

表 8-1 旋钮电极模型加工刀具参数表

刀具号码	刀具名称	刀具材料	刀具直径/mm	零件材料为铝材			备注
				转速/(r/min)	径向进给量/(mm/min)	轴向进给量/(mm/min)	
T1	端铣刀	高速钢	$\phi 16$	600	120	50	两轴半粗、精铣
T2	端铣刀	高速钢	$\phi 8$	1100	130	80	曲面粗加工
T3	球头刀	高速钢	$\phi 10(R5)$	1500	130	80	半精铣曲面
T3	球头刀	高速钢	$\phi 10(R5)$	3500	200	80	精铣曲面

考虑到毛坯为圆柱,为便于找正,选择零件中心为 XY 方向的编程原点,加工圆柱夹持端时,以工件顶面为 Z0;翻面后的曲面部分,由于顶部加工后无平面,为便于造型及找正,以加工完成后的底面大平面为 Z 向原点。

零件的工艺安排如下:

(1) 装夹与工作坐标系设定。先于毛坯一端铣削出圆柱及两工艺台阶;然后翻面,虎钳夹持两工艺台阶,即可对全部工件外形进行加工。

(2) 加工路线。按先粗后精的顺序,以刀具顺序优先编程:铣削圆柱→铣削装夹用工艺台阶→工件翻面→粗、精铣外形→粗铣曲面→半精加工曲面→精加工曲面。

2. 加工造型(CAD)

1) 圆柱夹持端的加工线框

首先绘制用于夹持的工艺台阶的线框轮廓,由于圆柱夹持端为两轴半特征,只需绘制 φ28mm 圆柱和两直边即可,即造型时不需要全部绘制曲面图形,只需绘制加工所需的线框和曲面即可。

① 启动 Mastercam X2,双击桌面 Mastercam X2 图标 。

② 按下键盘 F9,以显示坐标中心线。

③ 绘制 φ28mm 圆及两对边。

首先修改当前绘图深度,在屏幕下方单击切换绘图方式为 2D,绘图深度为 -14.5(图 8-32)。

图 8-32 绘图方式及绘图深度设定

单击中心半径绘圆图标 Create Circle Center Point（或 Create→Arc→Create Circle Center Point）,然后按屏幕互动提示,单击坐标原点作为圆心,然后在 Ribbon 栏中输入直径 28,确定即可完成 φ28mm 圆的绘制。

然后将绘图深度由 -14.5 修改为 -8,单击两点绘制直线图标 Create Line Endpoint，单击激活 Ribbon 工具栏中的 Vertical(铅垂线)选项，分别单击始点和终点的大致位置,然后系统提示 Enter X coordinate(输入 X 值)时输入"10";再次同样操作绘制直线,输入"-10";

单击 Trim/Break/Extend(修剪/延伸)图标，根据需要在 Ribbon 栏中单击激活（修剪一个物体）,单击直线作为修剪对象,再单击圆为边界,修剪掉直线多余的两端,绘图及修整结果如图 8-33 所示。

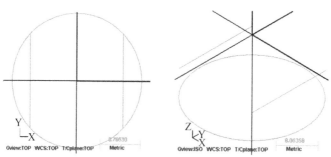

图 8-33 底部夹持端的线框绘制结果俯视图及空间视图

注意:此处设定了不同的 Z 向绘图深度的作用,一是有助于在 CAM 加工编程时选择不同的加工线框;此外同时该结果将被将自动带入两轴半加工的加工深度中,比较方便。

2) 曲面母线线框绘制及回转曲面生成

(1) 曲面母线线框绘制。首先将绘图深度由 -8 修改为 0。

单击两点绘制直线图标 Create Line Endpoint ↘,单击激活 Ribbon 工具栏中的 Vertical (铅垂线)选项,分别单击始点和终点的大致位置,然后系统提示 Enter X coordinate(输入 X 值)时输入"20";再次同样操作绘制直线,输入"-20";

再次单击两点绘制直线图标 Create Line Endpoint ↘,单击激活 Ribbon 工具栏中的 Horizontal(水平线)图标,分别单击与左侧直线两边的大致位置,然后系统提示 Enter Y coordinate(输入 Y 值)时输入"14";再次同样操作,绘制与右侧直线相交的直线,输入"23";再次绘制与右侧直线相交的直线,输入算式"8.6-2.5",完成三条直线的绘制,如图8-34所示。

再单击两点绘制直线图标 Create Line Endpoint ↘,再次单击取消水平状态,单击激活 Ribbon 工具栏中的 Angle(角度)按钮,输入绘图直线角度98°;拾取高度为6的水平线和最右侧直线的交点,绘制极坐标线,线框长度为20,如图8-35所示。

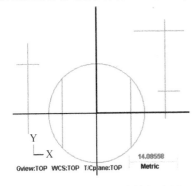

图8-34 绘制的母线线框边界

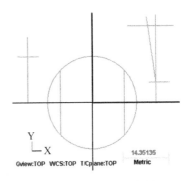

图8-35 绘制极坐标线

接下来绘制 R80mm 圆弧,单击 Create Arc Endpoints(端点绘弧)图标,或者选择 Create→Arc→Create Arc Endpoints,然后按屏幕提示一次单击捕捉圆弧两端点,最终输入半径80,绘制圆弧如图8-36所示。

然后进行修整工作,单击 Trim/Break/Extend(修剪/延伸)图标,根据需要在 Ribbon 栏中单击激活(修剪两个物体)修剪掉不需要的线段。随后根据需要选择并按下键盘上的 Delete 键,删除不需要的图素,最终结果如图8-37所示。

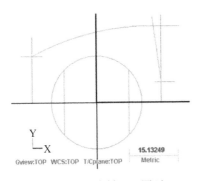

图8-36 绘制 R80 圆弧

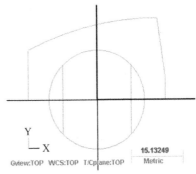

图8-37 曲线母线轮廓

(2) 回转曲面生成。回转之前首先绘制回转中心线,单击 Create Line Endpoint(两点绘制直线)图标,然后单击激活 Ribbon 工具栏中的 Horizontal(水平线)图标,分别单击始点和终点的大致位置,然后系统提示 Enter Y coordinate(输入 Y 值)时输入"0"。按下 F9 以取消坐标轴显示,绘制结果如图 8-38 所示。

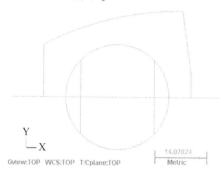

图 8-38　绘制回转中心线

然后建立回转曲面,首先单击 切换至三维视图。

单击 Create Revolved Surface(回转曲面)图标,或者依次选择 Create→Surface→Create Revolved Surface,系统将弹出"串联选择"对话框,单击刚绘制的曲面母线轮廓并确认,如图 8-39 所示。

然后将提示选择回转轴,选择刚绘制的直线为旋转中心,随后在 Ribbon 栏中输入 Start Angle(起始角度)为 0°,End Angle(终止角度)为 180°。将创建所需曲面,如图 8-40 所示。

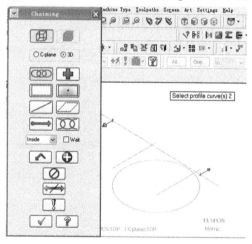

图 8-39　选择回转轮廓曲线

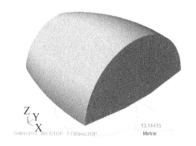

图 8-40　回转生成曲面

3) 局部曲面轨迹绘制及拉伸曲面

(1) 局部曲面母线绘制。接下来绘制局部的曲面,首先单击 Right Gview(右视图),切换至 YZ 平面。然后在窗口方设定当前绘图深度为 20。

单击图标 Create Arc Polar(极坐标绘圆)(或选择 Create→Arc→Create Arc Polar),然后按屏幕互动提示,在 Ribbon 栏中输入圆心坐标,横轴坐标 X 为 0,纵轴坐标 Y 为 49(30 +

19),Z 保持 20,然后在 Ribbon 栏中输入半径 R 为 30,起始角度 Start Angle 为 240°,终止角 End Angle 为 -60°。完成圆弧的绘制,如图 8-41 所示。

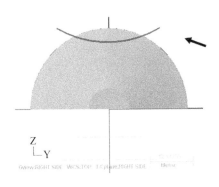

图 8-41　绘制 R30mm 圆弧

两侧的两圆弧与该弧类似,可以通过阵列的方式获得。单击 Xform Rotate(旋转阵列)图标 ,选择刚绘制的 R30 圆弧作为阵列对象,回转中心默认为原点,输入旋转角度 60°,即可获得第二条圆弧,如图 8-42 所示。

再次执行回转阵列操作,回转角度为 -60°。单击 返回空间视图,最终结果如图 8-43 所示。

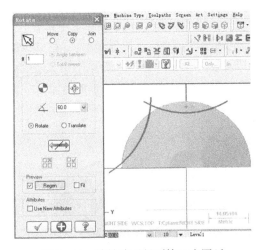

图 8-42　旋转阵列得到第二个圆弧

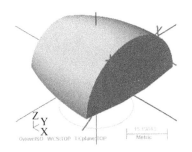

图 8-43　绘制的局部曲面母线

(2) 拉伸得到曲面。单击 返回空间视图后,构图面也随着变为默认的 TOP,为了在 X 方向拉伸曲面,此时需要将绘图平面 Cplane 切换为 Right 前视图。单击窗口下方的 Planes 图标,将当前绘图面设定为 Right。注意此时屏幕左下方的提示 Cplane 也相应的变为 Right (图 8-44)。

单击 Create Draft Surface(创建拉伸曲面)图标 ,或者依次选择 Create→Surface→Create Draft Surface。选择刚绘制的第一条 R30mm 圆弧作为母线图素,拉伸距离为 40mm。得到顶部曲面,如图 8-45 所示。

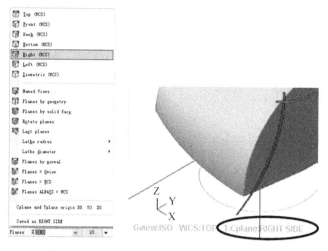

图 8-44 设定当前绘图平面为右视图(Right)

4) 修剪曲面

单击 Trim Surfaces to Surfaces(修整曲面至曲线)图标 ▓(或者依次选择 Create→Surface →Trim Surface→Trim Surfaces to Surfaces),此时系统将提示选择第一组要修整的曲面,单击刚建立的顶部局部曲面,再单击▓或回车确认。

然后系统提示选择第二组要修整的曲面,选择与局部曲面相交的圆弧环形面和斜环形面,再单击▓或回车确认。

此时系统提示"Indicate area to keep"(指示曲面要保留的区域)。按提示单击第一组局部曲面,移动光标到要保留的区域(曲面中央),再单击鼠标确定保留此处;然后单击第二组曲面,移动光标到要保留的区域(外部区域)即可完成曲面的修剪操作,结果如图 8-46 所示。

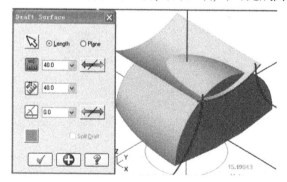

图 8-45 拉伸得到局部曲面

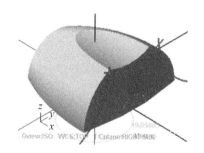

图 8-46 曲面修剪结果

5) 创建其余局部曲面,修剪曲面

按照如上操作,依次选择两端圆弧拉伸创建曲面,再分别与其相交的原有曲面剪切。完成上述操作后,再隐藏或删除不再使用的图素,最终结果如图 8-47 所示。

6) 转换平移抬升曲面

前面为了造型简便,回转曲面中心选择位于 Z 轴为 0 的高度上,按图纸应该将最终得到的曲面抬高 2.5mm。

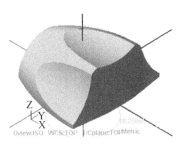

图 8-47　曲面最终创建结果

单击 Xform Translate(平移转换)图标，或者依次选择 Xform→Xform Translate,直接用鼠标拉出窗口,选中所要的曲面(注意不要选中下方无需平移的 φ28mm 圆和两条直线),最后单击 或回车确认。

在弹出的 Translate"对话框中选择 Move,Z 向平移增量为 2.5mm,其余值为 0,如图 8-48 所示。

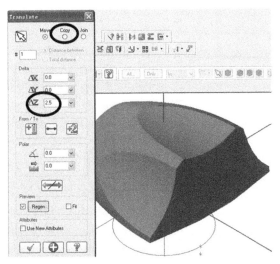

图 8-48　曲面平移对话框及平移结果

确认无误后,单击 确认并完成平移,平移后的曲面底部边缘应高于 Z 轴零点 2.5mm 处,确认无误后单击上方的 Clear Colors 图标 以清除颜色。

至此,所有加工所需的线框及曲面均已造型完毕,可以进行下一步的 CAM 加工编程。

3. 选择合适的加工策略,生成刀具轨迹(CAM)

1) 底部工艺夹持端加工

此步为铣削用于曲面加工的夹持端。设定机床类型,依次单击 Machine Type→Mill→Default,可以注意到侧面的刀具路径管理器中建立了相应的机床组等树状列表。如果能针对自己所用的加工机床,定制一个机床类型,则再好不过。

(1) 铣削 φ28mm 圆。在工具栏空白处单击鼠标右键,选择下方的 Load toolbars state→2D toolpaths,窗口右侧将出现两轴半加工的各种加工策略。单击 Contour Toolpath(外形铣削)图标 ,将弹出新建 NC 程序名字的对话框,直接点勾选按钮确认。

随后弹出串联对话框,再选择绘制的 $\phi 28$mm 圆,确保串联方向为顺时针,单击确认,弹出外形加工的对话框。

单击对话框左下方的"Select library tool"(自刀库中选择刀具)按钮 ,选择 T1 刀具为 Endmill Flat 16.000mm($\phi 16$mm 平底端铣刀),定义 Tool #(刀具号)、Len(长度补偿编号)、Dia(半径补偿编号)均为 1;按表 8-1 内容定义刀具参数 Feed(进给速度)为 120,plunge(Z 向下刀速率)为 50,Spindle(主轴转速)为 600,Retract(抬刀速度)为 200,如图 8-49 所示。

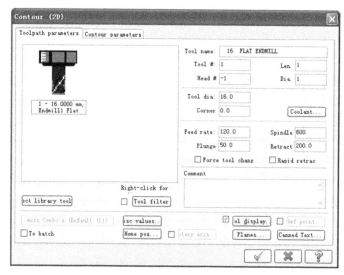

图 8-49 刀具参数对话框

随后再打开外形参数对话框,设定各加工参数如图 8-50 所示。注意:由于由于当初 $\phi 28$mm 圆形绘制的绘图深度在 Z-14.5 的位置,此时该参数已经自动填入最终加工深度 Depth 一栏中。

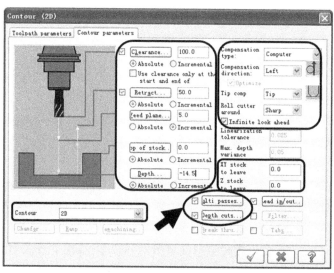

图 8-50 外形铣削参数对话框

勾选 Depth cuts(单次切削深度控制)前方的复选框(图 8-50 箭头处),并单击按钮 Depth cuts... ,在弹出的对话框中设定 Max rough step(最大切深)为 10mm,# Finish cuts(精加工次数)为 1 次,Finish step(精加工所留余量)为 0.3mm,并勾选 Keep tool down(铣削过程中不抬刀),如图 8-51 所示。

勾选 Multi Passes(多次铣削)前方的复选框,并单击 Multi Passes 按钮 lti passes. ,在弹出的对话框中设定多次铣削的次数为 2,刀间距为 10,精加工次数为 1,余量为 0.5,并勾选 Keep tool down(铣削过程中不抬刀),如图 8-52 所示。

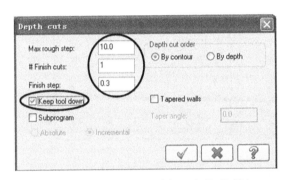

图 8-51 铣削深度及精加工参数对话框

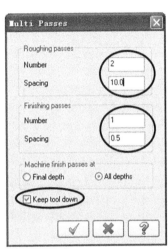

图 8-52 多次铣削参数对话框

完成上述设定后,单击外形参数对话框下方的确定按钮,得到刀具路径,单击刀具路径管理器上方的 按钮,出现实体仿真对话框,首先对毛坯进行设定,单击其 Configure(设置)按钮,如图 8-53(a)圈中所示;再设定工件毛坯为圆柱,直径为 60mm,高度为 45mm,其余选项设定如图 8-53(b)所示。

设定完成后单击播放键 ,运行实体仿真,结果如图 8-54 所示。

(2) 两侧台阶加工。单击 Contour Toolpath(外形铣削)图标 ,随后弹出串联对话框,再选择绘制的两条竖直线,确保串联方向为左侧线段向上,右侧向下(补偿后刀具再去除材料一侧),单击确认,弹出外形加工的对话框。

无需重新定义刀具,仍然选择 T1 铣刀 Endmill Flat 16.000mm,参数设定如前,如图 8-55 所示。

随后再打开外形参数对话框,由于当初图形绘制的绘图深度在 Z-8.0 的位置,此时该参数已经自动填入最终加工深度 Depth 一栏中(否则需要手动输入),确认设定各加工参数如图 8-56 所示。

由于铣削深度为 8mm,可以一次切削完毕;不选择 Depth cuts,只勾选 Multi Passes(多次铣削)前方的复选框,并单击 Multi Passes 按钮 lti passes. ,在弹出的对话框中设定多次铣削的次数为 1,刀间距为 10,精加工次数为 1,余量为 0.5,并勾选 Keep tool down(铣削过程中不抬刀),如图 8-57 所示。

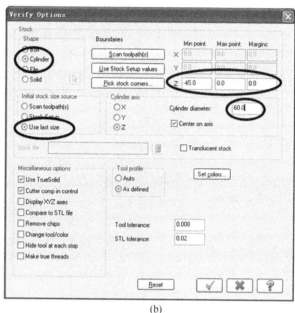

图 8-53 实体仿真对话框及毛坯设定
(a) 实体仿真对话框；(b) 毛坯设定对话框。

图 8-54 外形铣削实体仿真加工结果

完成上述设定后,单击外形参数对话框下方的确定按钮,得到刀具路径,单击刀具路径管理器上方的 按钮,出现实体仿真对话框,无需再次对毛坯设定,直接单击播放键 ,运行实体仿真,结果如图 8-58 所示。

2) 曲面粗加工

(1) 两轴半外围余量去除。首先对零件外形进行两轴半加工,去除外围余量。加工线框轮廓无需另行绘制,将生成回转曲面母线轮廓对 Y 轴镜像即可。

确保当前的绘图平面 Cplane 为 Top,随后单击 Xform Mirror(镜像转换) ,系统将提示选择镜像的图素,依次选择母线线框的三条直线和一条圆弧后单击 或回车确认,如图 8-59 所示。

第 8 章 自动编程技术

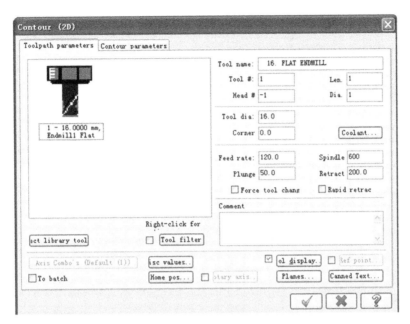

图 8-55 刀具参数对话框

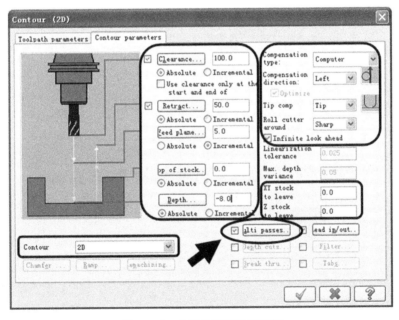

图 8-56 外形铣削参数对话框

单击 Contour Toolpath(外形铣削)图标，随后弹出串联对话框，再选择刚镜像后构成的封闭轮廓，确保顺时针旋转后单击确认，弹出外形加工的对话框。

选择 T1 铣刀 Endmill Flat 16.000mm，参数设定如图 8-60 所示。

随后再打开外形参数对话框，设定工件顶面为 30.5，最终加工深度为 -2，各加工参数如图 8-61 所示。

图 8-57 多次铣削参数对话框

图 8-58 底部夹持部位加工结果

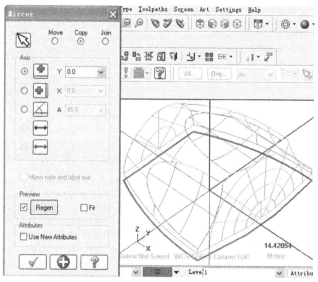

图 8-59 底部线框镜像结果

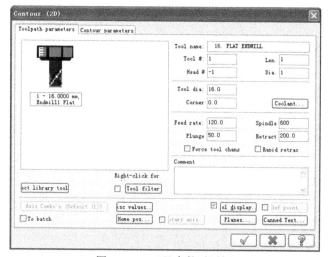

图 8-60 刀具参数对话框

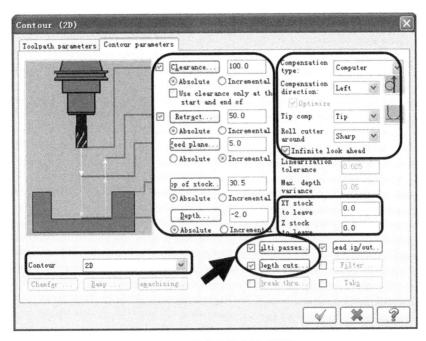

图 8-61 外形铣削参数对话框

勾选 Depth cuts(分层铣削),再勾选 Multi passes(多次铣削)前方的复选框(图 8-61 箭头处),并单击 Multi Passes 按钮，在弹出的对话框中设定多次铣削的次数为 1,刀间距为 10,精加工次数为 1,余量为 0.5,并勾选 Keep tool down(铣削过程中不抬刀),如图 8-62 所示。

再单击 Depth cuts(分层铣削)按钮，设定最大加工深度为 10,不进行最后精加工(由于此时工件下方材料应已经去除),设定如图 8-63 所示。

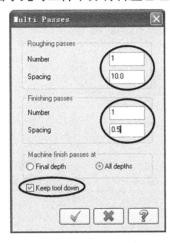

图 8-62 多次铣削参数对话框

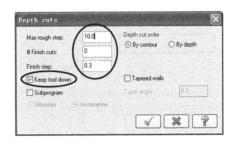

图 8-63 分层铣削参数对话框

完成上述设定后,单击外形参数对话框下方的确定按钮,得到刀具路径。由于此时工件应该已经翻面。需重新设定毛坯参数,设定毛坯最大高度为 25.5mm,最小高度为 -14.5mm,直径仍然为 60mm,如图 8-64 所示。

261

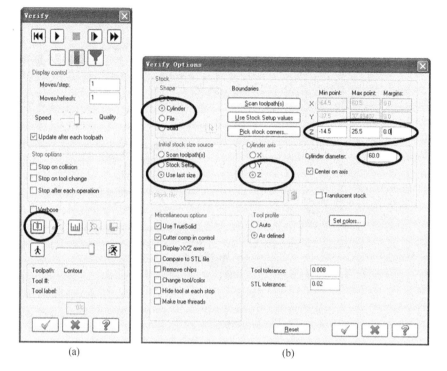

图 8-64 再次进行毛坯设定
(a) 实体仿真对话框;(b) 毛坯设定对话框。

刀具线框路径和实体切削仿真结果如图 8-65 所示。

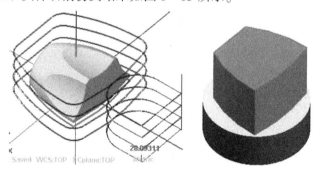

图 8-65 曲面外部轮廓两轴半加工仿真结果

(2) 曲面粗加工。由于需要使用三轴加工策略,首先在工具栏空白处单击鼠标右键,选择下方的 Load toolbars state→3D toolpaths,窗口右侧将出现曲面加工的各种加工策略。

对于此类工件,可以使用 Rough Pocket Toolpath(粗加工挖槽铣削),此类加工需要设定一个外部串联轮廓作为外部边界,加工时将串联轮廓之内、驱动工件曲面之外的位置均作为余量去除,故适用于工件曲面外围余量较大的情况。

此处需要绘制一个外部串联轮廓作为外部边界,由于工件毛坯是圆的,故绘制一个较大的圆即可(边界大于工件毛坯,刀具可以在边界内绕毛坯回转)。单击 ⌖,设定当前视角和绘图平面均为 XY,单击中心半径绘圆图标 Create Circle Center Point ⊙,然后按屏幕互动提示,单击坐标原点作为圆心,然后在 Ribbon 栏中输入直径75,单击确定即可完成外部轮廓圆的绘制,如图8-66 箭头所示。

单击 Rough Pocket Toolpath(粗加工挖槽铣削)图标,或者选择 Toolpaths→Surface Rough→Rough Pocket Toolpath,然后系统提示选择被加工曲面,用鼠标依次单击所有曲面(或拖出窗口框选),最后单击 或回车确认。将弹出确认对话框,提示已有7个曲面被选择作为加工驱动曲面,单击 Containment(加工边界)按钮(如图8-67 圈中所示),将出现串联选择对话框,再点选刚绘制的直径75 圆,点 确定并返回图8-67。

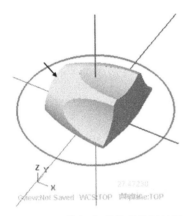

图8-66 外部串联轮廓绘制结果

图8-67 铣削曲面选择确认对话框

确认 Containment 中图素为1,再单击 确认即可。

随后将弹出曲面挖槽加工对话框,单击对话框左下方的"Select library tool"(自刀库中选择刀具)按钮,选择 T2 刀具为 Endmill Flat 8.000mm(ϕ8mm 平底端铣刀),定义 Tool #(刀具号)、Len(长度补偿编号)、Dia(半径补偿编号)均为2;按表8-1 内容定义刀具参数 Feedrate(进给速度)为130、Plunge(Z 向下刀速率)为80、Spindle(主轴转速)为1100、Retract(抬刀速度)为200,如图8-68 所示。

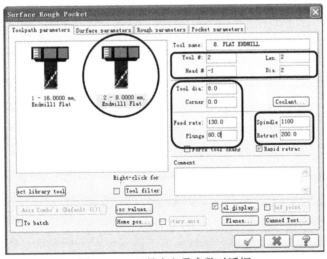

图8-68 刀具定义及参数对话框

再切换至曲面加工参数,由于是粗加工,设定加工余量为 1.0mm,如图 8-69 所示。

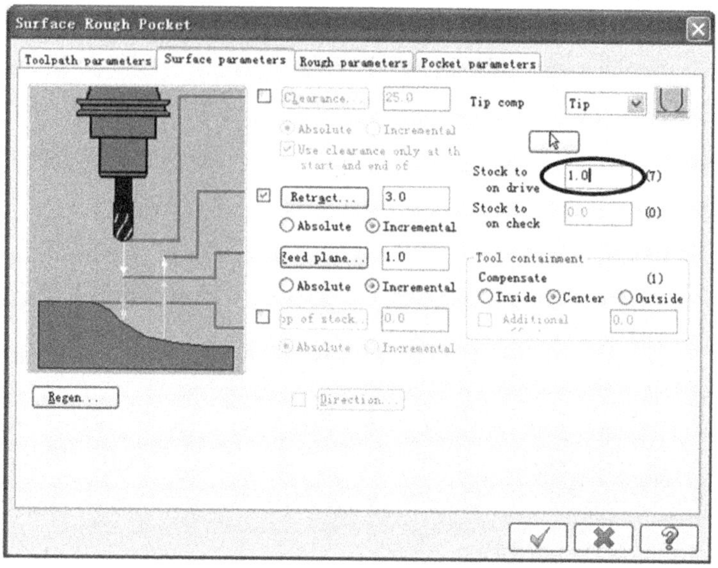

图 8-69 曲面加工参数对话框

再切换至平行铣削粗加工参数对话框,定义加工误差为 0.025mm,Maximum stepdown (最大下切深度)为 2mm,如图 8-70 所示。

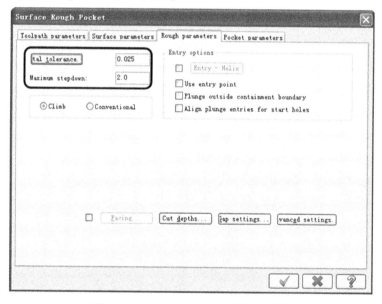

图 8-70 曲面粗加工挖槽参数对话框

然后再单击 Pocket parameters(挖槽参数),设定各加工参数如图 8-71 所示。

最终得到的刀具路径和实体仿真结果如图 8-72 所示。

3) 曲面半精加工及精加工

由于半精加工乃至精加工所使用的球头刀不能承受过大的切削负载,所以曲面的加工需要分为半精加工和精加工两步进行。

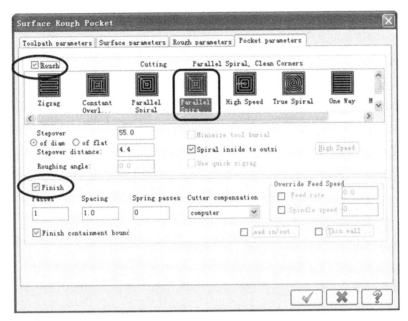

图 8-71 挖槽铣削参数对话框

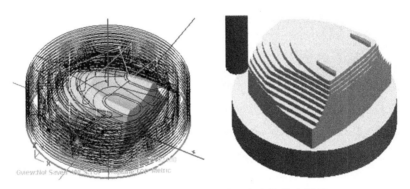

图 8-72 曲面粗加工刀具路径与实体仿真结果

(1) 曲面半精加工。单击 Finish Parallel Toolpath(平行铣削精加工)图标，或者选择 Toolpaths→Surface Finish→Finish Parallel Toolpath,然后系统提示选择被加工曲面,用鼠标或拖出窗口框选全部曲面,最后单击 或回车确认。将弹出确认对话框,提示已有 7 个曲面被选择作为加工驱动曲面,单击 确认即可。

随后将弹出曲面挖槽加工对话框,单击对话框左下方的 Select library tool(自刀库中选择刀具)按钮 ，选择 T3 刀具为 Endmill2 Sphere 10.000mm(φ10mm 球头铣刀),定义 Tool #(刀具号)、Len(长度补偿编号)、Dia(半径补偿编号)均为 3;按表 8-1 内容定义刀具参数 Feedrate(进给速度)为 130、Plunge(Z 向下刀速率)为 80、Spindle(主轴转速)为 1500、Retract(抬刀速度)为 200,如图 8-73 所示。

再切换至曲面加工参数,由于是半精加工,设定加工余量为 0.5mm,如图 8-74 所示。

再切换至挖槽切削粗加工参数对话框,定义加工误差为 0.005mm,x. stepover(刀间行距)为 1mm,Machining angel(加工角度)为 0°,如图 8-75 所示。

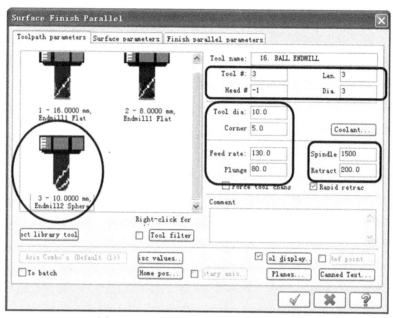

图 8-73 刀具定义及进给参数对话框

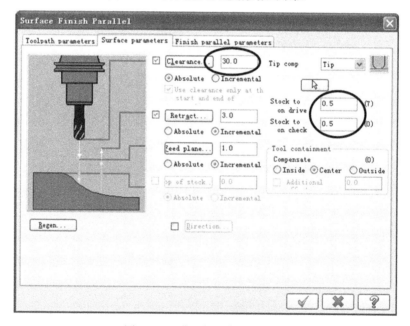

图 8-74 曲面加工参数对话框

最终得到的半精加工刀具路径和实体仿真结果如图 8-76 所示,此时由于实际的零件下方材料已经镂空,故不必理会下方过切的痕迹。

(2)面精加工。对于此类形状零件,精加工可以采用环绕等距加工,单击 Finish Scallop Toolpath(环绕等距精加工)图标 ,或者选择 Toolpaths→Surface Finish→Finish Scallop Toolpath,然后系统提示选择被加工曲面,拖出窗口框选全部曲面,最后单击 或回车确认。将弹出确认对话框,提示已有 7 个曲面被选择作为加工驱动曲面,单击 确认。

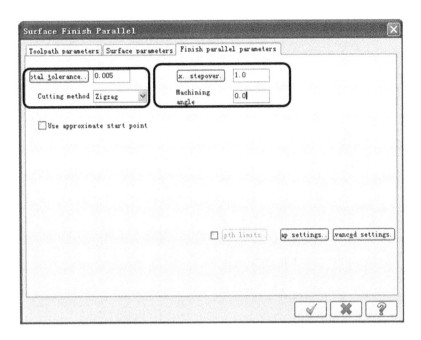

图 8-75 曲面平行精加工参数对话框

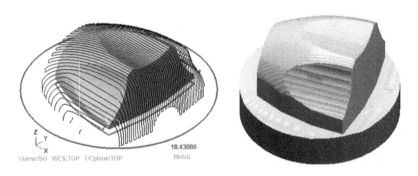

图 8-76 曲面半精加工刀具路径与实体仿真结果

随后将弹出曲面挖槽加工对话框,选择已有的 T3 刀具 φ10mm 球头铣刀,按表 8-1 内容定义刀具参数 Feed rate(进给速度)为 200、Plunge(Z 向下刀速率)为 80、Spindle(主轴转速)为 3500、Retract(抬刀速度)为 200,如图 8-77 所示。

再切换至曲面加工参数,由于是最终精加工,设定加工余量为 0mm,其余参数如图 8-78 所示。

再切换至等距环切精加工参数对话框,定义加工误差为 0.005mm,x. stepover(刀间行距)为 1mm,Bias angel(其实加工角度)为 0°,如图 8-79 所示。

最终得到的半精加工刀具路径和实体仿真结果如图 8-80 所示。

至此所有加工路径生成完毕,可以进行下一步的后处理 NC 代码生成了。

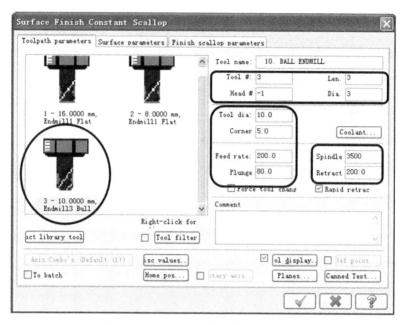

图 8-77 刀具选择及进给参数对话框

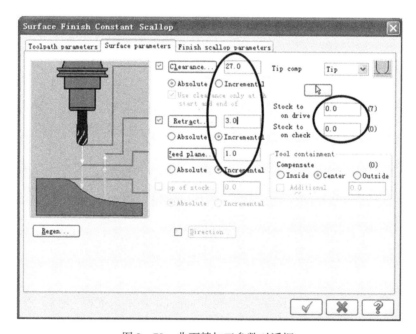

图 8-78 曲面精加工参数对话框

4. 将刀具路径转换成加工代码

1）底部工艺夹持端加工程序生成

在刀具路径管理器中，按下 Ctrl 键，选择加工背面工艺夹持端的两轴半刀具路径（图 8-81 圈中所示），确认勾选了这两项，单击刀具路径管理器中的 Post selected operations（后处理）图标 G1，然后在弹出的 Post processing 后处理对话框中选择 NC file，单击确定菜单（图 8-81）。

第8章 自动编程技术

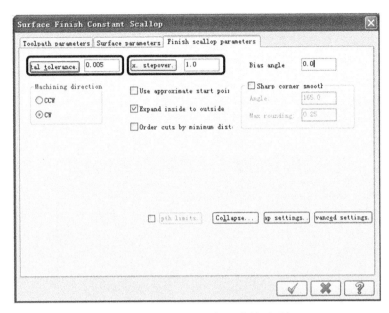

图 8-79　曲面平行精加工参数对话框

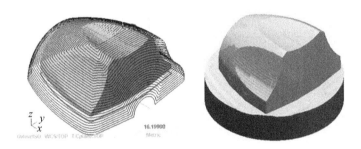

图 8-80　曲面精加工刀具与仿真结果

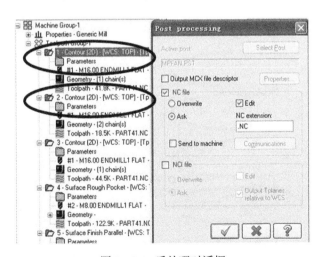

图 8-81　后处理对话框

由于没有选择全部的刀具路径,系统弹出窗口提示,询问是否需要全部执行后处理,由于已确定只需要生成上述两步的 NC 程序,直接在对话框中单击"否"(图 8-82)。

图8-82 询问提示对话框

随后弹出文件路径对话框,用户自行指定 NC 程序存储路径,程序命名为 PART6-1.NC,该程序将用于加工底面夹持端(图8-83)。

图8-83 指定 NC 程序存储路径

2) 曲面加工程序生成

按下键盘上的 Ctrl 键,在刀具路径管理器中选择曲面加工的所有刀具路径(一共四项,如图8-84圈中所示),确认四项均已被勾选后单击刀具路径管理器中的 Post selected operations(后处理)图标 G1,然后在弹出的 Post processing 后处理对话框中选择 NC file,单击确定确认(图8-84)。

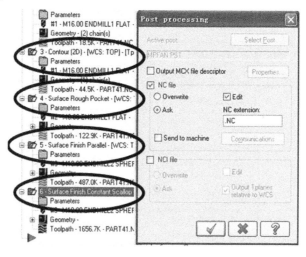

图8-84 后处理对话框

系统再次弹出窗口提示,询问是否需要全部执行后处理,直接在对话框中单击"否"

(图 8 – 85)。

图 8 – 85　询问提示对话框

随后弹出文件路径对话框,用户自行指定 NC 程序存放路径,程序命名为 PART6 – 2. NC,该程序将用于加工工件顶面曲面,生成的程序部分内容如图 8 – 86 所示。如果没有专门针对加工机床的后置处理器,则需要按照加工机床对程序格式的具体要求,修改后置处理完的程序,修改后的 NC 程序就可用于实际加工了。

图 8 – 86　生成的 NC 程序

注释:

(1) 不同步骤的加工 CAD 造型,可以放在同一个 Mastercam X^2 的文件中,编程时分别编写,生成程序时分开处理即可。如果图形较为复杂易于互相干扰,可以进行隐藏或放在不同的层中。

(2) 尽管零件属于曲面工件,合理地利用两轴半进行粗加工乃至外围轮廓铣削可以有效的去除余量,扫清工件外围。

(3) 后处理生成单独的程序文件时,必须确认被选中的步骤准确无误,必要时可以再次实体仿真确认后再进行后处理。

第9章 现代加工制造技术

9.1 计算机集成制造系统

9.1.1 制造技术的发展历史

人类文明的发展与制造业的进步密切相关。

(1) 石器时代,人类利用天然石料制作劳动工具,以采集利用自然资源作为主要生活手段。

(2) 从商周年代掌握了青铜的冶炼技术,到东汉年代铁器工具的广泛普及,人们开始运用冶炼技术来铸锻工具,以满足农业为主的自然经济的需求,此时采取的是作坊式手工生产。

(3) 直到1765年,瓦特发明了蒸汽机,机器制造业才取得革命性的变化,引发了第一次工业革命。近代工业化大生产开始出现。

(4) 1831年法拉第提出电磁感应定律,1864年麦克斯韦尔电磁场理论的建立,为发电动机、电动机的发明奠定了科学基础,从而迎来电气化时代,即第二次工业革命。电动机的使用,开拓了机电制造技术的新局面。

(5) 1952年,第一台数控铣床诞生,为现代柔性自动化生产奠定了基础。

(6) 1959年,配置有刀库的加工中心问世,实现了零件一次性装夹,可实现多工序加工的暂时的无人化生产。

(7) 1965年,英国莫林(Molins)公司最早提出FMC、FMS生产模式,并在1967年公布名为"系统24"的柔性制造系统,到了20世纪80年代,FMC、FMS从试验阶段进入到了实际应用阶段。

(8) 1974年,美国人提出计算机集成制造的概念,并于1981年在美国国家标准局建立了"自动化制造实验基地(AMRF)"。

人类制造技术的发展过程,生产方式上经历的阶段是:手工→机械化→单机自动化→刚性流水自动化→柔性自动化→智能自动化。

9.1.2 柔性制造系统(FMS)

柔性制造系统,按柔性自动化程度及功能范围可把柔性制造系统分为以下层次:

1. 单机数控加工

这是用一台数控机床或加工中心加工机械零件的方法,是柔性自动化加工中规模最小的一种。功能特点是,其柔性自动化程度只限于切削加工过程,不能实现如工件自动化搬运、交换和存储等其他功能,控制系统也相对较简单,但却是各种柔性自动化加工的基本方法和基础,使用较简单,应用也最广泛。

2. 柔性加工单元

这类系统除了具有柔性自动化加工功能外还可实现工件及其他与加工有关的物料(如刀具、托板、废屑等)在加工过程中的柔性自动输送、搬运和储存。设备除数控机床外还包括了物流系统的设备如运输车、存储库、搬运机器人等。

柔性加工单元(flexible machining cell)是一种在人的参与减到最小时,能连续运转地对同一零件族内不同的零件进行自动化加工(包括工件在单元内部的运输和交换)的最小加工单元,即既可以作为独立使用的加工设备,又可作为更大更复杂的柔性制造系统或柔性自动线的基本组成模块,简言之,MC+自动上下料装置,如图9-1中加工中心生产单元。近年来,这种单元的功能和应用已扩展到非切削加工,如焊接、喷漆等加工领域,因而称为柔性制造单元(flexible manufacturing cell,FMC)。

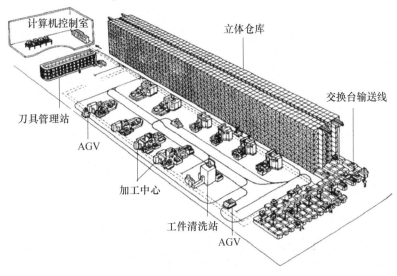

图9-1 柔性制造系统

3. 柔性制造系统

柔性制造系统(flexible manufacturing system)是由加工系统(由一组数控机床和其他自动化工艺设备,如清洗机、成品试验机、喷漆机等组成)、物料自动储运系统和信息控制系统三者相结合、由中央计算机管理使之自动运转的制造系统,如图9-1所示。这种系统可按任意顺序加工一组不同工序与不同加工节拍的工件,工艺流程可随工件不同而调整,能适时地平衡资源的利用。因而这种系统能在设备的技术范围内自动地适应加工工件和生产规模的变化,显然FMC是FMS的子集。

FMS标志着传统的机械制造行业进入了一个发展变革的新时代,FMS自其诞生以来就显示出强大的生命力,它克服了传统的刚性自动线只适用于大量生产的局限性,表现出了对多品种、中小批生产制造自动化的适应能力。随着社会对产品多样化、低制造成本、短周期制造要求的日趋迫切,加之与之相关的设备的进步,柔性制造技术发展迅猛并日趋成熟。

9.1.3 计算机集成制造系统(CIMS)

1974年,美国约瑟夫·哈林顿(Joseph Harrington)博士在《Computer Integrated Manufacturing》一书中首先提出计算机集成制造(CIM)的概念。其两个基本观点为:①企业生产的各个环节(即从市场分析、产品设计、加工制造、经营管理到售后服务的全部生产活动)是一个不可分割的整体,要紧密联系,统一考虑;②整个生产过程实质上是一个数据的采集、传递和加工处理的过程。最终形成的产品可以看做是数据的物质表现。

CIM(computer integrated manufacturing)是一种企业经营管理的哲理,它强调企业的生产经营是一个整体,必须用系统工程的观点来研究解决生产经营中的问题。CIM 必须与市场需求紧密相联,集成是 CIM 的核心,它不仅是设备的集成,更主要的是以信息为特征的技术集成和功能集成。计算机是集成的工具,计算机辅助的各单元技术是集成的基础,信息交换是桥梁,信息共享是目标。CIMS 的构成可以分以几个部分:

1. 设计过程

设计过程主要包括 CAD、CAE、CAPP、CAM 等环节。CAD 包括设计过程中各个环节的数据,包括管理数据和检测数据,还包括产品设计开发的专家系统及设计中的仿真软件等。CAE 主要是对零件的机械应力、热应力等进行有限元分析及优化设计等内容。CAPP 是根据 CAD 的数据自动制定合理的加工工艺的过程。CAM 是根据 CAD 模型按 CAPP 要求生成刀具轨迹文件,并经后置处理转换成 NC 代码。CIM 中最基本的是 CAD/CAE/CAPP/CAM 集成。

2. 加工制造过程

加工过程主要包括加工设备(数控机床)、工件搬运工具(机器人)及自动仓库、检测设备、工具管理单元、装配单元等。

3. 计算机辅助生产管理

制定年、月、日、周的生产计划,生产能力平衡以及进行财务、仓库等各种管理、经营方向(包括市场预测)及制定长期发展战略计划。

4. 集成方法及技术

系统的集成方法必须有先进理论为指导,如系统理论、成组技术、集成技术、计算机网络等。

CIM 是一庞大的复杂系统,包括人、技术、经营三大要素。CIM 也是未来工厂自动化的一种模式,它把以往企业内相互分离的技术(如 CAD、CAM、FMS、MRPII、…)和人员(各部门、各级别),通过计算机有机地综合起来,使企业内部各种活动高速度、有节奏、灵活和相互协调地进行,以提高企业对多变竞争环境的适应能力,使企业经济效益取得持续稳步的发展。

9.2 高速加工技术

9.2.1 高速加工的基本概念

高速加工(high speed machining, HSM)或高速切削(high speed cutting, HSC),通常指切削速度超过传统切削速度 5~10 倍的切削加工。因此,根据加工材料的不同和加工方式的不同,高速切削的切削速度范围也不同。高速切削包括高速铣削、高速车削、高速钻孔与高速车铣等,但绝大部分应用的是高速铣削。目前,加工铝合金的切削速度已达到 2000~

7500 m/min;加工铸铁的切削速度为 900~5000m/min;加工钢的切削速度为 600~3000m/min;数控铣床和加工中心主轴转速由以往的 4000~8000r/min 提高到 12000~6000r/min;同时,数控机床的定位精度由常规的 0.01~0.02mm 提高到 0.008mm,亚微米级数控机床的定位精度达 0.005mm。

高速切削理论认为,在切削速度达到一个临界值时,切削温度达到最大值,而在这个临界值之后的一个范围内,切削速度增加,则切削温度下降,加工表面粗糙度将降低 1~2 级。从而达到加工质量提高、生产效率增加、生产成本降低的目的。

从图 9-2 可知,高速铣削一般采用高的切削速度、适当的进给量、小的削深时,大量的铣削热将被切屑带走,由此工件的表面温度将降低。随着铣削速度的提高,铣削力略有下降,而表面质量则将提高,加工生产率随之增加。但在高速加工范围内,随铣削速度的提高会加剧刀具的磨损,因主轴转速极高,切削液难以注入加工区域,通常采用连续油雾冷却或水雾冷却以降低加工区域的整体温度。

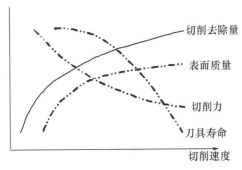

图 9-2 高速铣削的特点曲线

9.2.2 高速铣削的优点

由于高速铣削的特性,高速铣削工艺相对常规铣削加工具有以下优点:

1. 提高加工生产率

铣削速度和进给速度的提高,可提高材料去除率。许多零件一次装夹可完成粗、半精和精加工等全部工序,对复杂型面加工也可直接达到零件表面质量要求,因此,高速铣削工艺往往可省去电加工、手工打磨等工序,缩短工艺路线,进而大大提高加工生产率。

2. 改善工件的加工精度和表面质量

高速铣床必须具备高刚性和高精度等性能,同时由于铣削力低、工件热变形减少,高速铣削的加工精度可达到很高。铣削深度较小,而进给较快,加工表面粗糙度很小、铣削铝合金时可达 $Ra0.4~0.6\mu m$;铣削钢件时可达 $Ra0.2~0.4\mu m$。

3. 实现整体结构零件的加工

一次性高速切削整体结构零件,可提高零件的可靠性,减少装配工时,减轻整体部件重量。

4. 可实现工件的角部位小尺寸加工

选取适宜的切削参数,利用高速铣削力较小的特性,使用小直径刀具,实现工件角部位的小尺寸加工,降低刀具成本和工件加工成本。

5. 有利于加工薄壁零件

由于高速铣削力小、稳定性高的优点,可高质量地加工出薄壁零件。如采用高速铣削可加工出壁厚 0.2mm,壁高 20mm 的铝质薄壁零件。

6. 高强度、高硬度脆性材料

高强度和高硬度材料的加工也是高速铣削的一大特点。目前,高速铣削已可加工硬度达 60HRC 的零件。即零件经淬火热处理以后,仍可进行高速铣削加工,从而使模具制造工艺大大简化。

7. 可部分替代电火花加工、磨削加工等加工工艺

由于高速铣削的加工质量高、淬火件的硬切削优势,高速铣削可替代电加工和磨削加工完成模具的型面加工。

8. 经济效益显著提高

利用高速铣削的综合效率高、加工质量高、加工工序简化等特点,提高产品的经济效益。

9.2.3 高速铣削应用实例

例 9-1 如图 9-3 所示为国外某硬币模具的加工(工件材料为工具钢)。

- 传统工艺
  CAD造型完成后,生成相应的NC程序
- 传统工艺存在的问题
  NC程序>400MB
  加工时间>40h
  刀具磨损很大
  (ϕ0.075mm雕刻刀,20000r/min)
- 采用高速加工
  通过CAD/CAM将三维轮廓、文字和背景及平面分开加工
  NC程序≈30MB
  加工时间<20h

图 9-3 硬币模具

例 9-2 如图 9-4 所示为螺旋型电极的加工(工件材料为钨化钢)。

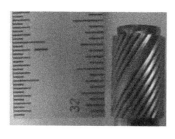

- 传统工艺
  通过专用的高速钢刀具进行二维铣削
- 传统工艺存在的问题
  几何形状的一致性差,专用刀具成本低转速使得加工时间较长、工具的工作寿命短
- 采用高速加工
  使用ϕ0.3mm的标准球头铣刀,主轴转速40000r/min进行三维铣削

图 9-4 螺旋型电极

例 9-3 如图 9-5 所示为表壳模具的加工(工件材料为工具钢,54HRC)。

例 9-4 如图 9-6 所示为医用铝盒模具的加工(工件材料为铝材)。

例 9-5 如图 9-7 所示为耐磨环的加工(工件材料为工具钢,50HRC)。

- 传统工艺
  100%电火花加工，小的圆角和锐边难以加工
- 采用高速加工
  使用φ0.8mm的球头铣刀，主轴转速27000r/min进行高速切削完成粗加工和半精加工，留0.25mm为电火化的精加工余量

图 9-5　下表壳模具

- 毛坯尺寸为300mm×300mm
- 粗铣整体厚铝板
  n=36000r/min，f=20m/min，铣削用时8min
- 精铣去毛口
  n=40000r/min，f=7m/min，铣削用时18min
- 钻680个φ3min的孔
  n=40000r/min，f=8m/min，铣削用时6min
- 总计加工时间为32min，仅一次装夹就完成了全部加工

图 9-6　医用铝盒的模具

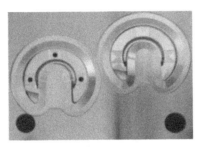

- 传统工艺的加工时间：
  包括非生成时间2215min
  铣削时间155min
  抛光时间90min
  总耗时2460min
- 采用高速加工的时间：
  粗加工和半精加工时间96min
  精加工时间120min
  无需手工修模抛光
  总耗时216min

毛坯尺寸：420mm×310mm×100mm
最大转速：35000 r/min；最大进给：8000 mm/min

图 9-7　耐磨环加工

9.3　多轴加工技术

多轴加工通常是指四轴和四轴以上联动加工,相对于传统的三轴加工而言,多轴加工改变了加工模式,增强了加工能力,提高了加工零件的复杂度和精度,解决了许多复杂零件的加工难题。高速和多轴加工技术的结合,使多轴数控铣削加工在很多领域都替代了原先效率很低的复杂零件的电火花和电脉冲加工。多轴数控铣削常常用于具有复杂曲面零件和大型精密模具的精加工。多轴加工技术已经广泛应用于航空航天、船舶、大型模具制造及军工领域,是目前复杂零件型面精加工的主要解决方法。

9.3.1　四轴加工中心

四轴数控机床是指：一台数控机床上至少有 4 个坐标，分别为 3 个直线坐标和 1 个旋转坐标。四轴数控机床分为立式和卧式两种,都带有一个回转工作台,如图 9-8 所示。四轴加工的运动坐标除了三个线性移动轴 X、Y、Z 外,还有一个旋转轴。这个旋转轴可以是绕 X 轴旋转的 A 轴,也可以是绕 Y 轴旋转的 B 轴,或绕 Z 轴旋转的 C 轴。由于数控机床的主轴为 Z 轴,如果工作台绕 Z 轴回转,则不能改变主轴的运动方向,所以,对于四轴数控机床来说,其运动轴的配置只能为 (X、Y、Z、A) 或 (X、Y、Z、B) 两种。图 9-8(a) 为 (X、Y、Z、A) 配置的四轴立式加工中心外形图;图 9-8(b) 为 (X、Y、Z、B) 配置的卧式加工中心外形图,该类机床适合加工箱体类零件,例如各种减速箱、阀体以及需多面加工的零件等。

(a)

(b)

图 9-8 四轴加工中心
(a) 立式四轴加工中心;(b) 卧式四轴加工中心。

部分卧式加工中心带有多工位自动交换工作台,工件在位于加工位置的工作台上进行加工的同时,可以对位于装卸位置工作台上的工件进行装卸工件,从而大大缩短了辅助时间,提高了加工效率。与立式加工中心相比,卧式加工中心结构更复杂、占地面积更大、价格也较高,且卧式加工中心在加工时不便观察,零件的装夹和测量也不方便,但卧式加工中心加工时排屑较容易,这对于加工质量的控制较为有利。

数控回转工作台(图 9-9)按照分度形式可分为:等分回转工作台(有极分度)和任意分度回转工作台(无极分度)。

图 9-9 数控回转工作台

9.3.2 四轴加工样例

四轴加工的过程一般都要经历以下几个步骤:

1. 零件的三维 CAD 设计

绝大多数的四轴加工零件都需要用 CAD/CAM 来自动编程,而用 CAM 编程的前提是要有三维零件模型。建立模型的软件很多,如 Pro/E、UG 等。对于复杂的零件,最好是用同一个软件完成 CAD 和 CAM,这样从 CAD 到 CAM 就不会丢失数据,生成的 NC 程序比较理想。

2. 自动编程

根据零件的特点、机床的配置以及对刀具的考虑,用 CAM 软件来设计刀具路径,通常的做法是首先设计出粗加工刀具路径,然后是半精加工刀具路径,有时可能还要考虑局部细节如清根的刀具路径,最后是精加工刀具路径;同时,在选择 CAM 软件中的加工方法时要尽量考虑到零件本身的形状、精度要求以及刀具的形式和尺寸,根据使用的机床的数控系统,选择或者建立适合的后置处理器,模拟四轴刀具路径(图 9 - 10)并最终输出 NC 程序。

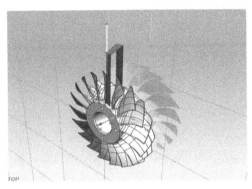

图 9 - 10 模拟叶轮四轴刀具加工路径

四轴加工与三轴加工相比有明显的优点,除了必须用四轴加工机床才能加工的零件,如气体流量计叶轮和风扇的直纹面叶轮(图 9 - 10)、食品机械中的圆柱滚压模具(图 9 - 11)、传动回转运动的圆柱凸轮(图 9 - 12)等,四轴加工的优势已经越来越明显。但我们也必须看到,不管是从数控系统、编程还是机床操作上讲,四轴加工都要比传统的三轴加工复杂,加工成本也高于三轴加工,如图 9 - 13 所示。

图 9 - 11 圆柱滚压模具

图 9 - 12 圆柱凸轮

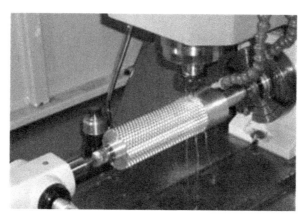

图 9-13 压辊圆周轮廓槽四轴铣削加工

例 9-6 螺杆泵转子四轴加工(表 9-1)。

表 9-1 螺杆泵转子的加工工艺方案

工序号	加工内容	加工方式	机床	刀具	夹具
1	下料 φ60mm×300mm				
2	车轴各尺寸留余量2mm	车	卧式车床		
3	调质30~34HRC				
4	精车轴	车	卧式车床		
5	数控半精加工,留余量0.5mm	铣	四轴立式加工中心	球头立铣刀 φ20mm	
6	数控精加工,留余量0.02mm	铣	四轴立式加工中心	球头立铣刀 φ16mm	
7	抛光、表面处理	钳		砂纸、抛光剂	

加工工艺中第5、6工序,需由四轴立式加工中心机床进行转子外轮廓曲面加工,分别由粗铣、半精铣和精铣削加工来完成。

(1) 使用 CAD/CAM 软件,完成螺杆泵转子的三维 CAD 造型设计,如图 9-14 所示。

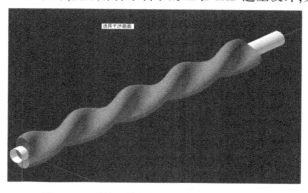

图 9-14 螺杆泵转子的三维 CAD 造型设计

(2) 选择"刀具路径"菜单下的"多轴刀具路径"加工,设定"曲面流线设置"对话框各切削参数,加工参数分别为螺杆泵转子流线曲面的粗铣、半精铣和精铣削每个工序的加工参数,选择造型两端小圆柱面为干涉面。

(3) 模拟四轴刀具四轴切削路径,如图 9-15、图 9-16 所示。

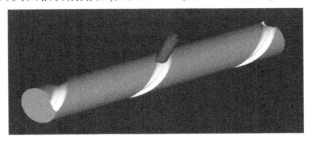

图 9-15　模拟转子流线曲面的粗铣加工

图 9-16　模拟转子曲面精加工后的结果

(4) 输出四轴(X、Y、Z、A) NC 程序。

(5) 真实四轴铣削加工,如图 9-17、图 9-18 所示。

(6) 精加工结束,使用外径千分尺测量螺杆表面的最大尺寸,验证加工余量是否全部切除,如图 9-19 所示。

图 9-17　螺杆泵转子真实粗加工　　　　图 9-18　螺杆泵转子真实半精加工

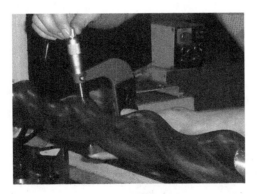

图 9-19　精度检验

9.3.3 五轴加工中心

五轴联动机床就是在三个线性坐标轴(X,Y,Z)的基础上再增加两个旋转坐标轴(B轴和C轴),图9-20属于双转台五轴联动机床。无论从数控系统、编程还是机床操作上讲,五轴加工都要比传统的三轴加工要复杂,加工成本也高于三轴加工。五轴数控系统不仅要计算和控制刀具的三个线性坐标位置,还要计算和控制旋转角的位置,要保证联动,则要考虑由于旋转对线性坐标的位置补偿;五轴编程不仅要考虑零件的粗、精加工工艺,还要合理控制刀具轴线以及合理安排刀具路径,五轴刀具轨迹的后处理还要考虑机床各个坐标轴的运动学关系;由于有旋转轴的存在,五轴机床坐标系原点的位置就不能随便建立,要综合考虑机床结构、刀具轨迹和后处理配置情况,同时还要特别注意加工过程中的干涉现象,所以五轴加工也要合理选择,因此学习和掌握五轴加工技术对数控应用技术人员提出了更高的要求。

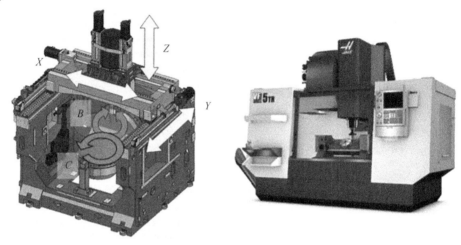

图9-20 双转台五轴联动简化模型和真实机床

五轴加工与三轴加工相比有明显的优点,除了必须用五轴加工机床才能加工的零件,如:航空发动机和汽轮机的叶轮(图9-21)、舰艇用的螺旋推进器以及具有特殊结构的曲面的零件(图9-22)等,用五轴铣代替传统的三轴铣,利用刀具轴线的变化充分发挥刀具上线速度最大处加工零件的作用,可以大大提高空间自由曲面的加工精度,特别是在大型精密模具的加工中,五轴加工的优势已经越来越明显。

图9-21 航空发动机和汽轮机的叶轮

图 9-22 特殊结构的曲面的零件

9.3.4 五轴加工样例

例 9-7 维纳斯铝质雕塑像的五轴加工过程。

(1) 使用 CAD/CAM 软件,完成维纳斯铝质雕塑像的三维立体 CAD 造型,如图 9-23 所示。

(2) 选择"刀具路径"菜单下的"五轴刀具路径"加工,设定各切削参数,包括雕塑像曲面的粗铣、角部粗铣、半精铣和精铣削等加工参数。

(3) 模拟五轴刀具切削路径,如图 9-24、图 9-25 所示。

 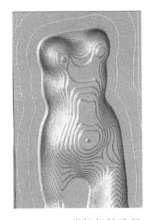 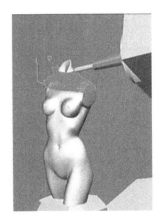

图 9-23 雕塑像三维造型　　图 9-24 模拟粗铣路径　　图 9-25 模拟精铣路径

(4) 输出五轴 NC 程序。

(5) 真实五轴铣削加工,如图 9-26、图 9-27 所示。

可实现五轴加工的 CAD/CAM 软件有 Mastercam、Cimatron、PowerMILL、UG、CATIA、HyperMILL 等。

图 9-26 真实粗铣切削

图 9-27 真实精铣切削

9.4 激光加工技术

9.4.1 数控激光加工机的组成

激光加工机一般由激光器、光学系统、电源及数控系统、机械系统及辅助系统几大部分组成,是典型的光、机、电一体化设备。激光器是影响激光加工能力和质量的主要部件,它的任务是把电能转变成光能,产生所需光束;光学系统将光束聚焦并调焦,将激光器输出的激光束投射到工件上进行加工。数控系统根据加工对象的不同,进行电压控制或时间控制而制造出不同的加工设备,激光加工机的结构和组成如图 9-27 所示。

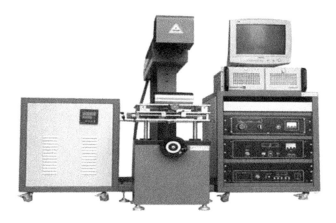

图 9-28 激光加工机的结构和组成

9.4.2 激光加工技术的应用

已成熟的激光加工技术包括激光切割技术、激光焊接技术、激光打标技术、激光热处理和表面处理技术、激光打孔技术、激光快速成形技术、激光蚀刻技术、激光存储技术、激光划线技术、激光清洗技术等,新型的激光复合加工技术也日益完善。

1. 激光切割技术

激光切割技术可广泛应用于金属和非金属材料的加工中,可大大减少加工时间,降低加工成本,提高工件质量。脉冲激光适用于金属材料,连续激光适用于非金属材料,后者是激光切割技术的重要应用领域,如图 9-29、图 9-30 所示。

图 9-29 激光切割加工

图 9-30 激光切割加工件

2. 激光焊接技术

激光焊接技术具有溶池净化效应,能纯净焊缝金属,适用于相同和不同金属材料间的焊接。激光焊接能量密度高,对高熔点、高反射率、高热导率和物理特性相差很大的金属焊接特别有利,如图 9-31 所示。

3. 激光打标技术

激光打标技术是激光加工最大的应用领域之一。准分子激光打标是发展起来的一项新技术,特别适用于金属打标,可实现亚微米打标,已广泛用于微电子工业和生物工程,如图 9-32 所示。

图 9-31 汽车车身的激光焊接

图 9-32 手表的激光打标

4. 激光热处理和表面处理技术

激光热、表处理技术包括激光相变硬化技术、激光包覆技术、激光表面合金化技术、激光退火技术、激光冲击硬化技术、激光强化电镀技术、激光上釉技术,这些技术对改变材料的力学性能、耐热性和耐腐蚀性等有重要作用。

5. 新型激光复合加工技术

不同的激光复合或激光和其他能源共同对材料的复合加工,目前大多用于材料表面改性处理。如用 CO_2 激光束和离子束,利用物理气相沉积技术(LPVD)制备超硬薄膜。用 LPVD 先制得非晶态氮化硼,再用 0.5~2.0kV 辐照氮离子,则可生成超硬的立方氮化硼薄膜。两种激光复合加工也可取得特殊效果,如 CO + KrF 激光切割。可提高工效 30% 以上,而用 CO_2 激光切割木制商标模或雕刻木质、塑料等非金属装饰品,则切口变黑。图 9-33 为德玛吉公司生产制造的 DMG 复合加工机床,可实现在同一台机床上进行铣削和激光切割的复合加工。因此,激光复合加工是很有发展前途的加工新型制造技术。

图 9-33 DMG 铣削和激光复合加工机床

9.5 快速原形技术

9.5.1 快速原形技术

第一台快速原形机于 1987 年由美国 3D System 公司推出,快速原形制造(rapid prototyping manufacturing,RPM)或称之为快速成形制造。快速原形制造是指在计算机的控制下,根据零件的 CAD 模型或 CT 等数据,通过材料的精确堆积,制造原形或零件的一种基于离散、堆积成形原理的新型数字化成形技术。其主要过程如下:

(1) 首先用 CAD 软件设计出零件的"电子模型"。
(2) 根据具体工艺要求,将其按一定厚度分层(通常是沿 z 轴,但目前已经发展到可沿任意轴),即将其离散为一系列二维层面,习惯上称为分层(Slicing)或切片。
(3) 再将这些离散信息同加工参数相结合,生成 NC(数控)代码输入成形机。
(4) 成形机根据 NC 代码,顺序加工每一层的分片单元。
(5) 加工完成的每一层单元体将堆积成一结合体,从而得到与"电子模型"相对应的三维实体(又称物理模型或原理)。
(6) 对完成的原型进行后处理,如深度固化、丢除支撑、修磨、着色等。

3D 快速原形机及三维实体模型如图 9-34 和图 9-35 所示。

9.5.2 3D 打印机技术

快速原形制造的方法有很多,如激光烧结、激光固化、熔融沉积等,3D 打印技术属于快速成形的一种。简单地讲,3D 打印是从激光快速成形演化过来的,两者原理一致,都是通过累加制造,只不过激光快速成形机制品的尺寸更大、精度更高,在工业上应用较广。3D 打印机价格相对低廉一些,在精度、加工效率方面较差,不适于大型件、高精度件和高强度件的制作。

图 9-34　3D 快速原形机

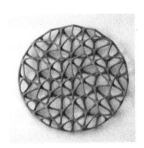

图 9-35　快速原形的三维实体模型

近年来,3D 打印技术发展迅速,通过与数控加工、铸造、金属冷喷涂、硅胶模等制造手段结合,该技术已成为现代模型、模具和零件制造的有效手段,在航空航天、汽车摩托车、家电、生物医学、文化创意等领域得到了一定应用,在工程和教学研究等应用领域也占有独特地位。

9.5.3　3D 打印机具体应用

(1) 工业制造:产品概念设计、原形制作、产品评审、功能验证,制作模具原形或直接打印模具产品,如图 9-36 所示。3D 打印的小型无人飞机、小型汽车等概念产品已问世。3D 打印的家用器具模型,也被用于企业的宣传、营销活动中。

(2) 文化创意和数码娱乐:形状和结构复杂、材料特殊的艺术表达载体,如科幻电影《阿凡达》运用 3D 打印塑造了部分角色和道具。3D 打印的小提琴,接近了手工艺制造的水平。

(3) 航空航天、国防军工:复杂形状、尺寸微细、特殊性能的零部件、机构件的直接制造。

图 9-36　3D 打印技术的制品一

(4) 生物医疗:人造骨骼、牙齿、助听器、假肢等 3D 制品,如图 9-37 所示。

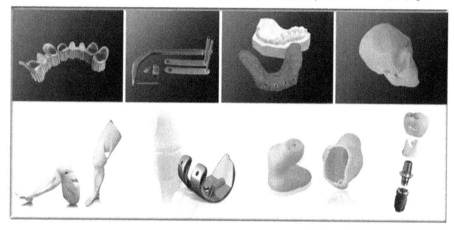

图 9-37　3D 打印技术的制品二

(5) 消费品:珠宝、服饰、鞋类、玩具、创意 DIY 作品的设计和制造。

(6) 建筑工程:建筑模型风动实验和效果展示,建筑工程和施工模型。

(7) 教育:模型验证科学假设,用于不同学科的实验、教学。在北美的一些中学、普通高校和军事院校,3D 打印机已经用于教学和科研中。

(8) 个性化定制:基于网络的数据下载、电子商务的个性化打印定制服务。

快速原形制造技术彻底摆脱了传统的"去除"加工法,而基于"材料逐层堆积"的制造理念,将复杂的三维加工分解为简单材料的二维添加,它能在 CAD 模型的直接驱动下,快速制造任意复杂形状的三维实体,是一种全新的制造技术。

参 考 文 献

[1] 方沂.数控机床编程与操作[M].北京:国防工业出版社,1999.
[2] 王金城.数控机床实训技术[M].北京:电子工业出版社,2006.
[3] 路启建,褚辉生.高速切削与五轴联动加工[M].北京:机械工业出版社,2012.
[4] 何平.数控加工中心操作与编程实训教程[M].北京:国防工业出版社,2010.
[5] 曹怀明,宋燕琴.四轴数控加工实例详解[M].北京:机械工业出版社,2012.
[6] 张辽远.现代加工技术[M].北京:机械工业出版社,2003.
[7] 刘忠伟,邓英剑.先进制造技术[M].北京:国防工业出版社,2013.
[8] 王金城.加工中心操作工[M].北京:中国劳动社会保障出版社,2005.
[9] 邓三鹏.数控机床装调维修实训技术[M].北京:国防工业出版社,2014.
[10] 李业农.数控机床及其应用[M].北京:国防工业出版社,2006.
[11] 杨贺来.数控机床[M].北京:清华大学出版社,2009.
[12] 樊军庆.数控技术[M].北京:机械工业出版社,2012.
[13] 王爱玲.数控加工技术基础[M].北京:电子工业出版社,2009.
[14] 刘晋春,赵家齐.特种加工[M].北京:机械工业出版社,2004.
[15] 刘又午,杜君.数字控制机床[M].北京:机械工业出版社,1997.
[16]《实用数控加工技术》编委编.实用数控加工技术[M].北京:兵器工业出版社,1995.
[17] 赵松年,张奇鹏.机电一体化机械系统设计[M].北京:机械工业出版社,1996.
[18] 王隆太.先进制造技术[M].北京:机械工业出版社,2003.
[19] 段建中.图解数控铣床加工与编程[M].北京:机械工业出版社,2007.
[20] 周燕飞.现代工程实训[M].北京:国防工业出版社,2010.
[21] 张伯森,杨庆东,陈长年.高速切削技术及应用[M].北京:机械工业出版社,2002.
[22] 王贵成,王树林,董广强.高速加工工具系统[M].北京:国防工业出版社,2005.